Analysis I

4. Auflage

vdf Hochschulverlag AG
an der ETH Zürich

Meike Akveld
René Sperb

Analysis I

4. Auflage

Dr. Meike Akveld
akveld@math.ethz.ch

Prof. Dr. René Sperb
sperb@math.ethz.ch

Satz und Grafiken:
Marianne Pfister, Meike Akveld

Bibliografische Information der Deutschen Nationalbibliothek
Die Deutsche Nationalbibliothek verzeichnet diese Publikation in der Deutschen Nationalbibliografie; detaillierte bibliografische Daten sind im Internet über http://dnb.d-nb.de abrufbar.

ISBN 978-3-7281-3510-0

1. Auflage 1997
2., überarbeitete Auflage 2004
3., überarbeitete und erweiterte Auflage 2009
4., durchgesehene und korrigierte Auflage 2012

Der vdf im Internet:
www.vdf.ethz.ch

Vorwort

Der Stoff, der in den Vorlesungen Analysis I und II vermittelt wird, bestimmt sich massgeblich aus den folgenden beiden Randbedingungen: zum einen basiert die Vorlesung auf dem mathematischen Rüstzeug, wie es nach der Matura erwartet werden kann, und zum anderen muss nach zwei Semestern ein gewisser mathematischer Bildungsstand erreicht werden. Dem unterschiedlichen Wissensstand der Maturanden wurde insofern Rechnung getragen, als in den ersten drei Kapiteln noch viel Repetitionsstoff einbezogen wurde.

Das vierte Kapitel bildet eine wichtige erste Etappe für die mathematische Ausbildung eines zukünftigen Ingenieurs: hier stehen Lösungsmethoden für Differentialgleichungen und deren Anwendung auf praxisrelevante Probleme im Vordergrund. Dabei ergibt sich auch ein erster Kontakt mit mathematischen Modellen, welche bekanntlich heutzutage in allen Forschungsgebieten immer mehr Bedeutung gewinnen.

Der Inhalt der Vorlesung Analysis II ist im wesentlichen analog zu Analysis I, mit dem Unterschied, dass Funktionen mit mehreren Variablen behandelt werden, was zu vielen neuen Problemen führt.

Natürlich kann in der zur Verfügung stehenden Zeit auf viele mathematische Probleme und deren praktische Hintergründe nicht so gründlich eingegangen werden, wie es eigentlich wünschenswert wäre. Ich hoffe aber, dass viele Studenten durch diese Vorlesung dazu angeregt werden, sich anhand der Hinweise auf Spezialliteratur selber dieses Wissen anzueignen.

Vorwort zur zweiten Edition

Diese Auflage enthält verschiedene kleine Änderungen, Ergänzungen und Korrekturen. Neu eingeführt haben wir *Challenge Probleme*. Dies sind Probleme, die mit den in den Vorlesungen behandelten Methoden lösbar sind, aber höhere Ansprüche stellen. Sie sollen interessierte Studenten herausfordern, ihr Können zu testen. Die Lösungen werden nicht im Lösungsanhang gegeben, da oft sehr verschiedene Wege möglich sind.

Meike Akveld und Rene Sperb

Inhaltsverzeichnis

1 Komplexe Zahlen

1.1 Einführung

Erfahrungsgemäss ist für viele der erste Kontakt mit komplexen Zahlen mit Schwierigkeiten verbunden. An diesem Punkt scheint die Mathematik in mystisches Gefilde zu entgleiten. Es ist deshalb angezeigt, die Entstehung der andern Zahlenarten nochmals kurz Revue passieren zu lassen.

Wir können sicher davon ausgehen, dass die Zahlen $1, 2, 3, ...$, also die natürlichen Zahlen, abgekürzt $\mathbb{N}$, beim Abzählen entstanden sind. Für viele Überlegungen und Operationen (z.B. Multiplikation) braucht dieser Bereich nicht verlassen zu werden. Stellt sich aber die Aufgabe, die Gleichung

$$x + a = b$$

zu lösen, wobei $a, b \in \mathbb{N}$, so ergibt sich offenbar ein Problem, falls $a \geq b$ ist. Die obige Gleichung hat also nur eine Lösung im ursprünglichen Bereich $\mathbb{N}$ falls $a < b$.

Dieser Mangel wird dadurch behoben, dass man den Bereich der natürlichen Zahlen erweitert zu den ganzen Zahlen $\mathbb{Z}$. Als wesentliche neue Grösse taucht die Zahl 0 auf (auch dies eigentlich eine geniale Erfindung!). Die neu dazu gekommenen "Elemente" $-1, -2, ...$ sind also dadurch charakterisiert, dass

$$a + (-a) = 0 \ .$$

Man tut gut daran, sich an dieser Stelle wieder einmal zu erinnern, dass auch das Zeichen "$-$" einmal gewisse Schwierigkeiten bereitet hat!

Im nächsten Schritt betrachten wir die Gleichung

$$x \cdot a = b, \quad a, b \in \mathbb{Z}, \quad a \neq 0 \ .$$

Um diese zweite Gleichung immer lösbar zu machen, wurde die Menge $\mathbb{Z}$ erweitert zur Menge $\mathbb{Q}$ der rationalen Zahlen. Das neue Symbol "Bruchstrich" lernen die meisten etwa mit 11 Jahren kennen. Erinnern Sie sich daran, dass Sie mit diesem neuen Symbol durch viele Übungen erst einmal vertraut gemacht werden mussten?

Neu ist nun offenbar wieder die Zahlenart charakterisiert durch die Beziehung

$$\frac{1}{a} \cdot a = 1, \quad a \in \mathbb{Z}, \quad a \neq 0 .$$

Ein einfaches Problem welches aus dem Bereich $\mathbb{Q}$ hinausführt ist die Gleichung

$$x^2 = a > 0, \quad a \in \mathbb{Q} .$$

Es lässt sich sehr einfach beweisen, dass zum Beispiel die Gleichung

$$x^2 = 2$$

keine rationale Lösung haben kann.

(Hinweis: Nehmen Sie $x = \frac{n}{m}$, $n, m \in N$ an und zeigen Sie, dass man auf einen Widerspruch stösst).

Also muss auch der Bereich $\mathbb{Q}$ erweitert werden zum Bereich $\mathbb{R}$ der reellen Zahlen. Dieser Bereich kann noch feiner unterteilt werden in irrationale Zahlen wie zum Beispiel $\sqrt{2}, \sqrt{3}$ und sogenannte transzendente Zahlen wie z.B. $\pi, \log 2$.

Auf den Unterschied soll hier nicht eingegangen werden. Wir stellen uns nun auf den Standpunkt, dass wir eine lückenlose "Zahlengerade" $\mathbb{R}$ zur Verfügung haben. Wenn wir wieder die Gleichung

$$x^2 = a ,$$

mit $a < 0$ betrachten, gibt es offensichtlich keine Lösung innerhalb $\mathbb{R}$.

Wir müssen also mutig einen analogen Schritt wie zuvor wagen. Es erweist sich, dass es genügt, eine neue Grösse, die imaginäre Einheit i, zu definieren.

Wir verlangen einfach, dass

$$i^2 = -1 ,$$

ebenso, wie wir verlangt haben, dass $(\sqrt{2})^2 = 2$. Viele werden sich an dieser Stelle fragen: was soll das?

Nun, Sie werden sehen, dass diese neue Grösse für viele Rechnungen und Überlegungen äusserst nützlich sein wird, und zwar nicht nur für abstrakte Probleme, sondern auch für sehr angewandte Aufgaben, zum Beispiel auf dem Gebiet der Strömungslehre, der Elektrizitätslehre und vielen andern.

Zuerst müssen wir uns aber vertraut machen mit dem Umgang mit dieser neuen Grösse, und dies ist das Thema der nächsten Abschnitte.

1.2 Algebraische Operationen

A. Addition, Subtraktion

Wir definieren nun als neue Zahlmenge $\mathbb{C}$ **komplexe Zahlen**, welche wir in der Form

$$z = x + i \cdot y$$

schreiben. Hier sind x, y reelle Zahlen und i ist die imaginäre Einheit, von welcher wir stets nur verwenden, dass $i^2 = -1$. Nun müssen wir definieren (festlegen), wie wir mit diesen neuen Zahlen zu rechnen haben.

Seien $z_1 = x_1 + i \cdot y_1$, $z_2 = x_2 + i \cdot y_2$ zwei beliebige solche Zahlen. Dann definiert man

$$z_1 + z_2 = x_1 + x_2 + i(y_1 + y_2) \ ,$$

und natürlich

$$z_1 - z_2 = x_1 - x_2 + i(y_1 - y_2) \ .$$

Als nächstes kann man sofort nachprüfen, dass alle üblichen Rechengesetze für Addition, Subtraktion im Bereich $\mathbb{C}$ wieder gelten. Also zum Beispiel das Kommutativgesetz

$$z_1 + z_2 = z_2 + z_1 \ ,$$

oder das Assoziativgesetz

$$z_1 + (z_2 + z_3) = (z_1 + z_2) + z_3 \ .$$

Viel interessanter ist die geometrische Veranschaulichung der komplexen Zahlen in der sogenannten

Gauss'sche Zahlenebene:

Wir ordnen einer komplexen Zahl $z = x + i \cdot y$ den Vektor mit den Komponenten (x, y) zu.

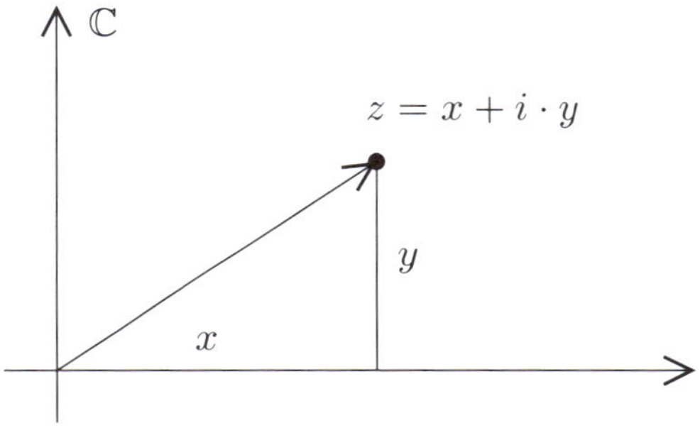

Dann bedeutet aber Addition und Subtraktion von komplexen Zahlen geometrisch nichts anderes als Addition oder Subtraktion der entsprechenden Vektoren, was hier als bekannt vorausgesetzt wird.

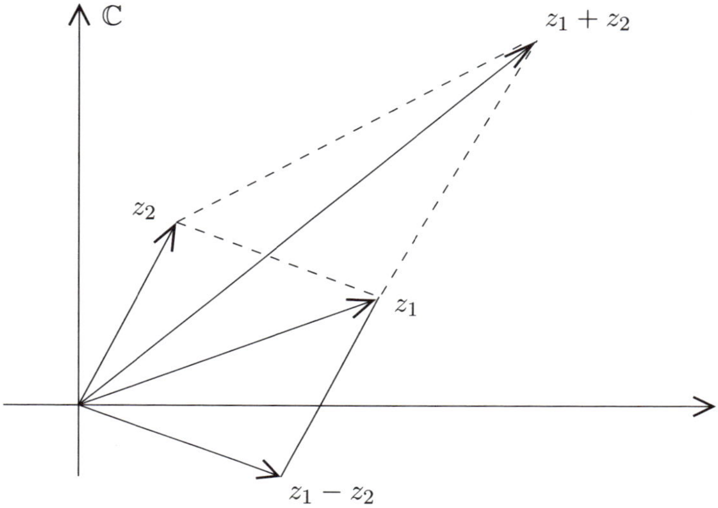

Man nennt x den Realteil von z, und y den Imaginärteil von z (merken Sie sich: y und **nicht** $i \cdot y$!)

B. Multiplikation, Division

Neue Aspekte ergeben sich nun vor allem, wenn wir die Multiplikation und Division einführen. Bei der Multiplikation von zwei komplexen Zahlen, behandelt man die Zahl i zuerst als ganz normale Variable:

$$z_1 \cdot z_2 = (x_1 + i \cdot y_1)(x_2 + i \cdot y_2) = x_1 \cdot x_2 + i^2 \cdot y_1 \cdot y_2 + i(x_1 \cdot y_2 + y_1 \cdot x_2)$$

Wenn man die Rechnung ausmultipliziert hat, ersetzt man überall i^2 durch -1 und damit haben wir

$$z_1 \cdot z_2 = x_1 \cdot x_2 - y_1 \cdot y_2 + i(x_1 \cdot y_2 + y_1 \cdot x_2)$$

Als Spezialfall gilt für die Multiplikation mit einer reellen Zahl $t = t + i \cdot 0$:

$$z \cdot t = (x + i \cdot y) \cdot t = x \cdot t + i \cdot y \cdot t\ .$$

Die geometrische Bedeutung der Multiplikation mit einer reellen Zahl ist evident: Streckung des Vektors mit Streckungsfaktor t. Weniger offensichtlich ist die geometrische Bedeutung der Multiplikation, falls wir zwei allgemeine Zahlen z_1, z_2 betrachten. Dazu schreiben wir eine Zahl z auf eine neue Art:

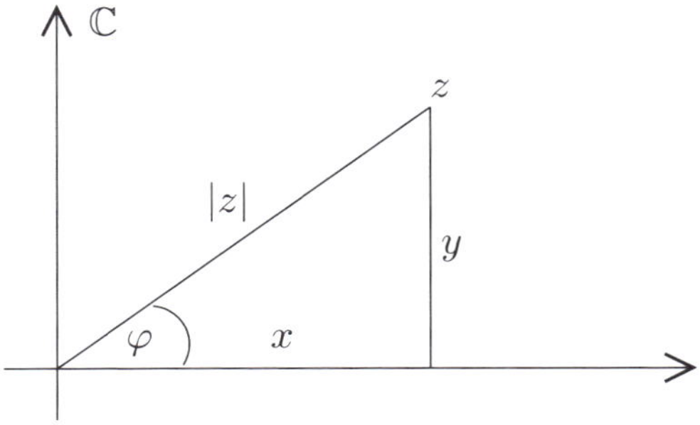

Wir führen neu die Polarkoordinaten ein:

a) den **Absolutbetrag** $|z| = \sqrt{x^2 + y^2}$ (Länge des Vektors),

b) das **Argument** $\arg z = \varphi =$ Winkel zur positiven Richtung auf der reellen Achse (x-Achse),

wobei $r \in [0, \infty)$ and $\varphi \in (-\pi, \pi]$.
Mit diesen zwei neuen Grössen können wir jetzt z neu schreiben als

$$z = |z|(\cos\,\varphi + i \cdot \sin\,\varphi)\ .$$

Das Produkt $z_1 \cdot z_2$ kann damit umgeschrieben werden in folgender Art:

$$\begin{aligned} z_1 \cdot z_2 &= (|z_1| \cos\varphi_1 + i \cdot |z_1| \cdot \sin\varphi_1)(|z_2| \cos\varphi_2 + i \cdot |z_2| \sin\varphi_2) \\ &= |z_1| \cdot |z_2| \big[(\cos\varphi_1 \cos\varphi_2 - \sin\varphi_1 \sin\varphi_2) \\ &+ i(\sin\varphi_1 \cos\varphi_2 + \sin\varphi_2 \cos\varphi_1)\big]\ . \end{aligned}$$

Mit Hilfe der trigonometrischen Identitäten (Sie werden in den Übungsaufgaben lernen wie man diese beweisen kann)

$$\sin(\phi_1 + \phi_2) = \sin\phi_1 \cos\phi_2 + \sin\phi_2 \cos\phi_1$$

$$\cos(\phi_1 + \phi_2) = \cos\phi_1 \cos\phi_2 - \sin\phi_1 \sin\phi_2$$

können wir den letzten Ausdruck umschreiben und erhalten

$$\boxed{z_1 \cdot z_2 = |z_1| \cdot |z_2| \Big[\cos(\varphi_1 + \varphi_2) + i\,\sin(\varphi_1 + \varphi_2)\Big]\ .}$$

Geometrisch ausgedrückt erhalten wir das wichtige Ergebnis

Zwei komplexe Zahlen werden multipliziert, indem man die Absolutbeträge multipliziert und die Argumente addiert.

Der Multiplikation mit einer komplexen Zahl entspricht geometrisch also eine Drehstreckung.

BEISPIELE:

(1) Wir wählen $z_1 = x + i \cdot y$, $z_2 = i$. Dann ist

$$z_1 \cdot z_2 = -y + i \cdot x \; .$$

Aber $|i| = 1$ und $\arg i = \frac{\pi}{2}$, also beschreibt die Multiplikation mit i eine Drehung um $\frac{\pi}{2}$ im positiven Drehsinn. Man sieht leicht, dass die beiden Zahlen z_1 und $i \cdot z_1$ senkrecht auf einander stehen, wenn man sie in die Gauss'sche Ebene einzeichnet.

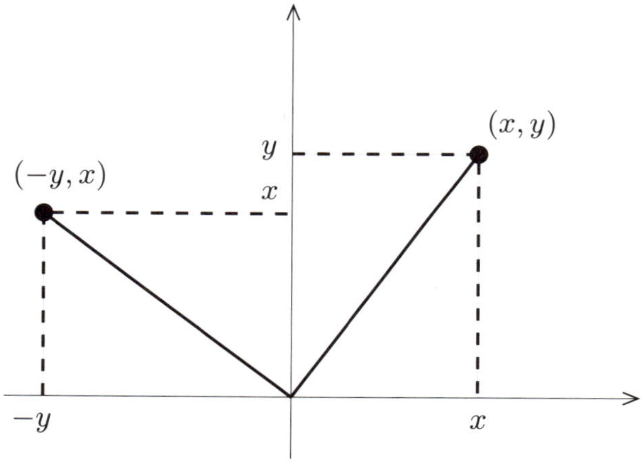

(2) Es seien $A = 0$, $B = 2 + 3 \cdot i$ zwei benachbarte Ecken eines Quadrates. Man bestimme die beiden anderen Ecken.

Wir können die Aufgabe so lösen, dass wir zuerst den Spezialfall $A = 0$, $\widehat{B} = 1$ betrachten. Dann ist $\widehat{C} = 1 + i = 1 \cdot (1 + i)$.

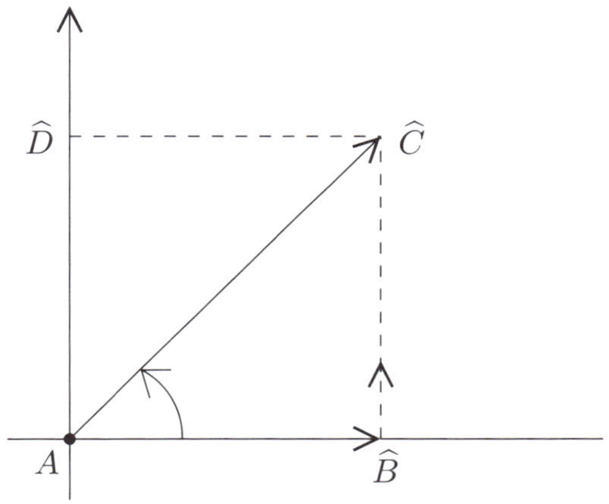

Also ist die Drehung um $\frac{\pi}{4}$ und Streckung mit Faktor $\sqrt{2}$ beschrieben durch eine Multiplikation mit $1+i$. Somit gilt:

$$C = (2+3\cdot i)(1+i) = -1+5\,i$$
$$D = (2+3\cdot i)\cdot i = -3+2\,i \qquad \text{(Drehung um } \tfrac{\pi}{2}\text{ !)} .$$

Als nächstes soll die Division von 2 komplexen Zahlen definiert werden. Wir definieren deshalb zuerst den "Kehrwert" $\frac{1}{z}$. Offensichtlich soll gelten

$$\frac{1}{z}\cdot z = 1 .$$

Im folgenden leiten wir auf drei verschiedene Arten her, was die "richtige" Definition von $\frac{1}{z}$ sein muss.

a) Wir machen den Ansatz
$$\frac{1}{z} = u + i\cdot v .$$
Dann muss gelten
$$(u+i\cdot v)(x+i\cdot y) = 1 = 1 + i\cdot 0 .$$
Vergleich von Real- und Imaginärteil ergibt
$$\begin{cases} u\cdot x - v\cdot y = 1 \\ u\cdot y + v\cdot x = 0 , \end{cases}$$

also ein lineares Gleichungssystem für u, v. Man findet als Lösungen $u = \frac{x}{x^2+y^2}$, $v = \frac{-y}{x^2+y^2}$. d.h.

$$\frac{1}{x + i \cdot y} = \frac{x}{x^2 + y^2} - i \frac{y}{x^2 + y^2} .$$

b) Wir überlegen jetzt geometrisch: Sei $w = |w|(\cos\psi + i \cdot \sin\psi)$ und $z = |z|(\cos\varphi + i \cdot \sin\varphi)$. Dann muss $w = \frac{1}{z}$ s o gewählt werden, dass $w \cdot z$ den Absolutbetrag 1 und das Argument 0 hat. Folglich gilt

$$|w| = \frac{1}{|z|} , \; \psi = -\varphi ,$$

oder anders ausgedrückt

$$\begin{aligned} \frac{1}{z} = \frac{1}{|z|} \Big(\cos(-\varphi) + i \sin(-\varphi) \Big) &= \frac{1}{|z|} (\cos\varphi - i \cdot \sin\varphi) \\ &= \frac{1}{|z|^2} (|z| \cos\varphi - i\,|z| \sin\varphi) \\ &= \frac{1}{x^2 + y^2} (x - i \cdot y) , \end{aligned}$$

was offenbar mit dem in a) gefundenen Ergebnis übereinstimmt.

c) Wir gehen "formal" vor, d.h. wir benützen Regeln, deren Gültigkeit gar noch nicht bewiesen wurde. Wir behandeln den Bruch $\frac{1}{x+i \cdot y}$ nach den im Reellen geltenden Regeln und "erweitern" mit $x - i \cdot y$:

$$\frac{1}{z} = \frac{x - i \cdot y}{(x + i \cdot y)(x - i \cdot y)} = \frac{x - i \cdot y}{x^2 + y^2} .$$

Nun wird verifiziert, dass in der Tat

$$z \cdot \frac{1}{z} = (x + i \cdot y)\Big(\frac{x}{x^2 + y^2} - i \frac{y}{x^2 + y^2}\Big) = \frac{x^2 + y^2}{x^2 + y^2} + i \frac{y - y}{x^2 + y^2} = 1 .$$

Nach dieser längeren Untersuchung zum Kehrwert kommen wir zum allgemeinen Fall:

$$\frac{z_1}{z_2} = z_1 \cdot \frac{1}{z_2} .$$

Wir führen noch als Abkürzung ein

$$\exp(i\varphi) = \cos\varphi + i \cdot \sin\varphi \ ,$$

dann erhalten wir

$$\frac{z_1}{z_2} = |z_1| \exp(i\varphi_1) \cdot \frac{1}{|z_2|} \exp(-i\varphi_2) = \frac{|z_1|}{|z_2|} \exp\left(i(\varphi_1 - \varphi_2)\right) \ ,$$

in Worten:

Zwei komplexe Zahlen werden dividiert, indem man die Beträge dividiert und die Argumente subtrahiert.

Beispiel:

$$\frac{1 + 2 \cdot i}{3 + 5 \cdot i} = \frac{(1 + 2 \cdot i)(3 - 5 \cdot i)}{(3 + 5 \cdot i)(3 - 5 \cdot i)} = \frac{13 + i}{34} = \frac{13}{34} + i \cdot \frac{1}{34} \ .$$

Man kann also die bei reellen Brüchen üblichen Manipulationen auf komplexe Brüche ebenfalls anwenden (siehe Übungsaufgaben).

C. Potenzieren, Radizieren

Die Vorarbeit ist nun im Teil B geleistet worden, so dass wir sofort erkennen, dass gelten muss

$$\begin{aligned} z^n &= (x + i \cdot y)(x + i \cdot y) \dots (x + i \cdot y) \quad (n \text{ Faktoren}) \\ &= |z|^n \cdot \exp\underbrace{(i\varphi + i\varphi + \ \dots \ + i\varphi)}_{n \text{ Summanden}} = |z|^n \cdot \exp(in\varphi) \ . \end{aligned}$$

Die Definition der n-ten Wurzel ist damit evident: es muss gelten für $w = \sqrt[n]{z} = z^{\frac{1}{n}}$

$$w^n = z^{(\frac{1}{n})^n} = z = |z| \exp(i\varphi) \ ,$$

also

$$w = |z|^{\frac{1}{n}} \exp\left(\frac{i\varphi}{n}\right) \ .$$

Damit ist aber eine beliebige rationale Potenz $r = \frac{n}{m}$, $n, m \in \mathbb{N}$, einer komplexen Zahl z klar:

$$\begin{aligned} z^r = z^{\frac{n}{m}} = (z^n)^{\frac{1}{m}} = \Big(|z|^n \exp(in\varphi)\Big)^{\frac{1}{m}} &= |z|^{\frac{n}{m}} \exp\left(\frac{n}{m} i\varphi\right) \\ &= |z|^r \exp(ir\varphi) \ . \end{aligned}$$

Für negative $r = -s$ ergibt sich aus Abschnitt B:

$$z^{-s} = \frac{1}{z^s} = |z|^{-s} \cdot \exp(-s \cdot i\varphi)$$

ist die "richtige Definition", d.h. so bleiben die aus dem Reellen gültigen Rechenregeln über das Rechnen mit Potenzen weiterhin bestehen. Es liegt nun auf der Hand, dass wir für beliebiges $r \in \mathbb{R}$ definieren

$$\boxed{z^r = |z|^r \cdot \exp(ir\varphi)\,.}$$

Wir prüfen einige aus dem Reellen bekannte Rechenregeln nach:

$$z^r \cdot z^s = |z|^r \exp(ir\varphi) \cdot |z|^s \exp(is\varphi)\,.$$

Auf der rechten Seite stehen nun zwei komplexe Zahlen, für welche das Produkt nach Abschnitt B berechnet wird:

$$|z|^r \exp(ir\varphi)\, |z|^s \exp(is\varphi) = |z|^{r+s} \cdot \exp(i(r+s)\varphi)\,.$$

Hier wurde die im Reellen bekannte Regel $a^r \cdot a^s = a^{r+s}, a > 0$, benützt.

Auf analoge Weise behandeln wir den nächsten Ausdruck:

$$(z^r)^s = \Big(|z|^r \exp(ir\varphi)\Big)^s = (|z|^r)^s \exp(irs\varphi) = |z|^{r \cdot s} \cdot \exp(irs\varphi)\,.$$

Wir haben in zwei Beispielen nachgeprüft, dass mit unseren Definitionen für reelle Potenzen von komplexen Zahlen dieselben Rechenregeln gelten wie für reelle Potenzen von positiven reellen Zahlen. Wir werden dies später noch mehr erweitern. Betrachten wir nun den Spezialfall von komplexen Zahlen mit Betrag 1, so gilt also

$$\left.\begin{aligned} \exp(i\varphi_1)\exp(i\varphi_2) &= \exp\,(i(\varphi_1+\varphi_2)) \\ \frac{\exp(i\varphi_1)}{\exp(i\varphi_2)} &= \exp\,(i(\varphi_1-\varphi_2)) \end{aligned}\right\} \text{(siehe B)}$$

$$\exp(i\varphi))^r = \exp(ir\varphi)\,.$$

ANWENDUNG: *Trigonometrische Identitäten*

Wir benützen die zwei Gleichungen

$$\exp(i\,\varphi) = \cos\varphi + i\cdot\sin\varphi$$
$$\exp(-i\,\varphi) = \cos(-\varphi) + i\,\sin(-\varphi) = \cos\varphi - i\,\sin\varphi$$

und erhalten, indem wir nach $\cos\varphi$, $\sin\varphi$ auflösen:

$$\boxed{\begin{aligned} \cos\varphi &= \frac{1}{2}\left(\exp(i\,\varphi) + \exp(-i\,\varphi)\right) \\ \sin\varphi &= \frac{1}{2i}\left(\exp(i\,\varphi) - \exp(-i\,\varphi)\right). \end{aligned}}$$

Nach dem binomischen Lehrsatz gilt für eine beliebige natürliche Potenz n

$$\begin{aligned} (\cos\varphi)^n &= \frac{1}{2^n}\cdot\sum_{k=0}^{n}\binom{n}{k}(\exp(i\,\varphi))^k(\exp(-i\,\varphi))^{n-k} \\ &= \frac{1}{2^n}\cdot\sum_{k=0}^{n}\binom{n}{k}\exp(ik\varphi)\exp((k-n)i\,\varphi) \\ &= \frac{1}{2^n}\cdot\sum_{k=0}^{n}\binom{n}{k}\exp(i(2k-n)\varphi). \end{aligned}$$

Nun können wir wieder anwenden, dass

$$\exp\left(i(2k-n)\varphi\right) = \cos\Big((2k-n)\varphi\Big) + i\,\sin\Big((2k-n)\varphi\Big),$$

somit gilt

$$(\cos\varphi)^n = \frac{1}{2^n}\cdot\sum_{k=0}^{n}\binom{n}{k}\cos\Big((2k-n)\varphi\Big),$$

also zum Beispiel

$$(\cos\varphi)^3 = \frac{1}{8}\left(\cos 3\varphi + 3\cos(-\varphi) + 3\cos\varphi + \cos 3\varphi\right) = \frac{1}{4}\cos 3\varphi + \frac{3}{4}\cos\varphi.$$

Auf analoge Weise können Potenzen von $\sin\varphi$ behandelt werden (siehe Übungsaufgaben). Umgekehrt ist es auch möglich, Winkelfunktionen von mehrfachen Winkel durch Potenzen von Winkelfunktionen des einfachen Winkels auszudrücken. Wir führen die Rechnung an einem speziellen Fall durch; die Verallgemeinerung ist offensichtlich.

Es soll z.B. $\sin 4\varphi$ durch $\sin\varphi, \cos\varphi$ ausgedrückt werden. Dazu schreiben wir zuerst

$$\sin 4\varphi = \frac{1}{2i}\left(\exp(4i\varphi) - \exp(-4i\varphi)\right) ,$$

und benützen nun, dass

$$\begin{aligned}\exp(4i\varphi) = (\exp(i\varphi))^4 &= (\cos\varphi + i\cdot\sin\varphi)^4 \\ &= \cos^4\varphi + 4\cos^3\varphi\, i\,\sin\varphi - 6\cos^2\varphi\,\sin^2\varphi \\ &\quad - 4\cos\varphi\cdot i\cdot\sin^3\varphi + \sin^4\varphi .\end{aligned}$$

Desgleichen ist

$$\exp(-4i\varphi) = (\cos\varphi - i\,\sin\varphi)^4 ,$$

wobei bis auf einen Vorzeichenwechsel beim 2. und 4. Term dasselbe Resultat erhalten wird.

Als reelle Terme bleiben also

$$\sin 4\varphi = 4(\cos^3\varphi)\sin\varphi - 4\cos\varphi\,\sin^3\varphi = 4\sin\varphi\cos\varphi(\cos^2\varphi - \sin^2\varphi) ,$$

was man natürlich auch auf andere Weise erhalten hätte. Der wichtige Punkt ist, dass wir ohne weiteres **allgemeine Formeln**, wie die für $(\cos\varphi)^n$, systematisch mit Hilfe der Beziehung $\exp(i\varphi) = \cos\varphi + i\,\sin\varphi$ ableiten können.

BEISPIELE ZUM ABSCHNITT I.1.:

(1) *Spiegelung an einer Geraden*

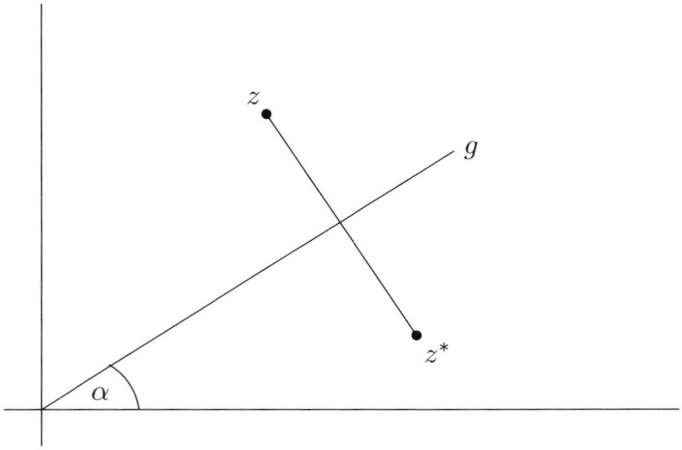

Gegeben: z, g

Gesucht: z^*

Lösung: Wir schreiben $z = |z| \exp(i\,\varphi)$.

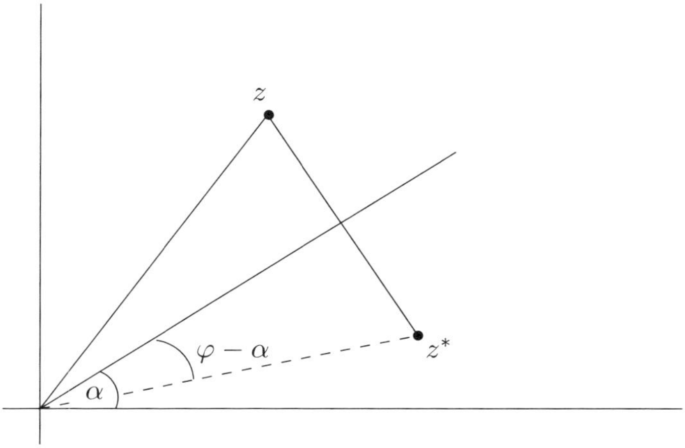

Das Argument von z^* ist gemäss Zeichung $\varphi - 2(\varphi - \alpha) = 2\alpha - \varphi$, und $|z^*| = |z|$. Also ist

$$z^* = |z| \exp\left(i(2\alpha - \varphi)\right) = |z|\big(\cos(2\alpha - \varphi) + i\,\sin(2\alpha - \varphi)\big)\ .$$

2 n-te Einheitswurzeln

Gesucht sind die Lösungen der Gleichung

$$z^n = 1, \quad n = 2, 3, 4, \ldots\ .$$

Wir schreiben

$$z = |z| \exp(i\,\varphi)$$

und beachten, dass gilt

$$1 = \exp(i\,0) = \exp(i2\pi) = \exp(i4\pi) = \ldots\ .$$

Also muss gelten $|z| = 1$ und

$$\exp(in\varphi) = \exp(i\,0) = \exp(i2\pi) = \exp(i4\pi) \quad \text{etc.}$$

d.h.

$$\varphi = 0,\ \varphi = \frac{2\pi}{n} \quad \text{oder} \quad \varphi = \frac{4\pi}{n} \quad \text{etc.}\ .$$

Man stellt fest, dass es genau n verschiedene Lösungen gibt:

$$\varphi_k = k \cdot \frac{2\pi}{n}, \; k = 0, 1, ..., n-1 \; .$$

Die Lösungen bilden die Ecken eines regulären n-Ecks mit einer Ecke im Punkt (1,0).

③ *Konjugiert komplexe Zahlen*

Man nennt die Zahl $\overline{z} = x - i \cdot y$ zur Zahl z "konjugiert". Konjugiert heisst also geometrisch spiegelbildlich zur reellen Achse. Wir können dies anders ausdrücken:

$$\text{Falls } z = |z| \exp(i\,\varphi), \text{ ist } \overline{z} = |z| \exp(-i\varphi) \; .$$

Man verifiziert nun leicht folgende Rechenregeln:

a) $\overline{z_1 + z_2} = \overline{z}_1 + \overline{z}_2$.

b) $\overline{z_1 \cdot z_2} = \overline{z}_1 \cdot \overline{z}_2$.

c) $\overline{z^r} = (\overline{z})^r, \quad r \in \mathbb{R}$.

Wir prüfen z.B. b) nach:

$$\overline{z_1 \cdot z_2} = |z_1| \cdot |z_2| \exp\left(-i(\varphi_1 + \varphi_2)\right) = |z_1| \exp(-i\,\varphi_1) \cdot |z_2| \exp(-i\,\varphi_2) = \overline{z}_1 \cdot \overline{z}_2 \; .$$

Eine wichtige Anwendung ist der folgende

SATZ:

Es sei z_0 eine Nullstelle des Polynoms

$$P_n(z) = a_0 + a_1 z + ... + a_n\, z^n \; ,$$

dessen Koeffizienten a_i alle reell sind. Dann ist auch $\overline{z_0}$ eine Nullstelle von P_n .

BEWEIS: Wir schreiben

$$\overline{P_n(z_0)} = \overline{a_0 + a_1 z_0 + a_2 z_0^2 + ... + a_n z_0^n} = 0 \; .$$

Nach Regel a) gilt auch

$$\overline{a}_0 + \overline{a_1 z_0} + \overline{a_2 z_0^2} + \ldots + \overline{a_n z_0^n} = 0 \,,$$

nach b) and c) und der Tatsache, dass $\overline{a_i} = a_i$ also

$$a_0 + a_1 \overline{z_0} + a_2 (\overline{z_0})^2 + \ldots + a_n (\overline{z_0})^n = 0 \,,$$

d.h. eben $P_n(\overline{z_0}) = 0$.

(4) Gesucht sind die Lösungen der Gleichung

$$\frac{z+i}{z+1+i} = z - 1 \,.$$

Wir schreiben die Gleichung zuerst um:

$$z + i = (z-1)(z+1+i) = z^2 + i \cdot z - 1 - i$$

d.h. $z^2 + (-1+i)z - 1 - 2i = 0$.

Jetzt überlegen wir uns, dass diese quadratische Gleichung nach der üblichen Lösungsformel behandelt werden darf. Seien b, c beliebige komplexe Zahlen. Dann gilt

$$0 = z^2 + b \cdot z + c = \left(z + \frac{b}{2}\right)^2 + c - \frac{b^2}{4} \,,$$

also

$$\left(z + \frac{b}{2}\right)^2 = \frac{b^2}{4} - c \,.$$

Wir kürzen vorübergehend ab: $w = z + \frac{b}{2}$, $d = \frac{b^2}{4} - c$. Die Gleichung

$$w^2 = d = |d| \cdot \exp \vartheta$$

hat in Analogie zu Beispiel 2 die Lösungen

$$w_1 = \sqrt{|d|} \cdot \cos\left(\frac{\vartheta}{2}\right),$$

$$w_2 = \sqrt{|d|} \cdot \cos\left(\frac{\vartheta}{2} + \pi\right) = -\sqrt{|d|} \cdot \cos\left(\frac{\vartheta}{2}\right) = -w_1 \,,$$

w_1 wurde aber definiert als $\sqrt{d}$.

Wir gehen zurück zur alten Notation und stellen fest, dass gelten muss:

$$z + \frac{b}{2} = \pm \sqrt{\frac{b^2}{4} - c}\,,$$

d.h. wir finden dieselbe Lösungsformel wie im Reellen

$$z_{1,2} = -\frac{b}{2} \pm \sqrt{\frac{b^2}{4} - c} = \frac{1}{2}\left(- b \pm \sqrt{b^2 - 4c}\right).$$

Zur Lösung der anfangs gestellten Gleichung brauchen wir nur noch

$$b^2 - 4c = (-1+i)^2 + 4(1+2i) = 4 + 6 \cdot i = \sqrt{52} \cdot \left[\cos\left(\arctan\frac{6}{4}\right) + i \cdot \sin\left(\arctan\frac{6}{4}\right)\right].$$

Damit wird

$$\sqrt{4 + 6 \cdot i} = \sqrt[4]{52}\left[\cos\left(\frac{\arctan\frac{6}{4}}{2}\right) + i \cdot \sin\left(\frac{\arctan\frac{6}{4}}{2}\right)\right] = 2.3676 + 1.2671 \cdot i\,.$$

Einsetzen in der Lösungsformel ergibt

$$z_1 \cong 1.6838 + 0.1336 \cdot i,\ z_2 \cong -0.6838 - 1.1336 \cdot i\,.$$

(5) Wo liegen die komplexen Zahlen, für welche gilt

$$|z - 1 + i| = 2|z - 2i|\ ?$$

Wir überlegen zuerst wieder allgemein:

$$|z - z_1| = \text{Abstand zwischen } z \text{ und } z_1\,.$$

Gesucht ist damit der geometrische Ort der Punkte z, für welche gilt

Abstand zwischen z und $1 - i$ = $2\times$ Abstand zwischen z und $2i$.

Wer in der Planimetrie bewandert ist, kennt nun die Antwort. Wir erhalten sie ebenfalls durch einige Rechnung: Man setze $z = x + iy$ und schreibe zunächst

$$|z - 1 + i| = \sqrt{(x-1)^2 + (y+1)^2} = 2|z - 2i| = 2\sqrt{x^2 + (y-2)^2}\ .$$

Nach Quadrieren und Vereinfachen ergibt sich zunächst

$$3x^2 + 2x + 3y^2 - 18y + 14 = 0\ ,$$

was umgeschrieben werden kann in die Form

$$\left(x + \frac{1}{3}\right)^2 + (y-3)^2 = \frac{40}{9}\ ,$$

und dies ist die Gleichung eines Kreises mit Zentrum $M = (-\frac{1}{3}, 3)$ und Radius $\frac{\sqrt{40}}{3}$. (Apollonius-Kreis).

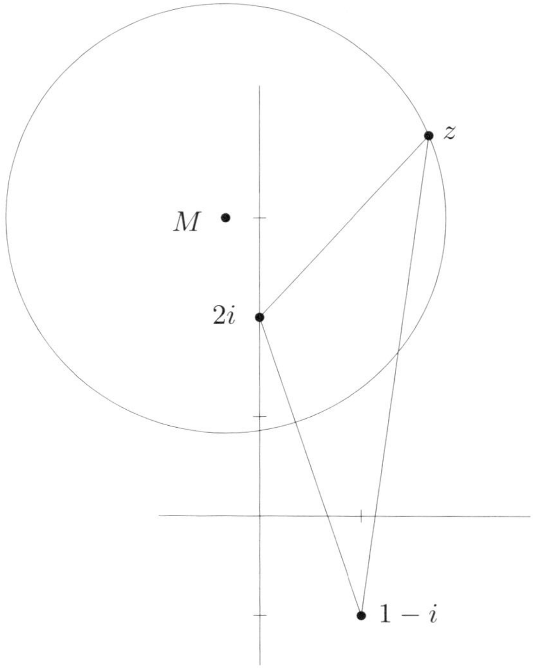

1.3 Exponentialfunktion und Logarithmus

Wir gehen nun noch einen Schritt weiter und betrachten allgemeine Potenzen mit komplexen Exponenten. Zu diesem Zweck wird zunächst die Exponentialfunktion für komplexes Argument definiert:

$$\exp(x+iy) = e^x \cdot \exp(iy) = e^x \cdot (\cos y + i \sin y),\ x, y \in \mathbb{R} .$$

Es ist nun nicht schwierig zu verifizieren, dass die üblichen Regeln für das Rechnen mit der Exponentialfunktion gelten.

Als Beispiel prüfen wir nach

$$\exp(z_1) \cdot \exp(z_2) = \exp(z_1 + z_2)\ ,\ z_1, z_2 \quad \text{komplexe Zahlen} .$$

Sei $z_1 = x_1 + iy_1$, $z_2 = x_2 + iy_2$. Also ist

$$\exp(z_1) \cdot \exp(z_2) = e^{x_1} \cdot \exp(iy_1) \cdot e^{x_2} \cdot \exp(iy_2) .$$

Gemäss den Regeln für ein Produkt (siehe I.2.B) werden die Beträge multipliziert und die Argumente addiert:

$$e^{x_1} \exp(iy_1) \cdot e^{x_2} \exp(iy_2) = e^{x_1} e^{x_2} \exp(i(y_1 + y_2)) .$$

Aus dem Reellen ist aber schon bekannt, dass $e^{x_1} \cdot e^{x_2} = e^{x_1 + x_2}$, somit gilt

$$\exp(z_1) \cdot \exp(z_2) = \exp(z_1 + z_2) .$$

Als nächsten Schritt wollen wir die Logarithmusfunktion auf komplexe Argumente erweitern. In Analogie zum reellen Fall definieren wir $\ln z$ als Lösung w der Gleichung

$$\exp(w) = z .$$

Wir schreiben dazu

$$z = |z| \exp(i\varphi), \quad w = u + i\,v .$$

Dann muss gelten

$$\exp(u + iv) = |z| \exp(i\varphi) ,$$

d.h.

$$\exp(u) = |z|,\ v = \varphi ,$$

oder anders geschrieben

$$\boxed{\ln z = \ln |z| + i \arg z .}$$

BEMERKUNG:

Der so definierte Wert wird gewöhnlich der Hauptwert des Logarithmus genannt. Man stellt nämlich sofort fest, dass die Gleichung

$$\exp(w) = z$$

unendlich viele Lösungen hat, nämlich

$$w = \ln|z| + i(\arg z + k \cdot 2\pi), \quad k \in \mathbb{Z} .$$

Zum Schluss können wir beliebige Potenzen definieren:

$$z^a = \exp(a \cdot \ln z) \, , \qquad a, z \in \mathbb{C} .$$

Es ist wiederum nicht schwierig nachzuprüfen, dass die aus dem Reellen bekannten Gesetze für das Rechnen mit Potenzen ihre Gültigkeit weiterhin behalten (siehe Übungsaufgaben).

Nun bekommen also auch wahrlich mysteriös anmutende Bildungen eine einfache Bedeutung:

BEISPIEL:

$$i^i = \exp(i \cdot \ln i) \, ,$$

$$\ln i = \ln|i| + i \cdot \frac{\pi}{2} = i \cdot \frac{\pi}{2}$$

$$\text{Also:} \qquad i^i = \exp\left(-\frac{\pi}{2}\right) \quad (= \text{reell !})$$

Übungsaufgaben zu Kapitel 1

[1] Schreiben Sie folgende Ausdrücke in der Form $x + i \cdot y$:

a) $\dfrac{1+i}{2+3\cdot i}$ b) $\dfrac{1}{(1+2i)^3}$ c) $\dfrac{1+\frac{1-i}{1+i}}{i+\frac{1}{1+2i}}$

[2] Berechnen Sie ebenfalls

a) $\sqrt{\dfrac{2+i}{3+i}}$ b) $\sqrt[3]{\dfrac{1}{5-2\cdot i}}$ c) $\dfrac{1}{2+i}\sqrt{3+i}$

[3] Von einem gleichseitigen Dreieck sind die Ecken $A = 2+3i$, $B = 4-i$ gegeben. Berechnen Sie die Ecke C (2 Lösungen!)

[4] Gegeben sei das Dreieck $A = 1+2i$, $B = 5+3i$, $C = 3+6i$. Das Dreieck wird durch eine Drehstreckung mit Zentrum $-1-i$ in ein ähnliches Dreieck $\widehat{A}, \widehat{B}, \widehat{C}$ verwandelt, sodass $\widehat{A} = 4i$. Berechnen Sie $\widehat{B}, \widehat{C}$.

Hinweis: Machen Sie zuerst eine Skizze!

[5] Skizzieren Sie in der komplexen Ebene die folgenden Mengen:

a) $M_1 = \big\{ z \,\big|\, |z-1+2i| \geq |z+1| \big\}$

b) $M_2 = \big\{ z \,\big|\, |z+i| \geq 2,\ |z-2| \leq 1 \big\}$

[6] a) Drücken Sie $\cos(7\alpha)$ durch $\cos\alpha$ aus.

b) Drücken Sie $\sin^5\alpha$ durch Sinus und Cosinus von mehrfachen Winkeln aus.

[7] Zeigen Sie, dass auch für komplexe z, z_1, z_2, a, b gilt:

a) $z_1^a \cdot z_2^a = (z_1 \cdot z_2)^a$

b) $(z^a)^b = z^{a\cdot b}$

8 Berechnen Sie folgende Ausdrücke:

a) $(1+i)^{1+i}$ b) 2^i c) $i^{\sqrt{i}}$

9 Beweisen Sie mit Hilfe der untenstehenden Figur und mit elementaren trigonometrischen Überlegungen die beide Additionstheoreme für die spitzen Winkel α und β

$$\sin(\alpha+\beta) = \sin\alpha\cos\beta + \sin\beta\cos\alpha$$

$$\cos(\alpha+\beta) = \cos\alpha\cos\beta - \sin\alpha\sin\beta$$

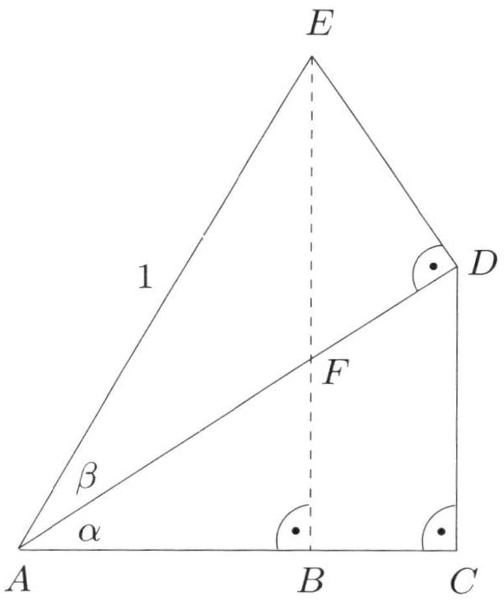

Beachte, dass $\overline{EB} = \sin(\alpha+\beta)$ usw.

Man kann sich überlegen, dass die Identitäten für beliebige Winkel gelten.

10 Lösen Sie die untenstehenden Gleichungen und schreiben Sie die Lösungen in der Form $x+iy$

a) $z^3 = i$

b) $z^2 + 3 + 4i = 0$

c) $z^4 = -64$

11 **Challenge Aufgabe:** Beweisen Sie durch Rechnung in der komplexen Ebene,dass für ein beliebiges Dreieck seine Höhenfusspunkte ein Dreieck bilden,das den Höhenschnittpunkt des Ausgangsdreiecks als seinen Inkreismittelpunkt hat.

12 **Challenge Aufgabe:** Gegeben ist ein gleichschenkliges Dreieck ABC. Für welche Seitenverhältnisse gibt es im Innern des Dreiecks einen Punkt P so, dass die Dreiecke PAB, PAC, PBC gleichen Umfang haben?

13 **Challenge Aufgabe:** Betrachten Sie die untenstehende Figur und zeigen Sie, dass P_1 eine Ecke ist des regulären Fünfecks (mit weiterer Ecke bei P_0).

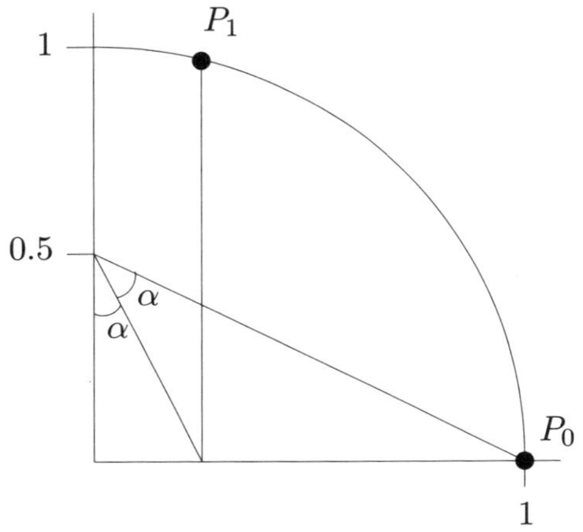

2 Differentialrechnung

2.1 Funktionen

Sie kennen sicherlich den Funktionsbegriff aus der Mittelschule. Wir wollen hier nur kurz auf die Definition eingehen und ein paar Begriffe festlegen. Nachher schauen wir uns noch einige wichtige Eigenschaften von Funktionen an.

DEFINITION: Seien A und B zwei beliebige Mengen, so versteht man unter einer Funktion von A nach B eine Vorschrift f die für jedes Element $x \in A$ ein Element $y = f(x) \in B$ (den Funktionswert) festlegt.

Man schreibt

$$f : A \to B;\ x \mapsto y = f(x)$$

Wir führen hier einige Abkürzungen ein, die oft aus dem Englischen stammen.

$A = \mathrm{dom}(f)$ – der Definitionsbereich von f (Engl.: domain).
B – der Zielbereich von f (Engl.: range)
$\mathrm{im}(f) = \{y \in B \mid \exists x \in A \text{ mit } f(x) = y\}$ – der Wertebereich von f (Engl.: image)
$\mathrm{graph}(f) = \{(x, y) \in A \times B \mid y = f(x)\}$ – der Graph von f.

Um eine Funktion besser zu verstehen, verwendet man oft Hilfsmittel wie eine Wertetabelle oder den Graphen. Wir werden sehen, dass es noch viel mehr Funktionen gibt, als die klassischen Funktionen $f : \mathbb{R} \to \mathbb{R}$ die man aus der Mittelschule kennt.
Die folgende drei Funktionseigenschaften werden wir immer wieder verwenden: Eine Funktion $f : A \to B$ ist **surjektiv** wenn $B = \mathrm{im}(f)$, in Worten bedeutet dies, dass jeder Wert in B tatsächlich ein Funktionswert von f ist. Eine Funktion $f : A \to B$ ist **injektiv** wenn $x_1 \neq x_2$ impliziert dass $f(x_1) \neq f(x_2)$, oder in Worten der gleiche Funktionswert wird nie mehr als einmal angenommen. Wenn eine Funktion sowohl surjektiv wie auch injektiv ist, nennt man die Funktion **bijektiv**.

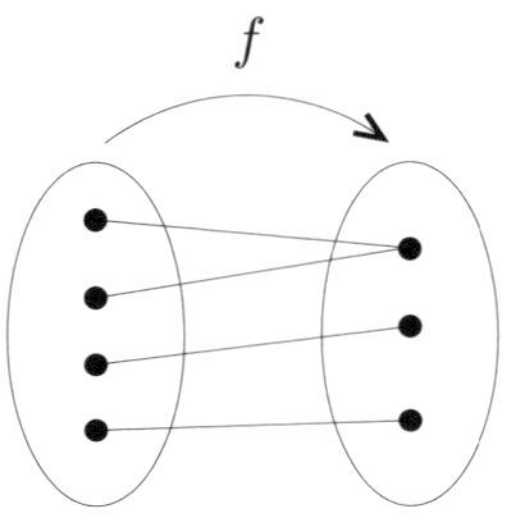

surjektiv

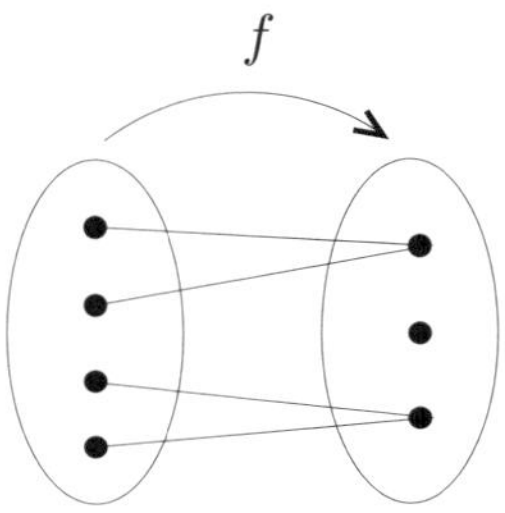

nicht surjektiv

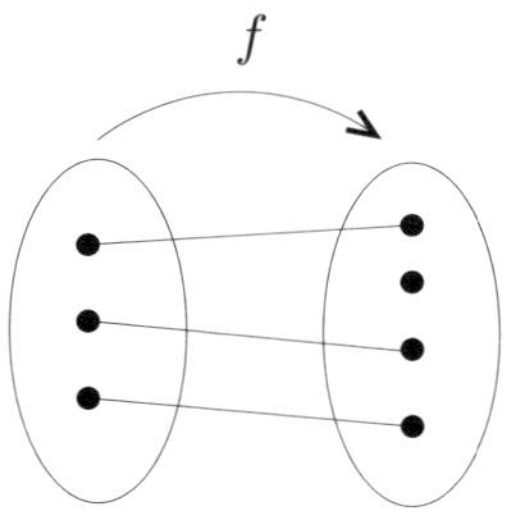

injektiv

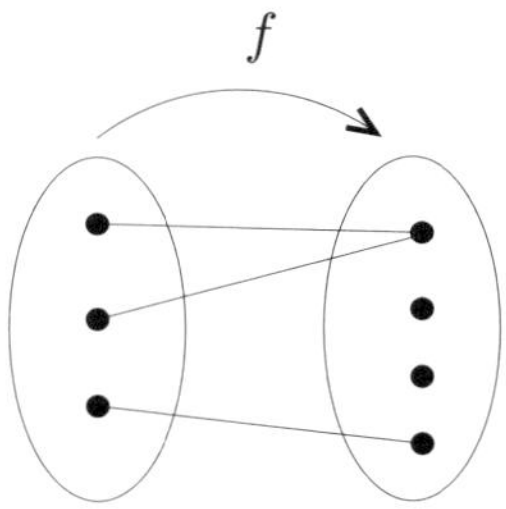

nicht injektiv

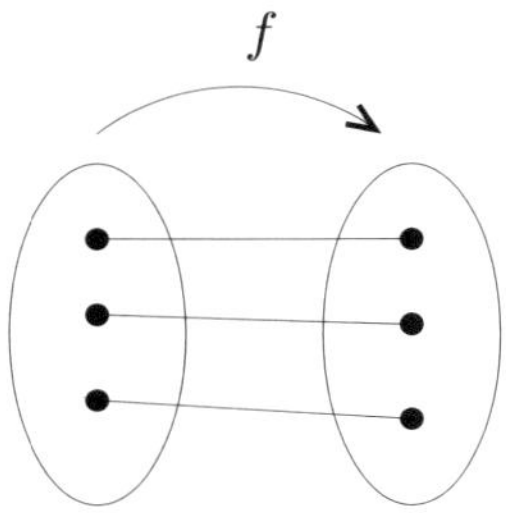

bijektiv

Zu einer bijektiven Funktion f gibt es eine bijektive Umkehrabbildung oder Inverse f^{-1}:

$$f^{-1} : \mathrm{im}(f) \to A \; ; \; y \mapsto f^{-1}(y)$$

so dass $f^{-1}(y)$ der Wert $x \in A$ ist mit $f(x) = y$. Beachte dass

$$f(f^{-1}(y)) = y \quad \text{und} \quad f^{-1}(f(x)) = x$$

2.2 Die Ableitung einer Funktion

Eine wichtige Aufgabe, die sich in verschiedensten Zusammenhängen stellen wird, lässt sich geometrisch so formulieren: In einem Punkt des Graphen einer Funktion soll die Steigung der Tangente berechnet werden.

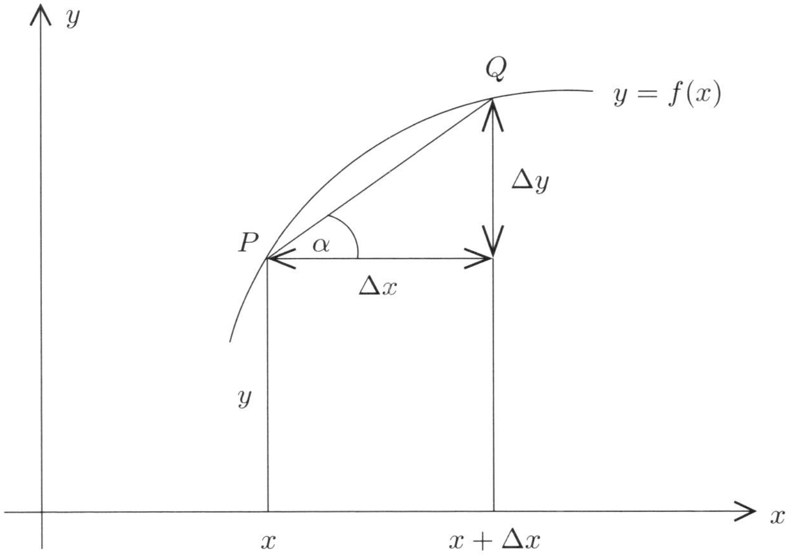

Wir gehen so vor: zuerst bestimmen wir die Steigung einer Sekante durch die Punkte P, Q. Es gilt gemäss Zeichnung

$$\tan\alpha = \frac{\Delta y}{\Delta x} = \frac{f(x+\Delta x) - f(x)}{\Delta x} .$$

Man nennt diesen Quotienten den Differenzenquotient. Es ist anschaulich klar, dass, falls die Kurve "vernünftig" aussieht, die Steigung der Tangente wohldefiniert ist im Punkte P, und man erhält sie, indem man Δx immer kleiner werden lässt. Setzt man einfach $\Delta x = 0$ ein in unserem Ausdruck für $\tan\alpha$, so erhält man

$$\frac{f(x) - f(x)}{0} ,$$

und dies ist natürlich nicht sinnvoll.

Man muss diesen Grenzübergang, den man in der Form schreibt

$$\lim_{\Delta x \to 0} \frac{f(x+\Delta x) - f(x)}{\Delta x}$$

(gelesen: "Limes Delta x gegen Null", Limes = Grenze) offenbar sorgfältig durchführen. Der Grenzwert heisst dann Differentialquotient.

Am besten betrachtet man ein einfaches Beispiel. Nehmen wir $f(x) = x^2$, so ist also zu bilden

$$\lim_{\Delta x \to 0} \frac{(x + \Delta x)^2 - x^2}{\Delta x} .$$

Nun ist es nicht mehr schwer zu erkennen, dass in der Tat etwas Sinnvolles als Grenzwert herauskommt

$$(x + \Delta x)^2 - x^2 = 2x\,\Delta x + (\Delta x)^2 ,$$

damit ergibt sich

$$\lim_{\Delta x \to 0} \frac{(x + \Delta x)^2 - x^2}{\Delta x} = \lim_{\Delta x \to 0} (2x + \Delta x) = 2x .$$

Geometrisch bedeutet dieses Ergebnis also:

Im Punkte (x, x^2) der Parabel ist die Steigung $2x$, also z.B. im Punkt $(1,1)$ ist $\tan \alpha = 2$.

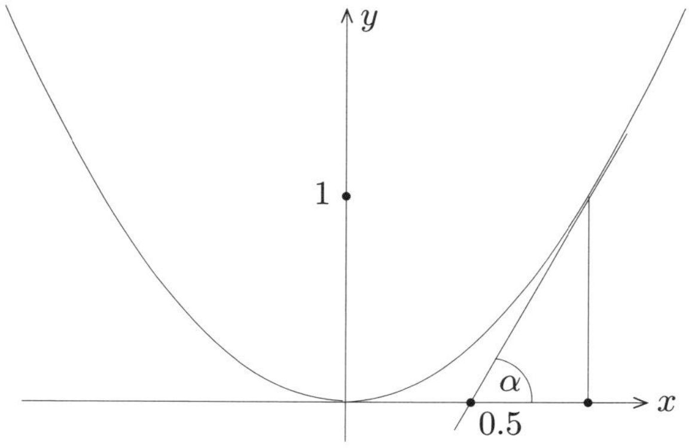

Um die Steigung in einem Kurvenpunkt zu ermitteln, könnte man nun in jedem gegebenen Falle versuchen, den Grenzwert auszurechnen. Dies wäre ein äusserst mühsames Unterfangen. Das Vorgehen ist anders: man überlegt sich allgemein, wie man mit solchen Grenzwerten umgehen soll. Dies wird auch ein "Kalkül" genannt, ein Satz von Regeln, wie eine bestimmte Operation durchgeführt werden muss.

Es gibt verschiedene Abkürzungen für diesen Grenzwert. Wir schreiben zunächst

$$\lim_{\Delta x \to 0} \frac{f(x + \Delta x) - f(x)}{\Delta x} = f'(x) \quad \text{(lies: “}f\text{ Strich von }x\text{”)} .$$

Also z.B. $(x^2)' = 2x$, wie wir gefunden haben. Man nennt $f'(x)$ die “Ableitung von f an der Stelle x”. Einer Funktion $f(x)$ ist also (falls sinnvoll!) eine neue Funktion $f'(x)$ zugeordnet, die geometrisch der Steigung der gegebenen Funktion $f(x)$ im Punkte $(x, f(x))$ entspricht.

BEMERKUNG:

Die geometrische Deutung der Ableitung einer Funktion als Steigung ist nur eine von vielen möglichen Interpretationen. Drei weitere Beispiele sollen fürs erste genügen.

a) Falls $x(t)$ der Ort eines Massenpunktes auf der x-Achse zur Zeit t ist, so ist

$$\frac{x(t + \Delta t) - x(t)}{\Delta t}$$

die mittlere **Geschwindigkeit** im Zeitintervall $(t, t + \Delta t)$. Somit ist

$$x'(t) = \lim_{\Delta t \to 0} \frac{x(t + \Delta t) - x(t)}{\Delta t}$$

die **Momentangeschwindigkeit** zur Zeit t.

b) Falls $v(t)$ die Geschwindigkeit zur Zeit t ist, folgern wir wie in a), dass

$$v'(t) = \text{Momentanbeschleunigung} .$$

c) Es sei $M(t)$ die Wassermenge in einem Wasserreservoir. Dann ist

$$M(t + \Delta t) - M(t)$$

die im Zeitintervall $(t, t + \Delta t)$ erfolgte Änderung (Zufluss + Abfluss). Also stellt $M'(t)$ die momentane Zuwachsrate (die auch negativ sein kann!) dar.

Das nächste Ziel ist nun, diese Zuordnung

$$f(x) \to f'(x)$$

genauer zu studieren, eben, das Kalkül zu entwickeln.

2.3 Ableitungsregeln: Summen, Produkte, Quotienten

Als erstes nehmen wir an, dass sich eine Funktion $f(x)$ als Linearkombination zweier Funktionen $g(x), h(x)$ schreiben lässt:

$$f(x) = ag(x) + bh(x), \quad a, b \text{ reelle Zahlen} .$$

Weiter ist angenommen, dass die Ableitungen $g'(x), h'(x)$ bekannt (und sinnvoll) sind. Dann gilt

Summenregel:

$$\boxed{\big(ag(x) + bh(x)\big)' = ag'(x) + bh'(x) .}$$

BEWEIS: Wir bilden zunächst

$$\begin{aligned} ag(x+\Delta x) + bh(x+\Delta x) - ag(x) - bh(x) = a[&g(x+\Delta x) - g(x)] \\ + b[&h(x+\Delta x) - h(x)] , \end{aligned}$$

und definitionsgemäss

$$\Big(ag(x) + bh(x)\Big)' = \lim_{\Delta x \to 0} \frac{a[g(x+\Delta x) - g(x)] + b[h(x+\Delta x) - h(x)]}{\Delta x} .$$

Nun brauchen wir nur noch den Bruch rechts aufzuteilen. Dieser Schritt muss nun aber näher untersucht werden, denn dies ist genau der heikle Punkt. Darf man mit dieser Limes-Bildung so umgehen? Dazu können wir folgende Überlegung anstellen. Die Gleichung

$$\lim_{\Delta x \to 0} \frac{g(x+\Delta x) - g(x)}{\Delta x} = g'(x)$$

können wir wie folgt interpretieren:

Falls Δx klein wird, unterscheiden sich der Grenzwert und $g'(x)$ immer weniger voneinander. Mit Hilfe des Landauschen o-Symbols lassen sich derartige Sachverhalte in besonders kompakter Weise ausdrücken.

$$g(x+\Delta x) - g(x) - g'(x)\Delta x = o(\Delta x) ,$$

wobei $o(\Delta x)$ (lies: "klein o von Delta-x") bedeutet, dass der Term von wesentlicher kleinerer Grössenordnung ist als Δx, dies heisst, dass der Quotient

$$\frac{g(x+\Delta x) - g(x) - g'(x)\Delta x}{\Delta x}$$

gegen 0 strebt, wenn Δx gegen 0 strebt. Allgemein gilt, die nennerfreie Formel

$$f(x) = g(x) + o(p(x)) \quad (x \to \xi)$$

ist äquivalent zu dem Sachverhalt

$$\lim_{x\to\xi} \frac{f(x) - g(x)}{p(x)} = 0$$

Offenbar gelten folgende Regeln:

a) Falls M eine beschränkte Zahl ist, gilt
$M \cdot o(\Delta x) = \hat{o}(\Delta x)$,

b) $o_1(\Delta x) + o_2(\Delta x) = o_3(\Delta x)$,

wobei $\hat{o}, o, o_2, o_3$ immer bedeuten soll, dass die entsprechende Gleichung $(*)$ erfüllt ist.

Nach diesem Exkurs kehren wir zurück zu unserem Ausgangsproblem und schreiben nun

$$\frac{a[g(x+\Delta x) - g(x)]}{\Delta x} + \frac{b[h(x+\Delta x) - h(x)]}{\Delta x} = a[g'(x) + o_1(\Delta x)] + b[h'(x) + o_2(\Delta x)]\ .$$

Gemäss unseren obigen Regeln a), b) gilt aber

$$a[g'(x) + o_1(\Delta x)] + b[h'(x) + o_2(\Delta x)] = ag'(x) + bh'(x) + \widetilde{o}(\Delta x)\,,$$

woraus die Summenregel folgt.

Bis jetzt haben wir von einer einzigen Funktion, nämlich $f(x) = x^2$ ihre Ableitung berechnet. Mit Hilfe der Summenregel und der Ableitung einer Potenz $x^n, n \in \mathbb{N}$, werden wir also schon die Ableitung eines beliebigen Polynoms

$$P_m(x) = a_o + a_1 x + a_2 x^2 + \ldots + a_m x^m$$

angeben können. Gesucht ist also als nächstes

$$\lim_{\Delta x\to 0} \frac{(x+\Delta x)^n - x^n}{\Delta x}\ .$$

Dazu schreiben wir

$$(x+\Delta x)^n = x^n + nx^{n-1}\cdot\Delta x + \text{ Terme mit } (\Delta x)^k,\ 2 \le k \le n\ .$$

Damit gilt aber

$$\frac{(x+\Delta x)^n - x^n}{\Delta x} = nx^{n-1} + \text{ Terme mit } (\Delta x)^k,\, 1 \leq k \leq n-1\,,$$

womit klar wird, dass

$$\boxed{(x^n)' = \lim_{\Delta x \to 0} \frac{(x+\Delta x)^n - x^n}{\Delta x} = nx^{n-1}\,.}$$

Die Summenregel gilt natürlich für eine beliebige endliche Summe (überlegen Sie selbst, wie man durch sukzessive Anwendung der Regel für 2 Summanden findet!). Wir erhalten also

$$P'_m(x) = a_1 + 2a_2\, x + 3a_3\, x^2 + \ldots + ma_m\, x^{m-1}\ .$$

Es stellt sich heraus, dass eine wichtige Bildung das Produkt von 2 Funktionen sein wird. Wir zeigen:

Produktregel:

Falls $f'(x), g'(x)$ sinnvoll sind, dann ist

$$\boxed{(f(x)\cdot g(x))' = f'(x)\cdot g(x) + f(x)\cdot g'(x)\,.}$$

BEWEIS: Wir schreiben

$$\begin{aligned} f(x+\Delta x)\, g(x+\Delta x) - f(x)\cdot g(x) = {} & f(x+\Delta x)\, g(x+\Delta x) \\ & - \ f(x)\, g(x+\Delta x) + f(x)\, g(x+\Delta x) \\ & - \ f(x)\, g(x)\,, \end{aligned}$$

indem wir künstlich 2 Terme hinzufügen, die sich gerade aufheben (dies ist ein immer wieder angewendeter mathematischer Trick!). Damit kann man nun schreiben

$$\begin{aligned} \frac{f(x+\Delta x)\, g(x+\Delta x) - f(x)\, g(x)}{\Delta x} = {} & g(x+\Delta x)\, \frac{f(x+\Delta x) - f(x)}{\Delta x} \\ & + \ f(x)\, \frac{g(x+\Delta x) - g(x)}{\Delta x}\ . \end{aligned}$$

Jetzt benützen wir, dass

$g(x + \Delta x) = g(x) + o_1(\Delta x)$, da g natürlich stetig sein soll, und

$$f(x + \Delta x) - f(x) = f'(x)\Delta x + o_2(\Delta x),$$
$$g(x + \Delta x) - g(x) = g'(x)\Delta x + o_3(\Delta x),$$

da diese Grenzwerte existieren sollen. Neu geschrieben wird also

$$\frac{f(x + \Delta x)\, g(x + \Delta x) - f(x)\, g(x)}{\Delta x} =$$
$$= \frac{\Big(g(x) + o_1(\Delta x)\Big)\Big(f'(x)\Delta x + o_2(\Delta x)\Big) + f(x)\Big(g'(x)\Delta x + o_3(\Delta x)\Big)}{\Delta x} =$$
$$= g(x)f'(x) + f(x)\, g'(x) + \frac{1}{\Delta x} \cdot \text{Ausdrücke mit } o(\Delta x)$$

Wir setzen voraus, dass $f(x)$, $g(x)$ und ihre Ableitungen in einer kleinen Umgebung von x beschränkt sind. Somit können wir die Regeln a), b) über das Rechnen mit den o's anwenden und erhalten

$$\lim_{\Delta x \to 0} \frac{f(x + \Delta x)\, g(x + \Delta x) - f(x)\, g(x)}{\Delta x} = f'(x)\, g(x) + f(x)\, g'(x)\,,$$

was die Aussage der Produktregel ist.

Anwendungen der Produktregel:

(1) Als erstes prüfen wir in einem einfachen Beispiel nach, was die Produktregel aussagt.

Es soll $(2x + 1)(x^2 - 5)$ differenziert werden. Wir können zuerst ausmultiplizieren:

$$(2x + 1)(x^2 - 5) = 2x^3 + x^2 - 10x - 5$$

und dann ableiten:

$$(2x^3 + x^2 - 10x - 5)' = 6x^2 + 2x - 10\,.$$

Jetzt leiten wir nach der Produktregel ab:

$$[(2x + 1)(x^2 - 5)]' = 2(x^2 - 5) + (2x + 1)\, 2x = 6x^2 + 2x - 10\,.$$

In diesem Beispiel ist der Aufwand auf beide Arten etwa gleich.

Wir werden aber gleich sehen, dass die Produktregel noch viel mehr Möglichkeiten eröffnet.

(2) $\left((5x-2)^{10}\right)' = ?$

Es wäre hier nun sehr müsam, zuerst die 10. Potenz zu berechnen und dann abzuleiten. Wir überlegen nun allgemein, wie man $[f(x)]^n$ ableiten kann.

Dazu betrachten wir zuerst

$$[f(x)]^2 = f(x) \cdot f(x) .$$

Nach der Produktregel ist

$$([f(x)]^2)' = f'(x) \cdot f(x) + f(x)\, f'(x) = 2f(x) \cdot f'(x) .$$

Jetzt erhöhen wir die Potenz um 1:

$$([f(x)]^3)' = (f(x)[f(x)]^2)' = f'(x)[f(x)]^2 + f(x) \cdot 2f'(x) \cdot f(x) = 3[f(x)]^2\, f'(x) .$$

Damit erkennt man nun das Bildungsgesetz:

$$([f(x)]^n)' = n[f(x)]^{n-1} \cdot f'(x) ,$$

und zur ursprünglichen Aufgabe zurück, finden wir nun

$$\left((5x-2)^{10}\right)' = 10(5x-2)^9 \cdot 5 = 50(5x-2)^9.$$

(3) Wir können aber auch neue Bildungen behandeln, z.B. $f(x) = \sqrt{x^2+1}$. Es gilt ja

$$[f(x)]^2 = x^2 + 1 .$$

Nach der Produktregel ist aber

$$([f(x)]^2)' = 2f(x) \cdot f'(x) = 2x ,$$

also

$$f'(x) = \frac{x}{f(x)} = \frac{x}{\sqrt{x^2+1}} .$$

Die hier gemachte Überlegung können wir leicht verallgemeinern:

$$\text{Was ist } \left(\sqrt[n]{f(x)}\right)' \ ?$$

Wir setzen $g(x) = \sqrt[n]{f(x)}$ und benützen, dass

$$[g(x)]^n = f(x) .$$

Da die letzte Beziehung eine **Identität** darstellt, d.h. die Gleichung gilt für alle betrachteten Werte von x, müssen auch die ersten Ableitungen übereinstimmen, d.h. nach Beispiel ②

$$n[g(x)]^{n-1} \cdot g'(x) = f'(x) ,$$

was aber heisst, dass

$$g'(x) = \left(\sqrt[n]{f(x)} \right)' = \frac{f'(x)}{n[g(x)]^{n-1}} = \frac{1}{n}\, f'(x) \left(\sqrt[n]{f(x)} \right)^{-(n-1)} ,$$

oder in Potenzen geschrieben

$$\left([f(x)]^{1/n} \right)' = \frac{1}{n}\, f'(x)[f(x)]^{-\frac{n-1}{n}} = \frac{1}{n}\, f'(x)[f(x)]^{\frac{1}{n}-1} .$$

Man erkennt nun eine Verallgemeinerung der Ableitungsregel

$$(x^n)' = n \cdot x^{n-1}$$

auf den Fall, dass x durch $f(x)$ ersetzt wird und n durch $\frac{1}{n}$.

Diese Verallgemeinerung werden wir später noch besser verstehen ("Kettenregel").

④ Wir betrachten nun noch

$$f(x) = x^{p/q} , \quad p, q \in \mathbb{N} .$$

Es gilt

$$[f(x)]^q = x^p ,$$

nach Beispiel ③ folgt dann

$$q[f(x)]^{q-1} \cdot f'(x) = p \cdot x^{p-1} ,$$

also

$$f'(x) = \frac{p}{q}\, x^{p-1} [f(x]^{1-q} = \frac{p}{q}\, x^{p-1}\, x^{p(1-q)/q} ,$$

ausgeschrieben heisst das wiederum

$$(x^{p/q})' = \frac{p}{q}\, x^{p-1+\frac{p}{q}-p} = \frac{p}{q}\, x^{\frac{p}{q}-1} .$$

(5) Auf analoge Art können wir

$$g(x) = \frac{1}{f(x)} ,$$

behandeln: Es ist:

$$g(x) \cdot f(x) = 1 ,$$

also

$$g'(x) \cdot f(x) + g(x)\, f'(x) = 0$$

woraus wir erhalten

$$g'(x) = \left(\frac{1}{f(x)}\right)' = -\frac{f'(x)\, g(x)}{f(x)} = -\frac{f'(x)}{[f(x)]^2} .$$

Nunmehr folgern wir weiter

$$\boxed{\left(\frac{f(x)}{g(x)}\right)'} = f'(x) \cdot \frac{1}{g(x)} + f(x) \left(\frac{1}{g(x)}\right)' = \boxed{\frac{f'(x)g(x) - f(x)g'(x)}{[g(x)]^2}} .$$

Dies ist die wohlbekannte Quotientenregel.

(6) Nun können wir die Ableitung einer beliebigen Potenz berechnen. Sei $p,\, q \in \mathbb{N}$, dann ist nach Beispiel (4) und (5)

$$\left(x^{-\frac{p}{q}}\right)' = \left(\frac{1}{x^{\frac{p}{q}}}\right)' = \frac{-\left(x^{\frac{p}{q}}\right)'}{\left(x^{\frac{p}{q}}\right)^2} = \frac{-\frac{p}{q}\, x^{\frac{p}{q}-1}}{x^{\frac{2p}{q}}}$$

$$= -\frac{p}{q}\, x^{\frac{p}{q}-1-\frac{2p}{q}} = -\frac{p}{q}\, x^{-\frac{p}{q}-1} .$$

Wir stellen also fest, dass für eine beliebige rationale Potenz x^r gilt:

$$(x^r)' = r \cdot x^{r-1} .$$

Durch einen Grenzübergang, der hier nicht diskutiert werden soll, erhält man die Regel

$$\boxed{(x^t)' = t \cdot x^{t-1}\,, \quad t \in \mathbb{R}\,.}$$

Beispielsweise also

$$(x^\pi)' = \pi \cdot x^{\pi - 1}\,.$$

Übungsaufgaben zu Kapitel 2.3

Berechnen Sie jeweils die Ableitung:

[1] a) $\dfrac{1}{x^2+3}$ b) $\dfrac{\sqrt{x}}{x+1}$ c) $\sqrt[3]{x^4+2x}$

[2] a) $\sqrt{(x^3-x)^2+1}$ b) $\dfrac{1}{\sqrt[4]{x+2}}$ c) $\dfrac{\sqrt{1-x^2}}{\sqrt{1+x^2}}$

[3] Zeigen Sie, dass für $p, q \in \mathbb{N}$ gilt

$$([f(x)]^{p/q})' = \frac{p}{q}\,[f(x)]^{p/q-1} \cdot f'(x)$$

Hinweis: Beispiele (2) und (3) studieren!

2.4 Die Kettenregel

Vorbereitung: das Differential

Wir betrachten eine beliebige differenzierbare Funktion, d.h. eine Funktion $f(x)$, deren Ableitung $f'(x)$ sinnvoll ist und eine stetige Funktion von x sein soll (ohne "Sprünge"). Wenn wir nun die Variable x um Δx ändern, wird sich der Funktionswert $f(x)$ ebenfalls um Δf ändern:

Man betrachtet nun $df = f'(x)\Delta x$, genannt das Differential von f. df stellt also die Approximation der Änderung Δf dar, die man erhält, indem man die Kurve in der Nähe von $(x, f(x))$ durch die Tangente t ersetzt.

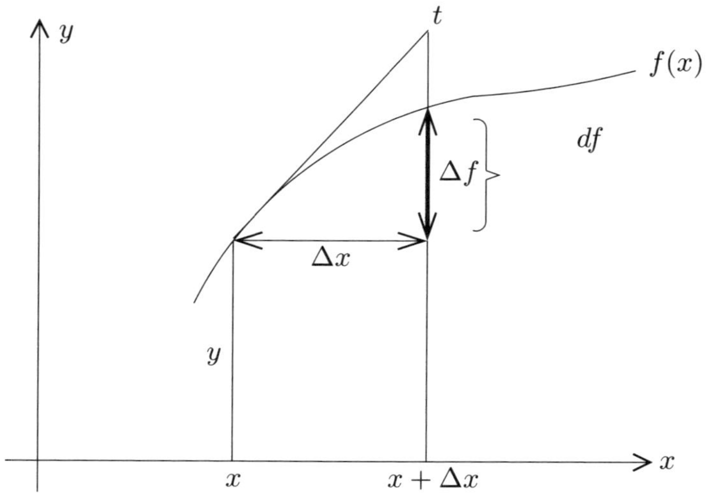

Für $\Delta f := f(x+\Delta x) - f(x)$ gilt offenbar

$$\Delta f = df + o(\Delta x) \, .$$

Falls wir speziell die Funktion $f(x) = x$ nehmen und statt df dx schreiben, ist sogar $\Delta x = dx$ (weil $f'(x) = 1$). Wir können also allgemein schreiben

$$\frac{f(x+\Delta x) - f(x)}{\Delta x} = \frac{\Delta f}{\Delta x} = \frac{df + o(\Delta x)}{dx} \, ,$$

und für $\Delta x \to 0$ folgt $f'(x) = \left.\frac{df}{dx}\right|_x$ ("Differentialquotient") .

Wir betrachten nun eine Verkettung oder Zusammensetzung zweier Funktionen von der Form $h(x) = f(g(x))$.

Dann ist

$$h'(x) = \lim_{\Delta x \to 0} \frac{f(g(x+\Delta x)) - f(g(x))}{\Delta x} \, .$$

Nun können wir aber schreiben

$$f(g(x+\Delta x)) = f(g(x) + \Delta g) \, ,$$

und

$$\frac{f(g(x+\Delta x)) - f(g(x))}{\Delta x} = \frac{f(g(x) + \Delta g) - f(g(x))}{\Delta g} \, \frac{\Delta g}{\Delta x} \, .$$

Weiter ist zu beachten, dass $\Delta x \to 0$ nach sich zieht, dass auch $\Delta g \to 0$. Wir können in $f(g)$ g als Variable betrachten und schreiben

$$\frac{f(g+\Delta g)-f(g)}{\Delta g} = \frac{df+o(\Delta g)}{dg+o(\Delta x)}$$

$$\frac{\Delta g}{\Delta x} = \frac{dg+o(\Delta x)}{dx}\,.$$

Damit ist nun klar, dass

$$\begin{aligned} h'(x) &= \lim_{\Delta x\to 0}\frac{f(g(x+\Delta x))-f(g(x))}{\Delta x} = \\ &= \lim_{\Delta x\to 0}\left\{\frac{df+o(\Delta g)}{dg+o(\Delta x)}\cdot\frac{dg+o(\Delta x)}{dx}\right\} \\ &= \left.\frac{df}{dg}\right|_{g(x)}\cdot\left.\frac{dg}{dx}\right|_{x} \end{aligned}$$

Dies ist die wichtige **Kettenregel**.

$$\boxed{h'(x) = \left.\frac{df}{dg}\right|_{g(x)}\cdot\left.\frac{dg}{dx}\right|_{x}\,.}$$

BEISPIELE:

(1) $h(x)=\sqrt{x^2+1}$, $h'(x)=?$

Wir können offenbar $g(x)=x^2+1$, $f(g)=\sqrt{g}$ nehmen. Nach Abschnitt 2 wissen wir aber, dass

$$\frac{dg}{dx}=2x\,,\quad \frac{df}{dg}=\frac{1}{2\sqrt{g}}\,.$$

Indem wir in g wieder die Variable x einsetzen, erhalten wir nach der Kettenregel

$$(\sqrt{x^2+1})' = \frac{x}{\sqrt{x^2+1}}\,.$$

Dieses Ergebnis folgt natürlich auch nach der Produktregel, wie sie im letzten Abschnitt benützt wurde.

(2) Wir können auch mehrfache Verkettungen behandeln.

Betrachten Sie die Funktion $h(x) = u(v(w(x)))$, eine Verkettung von drei Funktionen:

$$h(x) = \sqrt[3]{\frac{1}{2x+3}}$$

mit

$$u(v) = \sqrt[3]{v},\ v(w) = \frac{1}{w}\,,\ w(x) = 2x+3\,.$$

Also ist

$$\frac{du}{dv} = \tfrac{1}{3}\, v^{-2/3},\quad \frac{dv}{dw} = -\frac{1}{w^2}\,,\quad \frac{dw}{dx} = 2\,,$$

damit wird

$$\begin{aligned} h'(x) &= \tfrac{1}{3}\left(\frac{1}{2x+3}\right)^{-2/3} \cdot \left(\frac{-1}{(2x+3)^2}\right) \cdot 2 \\ &= -\tfrac{2}{3}\,(2x+3)^{-4/3}\,. \end{aligned}$$

Dieses Ergebnis hätten wir auch einfacher gefunden, wenn wir zuerst umgeformt hätten:

$$\sqrt[3]{\frac{1}{2x+3}} = (2x+3)^{-1/3}\,.$$

Man kann eben dieselbe Funktion $h(x)$ auf verschiedene Arten als Verkettung schreiben.

(3) Wir betrachten noch ein zweites Beispiel: $h(x) = e^{\cos(x^2+x)}$

Auch dies ist eine dreifache Zusammensetzung mit

$$u(v) = e^v, v(w) = \cos w \text{ und } w(x) = x^2 + x$$

Also ist

$$\frac{du}{dv} = e^v,\quad \frac{dv}{dw} = -\sin w\,,\quad \frac{dw}{dx} = 2x+1\,,$$

damit wird

$$h'(x) = -(2x+1)\sin(x^2+x)e^{\cos(x^2+x)}.$$

(4) $h(x) = \sqrt{\frac{x+1}{x^2+1}}\,, \quad h'(x) = ?$

Hier können wir nun Kettenregel und Quotientenregel benützen, mit $f(g) = \sqrt{g}$, $g(x) = \frac{x+1}{x^2+1}$. Also ist

$$h'(x) = \frac{1}{2\sqrt{\frac{x+1}{x^2+1}}} \cdot \frac{x^2+1-2x(x+1)}{(x^2+1)^2} = \frac{1}{2}\,(x+1)^{-1/2}(x^2+1)^{-3/2}(1-x^2-2x)\ .$$

Eine andere Variante wäre, hier zu schreiben

$$h(x) = \frac{\sqrt{x+1}}{\sqrt{x^2+1}}\,,$$

was natürlich zum selben Ergebnis, nur anders geschrieben, führt.

2.5 Ableitungen der trigonometrischen Funktionen

Wir beginnen unsere Rechnung mit der Sinusfunktion. Zu berechnen ist also

$$\lim_{\Delta x \to 0} \frac{\sin(x+\Delta x) - \sin x}{\Delta x}\ .$$

Dazu schreiben wir den Zähler um. Wir gehen aus von den Identitäten

$$\begin{aligned} \sin(\alpha+\beta) &= \sin\alpha\,\cos\beta + \sin\beta\cos\alpha \\ \sin(\alpha-\beta) &= \sin\alpha\,\cos\beta - \sin\beta\cos\alpha\ . \end{aligned}$$

Durch Subtraktion ergibt sich zunächst

$$\sin(\alpha+\beta) - \sin(\alpha-\beta) = 2\sin\beta\cos\alpha\ .$$

Falls wir nun α, β so wählen, dass

$$\begin{aligned} \alpha+\beta &= x+\Delta x \\ \alpha-\beta &= x \end{aligned}$$

d.h.

$$\alpha = x + \frac{\Delta x}{2}\,, \quad \beta = \frac{\Delta x}{2}\,,$$

wird ersichtlich, dass

$$\sin(x+\Delta x)-\sin x = 2\sin\frac{\Delta x}{2}\,\cos\left(x+\frac{\Delta x}{2}\right).$$

Zu berechnen ist also

$$\lim_{\Delta x\to 0}\frac{2\sin\left(\frac{\Delta x}{2}\right)\,\cos(x+\frac{\Delta x}{2})}{\Delta x} = \lim_{\epsilon\to 0}\left[\frac{\sin\epsilon}{\epsilon}\,\cos(x+\epsilon)\right],\ \epsilon=\frac{\Delta x}{2}\,.$$

Damit wird nun klar, dass die einzige Schwierigkeit darin besteht,

$$\lim_{\epsilon\to 0}\frac{\sin\epsilon}{\epsilon}$$

zu bestimmen. Zu diesem Zweck betrachten wir die folgende Figur:

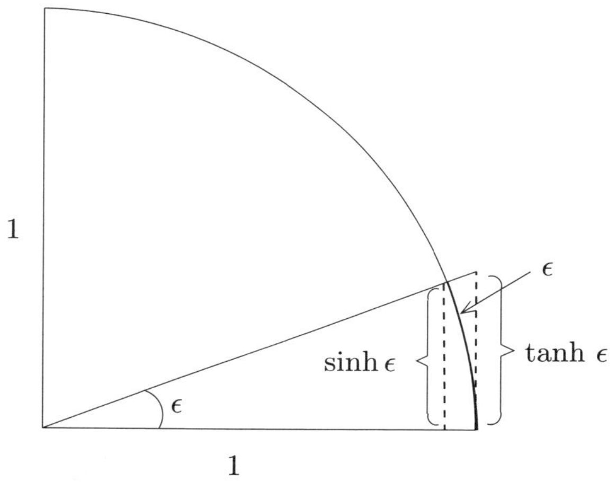

Für genügend kleine ϵ ist klar, dass

$$\sin\epsilon\le\epsilon\le\tan\epsilon\,,$$

woraus durch Division folgt

$$1\le\frac{\epsilon}{\sin\epsilon}\le\frac{1}{\cos\epsilon}\,.$$

Falls wir jetzt ϵ gegen 0 gehen lassen, folgt

$$1=\lim_{\epsilon\to 0}1\le\lim_{\epsilon\to 0}\frac{\epsilon}{\sin\epsilon}\le\lim_{\epsilon\to 0}\frac{1}{\cos\epsilon}=1.$$

und damit

$$\lim_{\epsilon \to 0} \frac{\epsilon}{\sin \epsilon} = 1 \, ,$$

woraus wir weiter schliessen können, dass

$$\boxed{(\sin x)' = \lim_{\Delta x \to 0} \frac{2 \sin \frac{\Delta x}{2} \cos(x + \frac{\Delta x}{2})}{\Delta x} = \lim_{\epsilon \to 0} \left[\frac{\sin \epsilon}{\epsilon} \cos(x + \epsilon) \right] = \cos x \, .}$$

Die Ableitungen aller anderen trigonometrischen Funktionen folgen nun aus dieser Beziehung, wie man im folgenden sieht.

Um $\cos x$ abzuleiten benützt man einfach, dass

$$\cos x = \sin \left(x + \frac{\pi}{2} \right) \, .$$

Nach der Kettenregel ist dann

$$\left(\sin \left(x + \frac{\pi}{2} \right) \right)' = \cos \left(x + \frac{\pi}{2} \right) \cdot 1 = - \sin x \, .$$

Also

$$\boxed{(\cos x)' = - \sin x \, .}$$

Weiter ist

$$\boxed{(\tan x)' = \left(\frac{\sin x}{\cos x} \right)' = \frac{\cos x \cdot \cos x - (- \sin x \cdot \sin x)}{\cos^2 x} = \frac{1}{\cos^2 x} \, ,}$$

Um die Arcus-Funktionen abzuleiten, gehen wir von der Definitionsgleichung aus: Falls

$$x = \sin y$$

mit $x \in [-1, 1]$ und $y \in [-\frac{\pi}{2}, \frac{\pi}{2}]$, ist definitionsgemäss

$$y = \arcsin x =: y(x) \, .$$

Wir können demgemäss die Identität

$$x = \sin(y(x))$$

auf beiden Seiten nach x ableiten und erhalten

$$\begin{aligned} 1 &= \frac{d(\sin y)}{dy} \cdot \frac{dy}{dx} \\ &= \cos y \cdot \frac{dy}{dx} = \sqrt{1-\sin^2 y} \cdot \frac{dy}{dx} = \sqrt{1-x^2} \cdot \frac{dy}{dx} \ , \end{aligned}$$

woraus folgt

$$\boxed{(\arcsin x)' = \frac{1}{\sqrt{1-x^2}}}$$

und nach demselben Muster

$$\boxed{(\arccos x)' = \frac{-1}{\sqrt{1-x^2}} \ .}$$

Für die Ableitung von $\arctan x$ geht man analog vor, indem man dann benützt, dass z.B.

$$\frac{1}{\cos^2 x} = 1 + \tan^2 x \ .$$

Man erhält schliesslich

$$\boxed{(\arctan x)' = \frac{1}{1+x^2}}$$

2.6 Ableitung von Logarithmus und Exponentialfunktion

Um die Ableitung von $\ln x$ und e^x zu berechnen, müssen wir zuerst die Definitionen vorausschicken. Man kann diese Funktionen eben in verschiedener Weise definieren, wovon dann die Herleitung ihrer Ableitung abhängt. Als Ausgangspunkt wählen wir zunächst die Definition:

$$e = \lim_{n\to\infty} \left(1+\frac{1}{n}\right)^n = \lim_{\epsilon\to 0} (1+\epsilon)^{1/\epsilon} = 2.7182818... \ ,$$

woraus sich ergibt

$$e^x = \lim_{\epsilon\to 0} \left[(1+\epsilon)^{1/\epsilon}\right]^x = \lim_{\epsilon\to 0} (1+\epsilon)^{x/\epsilon} \ .$$

Nach Definition ist $\ln x$ die inverse Funktion, d.h.

$$e^{\ln x} = x \quad \text{oder} \quad \ln(e^x) = x \, .$$

Wir leiten nun zunächst die Ableitung von $\ln x$ her. Es ist

$$(\ln x)' = \lim_{\Delta x \to 0} \frac{\ln(x + \Delta x) - \ln x}{\Delta x} \, .$$

Nach den Rechenregeln für einen Logarithmus ist aber

$$\ln(x + \Delta x) - \ln x = \ln \left(\frac{x + \Delta x}{x} \right)$$

und

$$\frac{1}{\Delta x} \ln \left(\frac{x + \Delta x}{x} \right) = \ln \left(\frac{x + \Delta x}{x} \right)^{\frac{1}{\Delta x}} \, .$$

Nun ist nur noch zu beachten, dass

$$\lim_{\Delta x \to 0} \left(1 + \frac{\Delta x}{x} \right)^{\frac{1}{\Delta x}} = \lim_{\epsilon \to 0} (1 + \epsilon)^{\frac{1}{x \cdot \epsilon}} = e^{\frac{1}{x}}$$

indem wir für beliebiges $x \neq 0$ wählen $\epsilon = \frac{\Delta x}{x}$. Somit wird

$$\boxed{(\ln x)' = \ln(e^{\frac{1}{x}}) = \frac{1}{x}} \, , \quad x > 0 \, .$$

Es ist zu beachten, dass $\ln x$ nur für positive x definiert ist.

Nun folgt die Ableitung von e^x mittels Kettenregel und der Beziehung

$$\ln(e^x) = x \, .$$

Ableiten auf beiden Seiten ergibt

$$\frac{(e^x)'}{e^x} = 1$$

d.h.

$$\boxed{(e^x)' = e^x}$$

eine Beziehung von fundamentaler Bedeutung, wie sich später erweisen wird.

Beispiele zu den Ableitungsregeln

Wir verketten die bisher betrachteten Funktionen in beliebiger Weise, wobei wir ohne Rücksicht darauf, ob die betreffende Funktion irgend eine Rolle spielt, willkürliche Bildungen betrachten.

(1) $f(x) = e^{\cos x}$.

Nach Kettenregel ist dann

$$f'(x) = -e^{\cos x} \cdot \sin x \, .$$

(2) $f(x) = x^x, \; f'(x) = ? \; (x > 0)$.

Um abzuleiten müssen wir schreiben

$$x = e^{\ln x}, \; x^x = e^{x \cdot \ln x} \, .$$

Somit

$$(x^x)' = e^{x \cdot \ln x} \cdot (x \cdot \ln x)' = x^x \Big(\ln x + \frac{x}{x} \Big) = x^x (\ln x + 1) \, .$$

(3) $f(x) = \arctan \Big(\frac{1}{\sqrt{x}} \Big)$

$$f'(x) = \frac{1}{1 + \Big(\frac{1}{\sqrt{x}}\Big)^2} \cdot \Big(- \frac{1/2}{(\sqrt{x})^3} \Big) = \frac{-1/2}{1 + \frac{1}{x}} \cdot \frac{1}{x^{3/2}} = \frac{-1/2}{x^{3/2} + x^{1/2}}$$
$$= \frac{-1/2}{\sqrt{x}(1+x)} \, .$$

(4) $f(x) = \cos \Big(\frac{x}{1+x^2} \Big)$

$$f'(x) = -\sin \Big(\frac{x}{1+x^2} \Big) \cdot \Big(\frac{x}{1+x^2} \Big)' = -\sin \Big(\frac{x}{1+x^2} \Big) \cdot \frac{1 + x^2 - 2x \cdot x}{(1+x^2)^2}$$
$$= -\sin \Big(\frac{x}{1+x^2} \Big) \cdot \frac{1 - x^2}{(1+x^2)^2} \, .$$

Übungsaufgaben zu den Kapiteln 2.4 - 2.6

Berechnen Sie jeweils die Ableitung der gegebenen Funktion:

1. $$\frac{\cos\sqrt{x}}{1+\sin\sqrt{x}}$$

2. $$\frac{\ln(1+x^2)}{\ln(1-x^2)}$$

3. $$\cot\left(\frac{1-x}{1+x}\right)$$

4. $$x^{\sqrt{x}}$$

5. $$\sqrt{1+\tan 2x}$$

6. $$\sin(1+\ln(1+e^x))$$

7. $$\ln(\ln(1+x^2))$$

8. $$\sqrt{1+\sqrt{1+\sqrt{1+x}}}$$

9. $$\frac{1}{\tan^2 x+1}$$

10. $$\frac{x}{x+\frac{1}{1+x^2}}$$

2.7 Hyperbelfunktionen

A. Definitionen, Bilder

Es hat sich als äusserst nützlich erwiesen, folgende Kombinationen der Exponentialfunktion als neue Funktionen einzuführen. Dass der Name "Hyperbel-Funktionen" zutreffend ist, werden wir später einsehen.

DEFINITION:

"Sinus hyperbolicus"

$$\sinh x = \frac{1}{2}\,(e^x - e^{-x})$$

DEFINITION:

"Cosinus hyperbolicus"

$$\cosh x = \frac{1}{2}\,(e^x + e^{-x})$$

Die Abkürzungen sind sehr uneinheitlich: man findet auch z.B. $Sh\,x$, $\mathrm{Sin}\,x$, $\cosh\,x$, $\mathrm{Cos}\,x$.

Aus den Definitionen entnimmt man leicht folgende Eigenschaften:

$$\sinh(-x) = -\sinh x, \quad \cosh(-x) = \cosh x$$

Für grosse x gilt

$$\sinh x \sim \frac{1}{2}\,e^x, \quad \cosh x \sim \frac{1}{2}\,e^x\,.$$

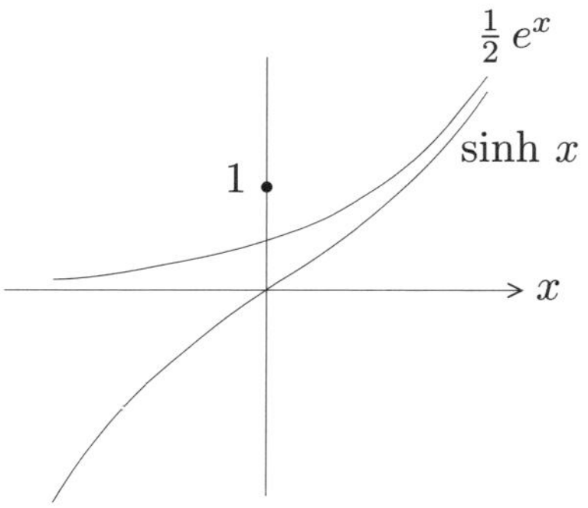

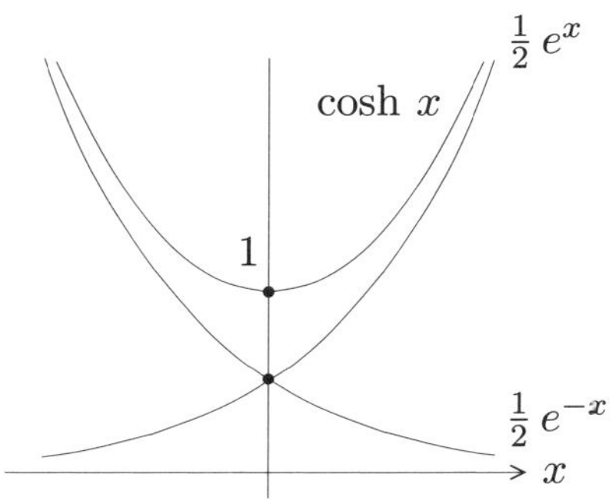

In Analogie zu den trigonometrischen Funktionen definiert man

"Tangens hyperbolicus"

$$\tanh x = \frac{\sinh x}{\cosh x}.$$

Direkt mittels der Exponentialfunktion ausgedrückt ergibt sich zum Beispiel noch

$$\tanh x = \frac{e^x - e^{-x}}{e^x + e^{-x}} = \frac{1 - e^{-2x}}{1 + e^{-2x}} = \frac{e^{2x} - 1}{e^{2x} + 1}$$

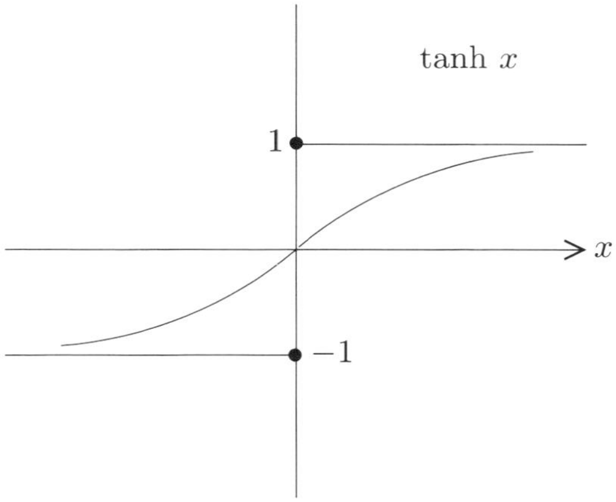

B. Additionstheoreme

Additionstheoreme spielen bei den trigonometrischen Funktionen bei vielen Überlegungen eine wichtige Rolle. Wie überlegen anhand einiger Beispiele, dass zu allen Beziehungen, die von den trigonometrischen Funktionen her bekannt sind, sich entsprechende Gegenstücke für hyperbolische Funktionen herleiten lassen.

Eine der am häufigsten gebrauchten Identitäten für trigonometrische Funktionen ist

$$\sin(x + y) = \sin x \cos y + \cos x \sin y \; .$$

Wir prüfen gleich nach, dass genau dieselbe Identität auch für den hyperbolischen Sinus gilt. Dazu gehen wir einerseits aus von der Definition:

$$\sinh(x + y) = \frac{1}{2}\left(e^{x+y} - e^{-(x+y)}\right) = \frac{1}{2}\left(e^x e^y - e^{-x}\, e^{-y}\right).$$

Andererseits berechnen wir

$$\begin{aligned}\sinh x \cosh y + \cosh x \sinh y &= \frac{1}{4}\left[(e^x - e^{-x})(e^y + e^{-y}) + (e^x + e^{-x})(e^y - e^{-y})\right] \\ &= \frac{1}{2}\left(e^x e^y - e^{-x} e^{-y}\right).\end{aligned}$$

Es gilt also:

$$\sinh(x+y) = \sinh x \cosh y + \cosh x \sinh y,$$

woraus insbesondere folgt, dass

$$\sinh(2x) = 2 \sinh x \cosh x.$$

Das entsprechende Additionstheorem für den hyperbolischen Cosinus erhält eine kleine Änderung. Vom gewöhnlichen Cosinus bekannt ist die Beziehung

$$\cos(x+y) = \cos x \cos y - \sin x \sin y\ .$$

Wir prüfen nach, dass

$$\cosh(x+y) = \frac{1}{2}\left(e^x e^y + e^{-x} e^{-y}\right)\ ,$$

aber

$$\begin{aligned}\cosh x \cosh y - \sinh x \sinh y &= \frac{1}{4}\left[(e^x + e^{-x})(e^y + e^{-y}) - (e^x - e^{-x})(e^y - e^{-y})\right] \\ &= \frac{1}{2}\left(e^x e^{-y} - e^{-x} e^y\right) \neq \cosh(x+y)\,.\end{aligned}$$

Hingegen gilt, wie man leicht nachprüft,

$$\cosh(x+y) = \cosh x \cosh y + \sinh x \sinh y,$$

woraus sich als Spezialfall ergibt

$$\cosh(2x) = (\cosh x)^2 + (\sinh x)^2\ ,$$

wo hingegen

$$\cos(2x) = (\cos x)^2 - (\sin x)^2$$

und

$$(\cos x)^2 + (\sin x)^2 = 1\ .$$

Man stellt aber fest, dass nun

$$(\cosh x)^2 - (\sinh x)^2 = 1 \, .$$

Es ist natürlich nicht von besonderem Interesse, alle erdenklichen Identitäten für die Hyperbelfunktionen herzuleiten. Wichtig hingegen ist, dass man von der Existenz dieser Beziehungen weiss und in der Lage ist, sie herzuleiten.

C. Ableitungen der Hyperbelfunktionen und ihrer Inversen

Aus den Definitionen ergeben sich durch Ableiten sofort die Beziehungen

a) $\boxed{(\sinh x)' = \cosh x}$

b) $\boxed{(\cosh x)' = \sinh x}$

Weiter ist nach der Quotientenregel

$$(\tanh x)' = \left(\frac{\sinh x}{\cosh x}\right)' = \frac{(\cosh x)^2 - (\sinh x)^2}{(\cosh x)^2} = \frac{1}{(\cosh x)^2}$$

Die inversen Funktionen können mit Hilfe der Kettenregel abgeleitet werden.

Da der Sinus hyperbolicus monoton wächst, hat er eine Inverse, die "Area-Sinus hyperbolicus" genannt wird, abgekürzt $\operatorname{arsinh} x$.

Definitionsgemäss muss nun gelten

$$\sinh(\operatorname{arsinh} x) = x \, .$$

Wir setzen $y(x) = \operatorname{arsinh} x$ und benützen die Kettenregel, nach welcher

$$\frac{d\Big(\sinh(y(x))\Big)}{dx} = \frac{d(\sinh y)}{dy} \cdot \frac{dy}{dx} = \cosh y \cdot \frac{dy}{dx} \, .$$

Die Identität

$$\sinh(\operatorname{arsinh} x) = x$$

dürfen wir aber nach x ableiten. Also ist

$$\cosh y \cdot \frac{dy}{dx} = 1 ,$$

d.h.

$$\frac{dy}{dx} = \boxed{(\operatorname{arsinh} x)' = \frac{1}{\cosh y} = \frac{1}{\sqrt{1+(\sinh y)^2}} = \frac{1}{\sqrt{1+x^2}}} .$$

Wir können aber die Funktion $y = \operatorname{arsinh} x$ direkt berechnen. Es muss ja gelten

$$\frac{1}{2}\left(e^y - e^{-y}\right) = x .$$

Wir setzen $z = e^y$ und erhalten

$$z - \frac{1}{z} - 2x = 0 ,$$

d.h.

$$z^2 - 2x \cdot z - 1 = 0 .$$

Da $z > 0$ sein muss, ist nur die eine Lösung der quadratischen Gleichung zu berücksichtigen, und wir erhalten

$$z = \frac{1}{2}\left(2x + \sqrt{4x^2+4}\right) = x + \sqrt{x^2+1} ,$$

womit folgt, dass

$$\operatorname{arsinh} x = \ln z = \ln(x + \sqrt{x^2+1}) .$$

Man kann jetzt die vorher gefundene Formel für die Ableitung auf direkte Art nachprüfen. Das Bild von $y = \operatorname{arsinh} x$ ergibt sich natürlich direkt aus der bekannten Symmetrie zu $y = \sinh x$ bezüglich der 45°-Geraden. Für grosse Werte von x erhält man

$$\operatorname{arsinh} x \sim \ln(2x) = \ln x + \ln 2 .$$

Aus der expliziten Form für $\operatorname{arsinh} x$ ist weniger offensichtlich, dass auch gilt

$$\operatorname{arsinh}(-x) = -\operatorname{arsinh} x .$$

Als kleine Rechenübung prüfen wir nach:

$$
\begin{aligned}
\operatorname{arsinh}(-x) &= \ln(-x + \sqrt{x^2+1}) \\
-\operatorname{arsinh} x &= \ln\left(\frac{1}{x + \sqrt{x^2+1}}\right) \\
&= \ln\left(\frac{-x + \sqrt{x^2+1}}{(-x + \sqrt{x^2+1})(x + \sqrt{x^2+1})}\right) \\
&= \ln\left(\frac{-x + \sqrt{x^2+1}}{(\sqrt{x^2+1})^2 - x^2}\right) = \ln(-x + \sqrt{x^2+1})\,.
\end{aligned}
$$

Die oben gemachten Überlegungen lassen sich nun leicht auf die restlichen Hyperbelfunktionen übertragen. Eine Liste der entsprechenden Formeln soll hier genügen.

Da der Cosinus hyperbolicus nicht bijektiv ist, muss man wie bei den trigonometrischen Funktionen, zuerst den Definitionsbereich einschränken, damit man die Umkehrfunktion sinnvoll definieren kann. Man betrachtet $\cosh : [0, \infty) \to [1, \infty)$. Diese Funktion ist streng monoton steigend und damit bijektiv. Wir können nun die Umkehrfunktion definieren $\operatorname{arcosh} : [1, \infty) \to [0, \infty)$ – sie ist gegeben durch:

$$\operatorname{arcosh}(x) = \ln\left(x + \sqrt{x^2-1}\right)$$

$$\boxed{(\operatorname{arcosh} x)' = \frac{1}{\sqrt{x^2-1}}}$$

Für die zu $\tanh x$ inverse Funktion $\operatorname{artanh} x$ erhält man

$$\boxed{(\operatorname{artanh} x)' = \frac{1}{1-x^2}}\,, \quad |x| < 1\,,$$

und entsprechend

$$\frac{d}{dx}(\operatorname{artanh} x) = \frac{1}{2}\ln\frac{x+1}{x-1}\,, \quad |x| > 1\,.$$

D. Beziehung zur Hyperbel

Die trigonometrischen Funktionen könnten auch "Kreisfunktionen" genannt werden. Betrachten wir nämlich die Kurve definiert durch die Parameterdarstellung

$$\begin{cases} x = \cos t \\ y = \sin t\,, \end{cases}$$

so ergibt sich

$$x^2 + y^2 = 1\ .$$

d.h. die Punkte $(\cos t, \sin t)$ liegen auf einem Kreis mit Radius 1.

Nehmen wir jetzt analog

$$\begin{cases} x = \cosh\, t \\ y = \sinh\, t\,, \end{cases}$$

so gilt jetzt nach Abschnitt B

$$x^2 - y^2 = 1\ ,$$

was die Gleichung einer Hyperbel mit den Asymptoten $y = \pm\, x$ ist.

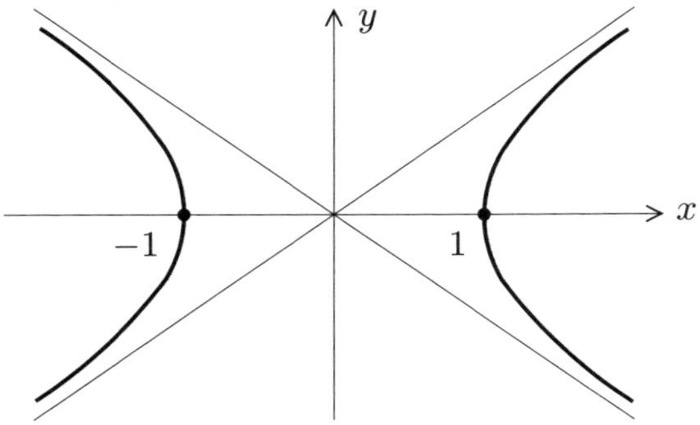

Die Analogie kann aber noch vervollständigt werden. Erinnern wir uns zuerst, dass der Parameter t im Falle des Kreises der Winkel zur positiven x-Achse ist. Eine andere Deutung ergibt sich für t im Einheitskreis: $\frac{1}{2}\,t$ ist Fläche des Sektors:

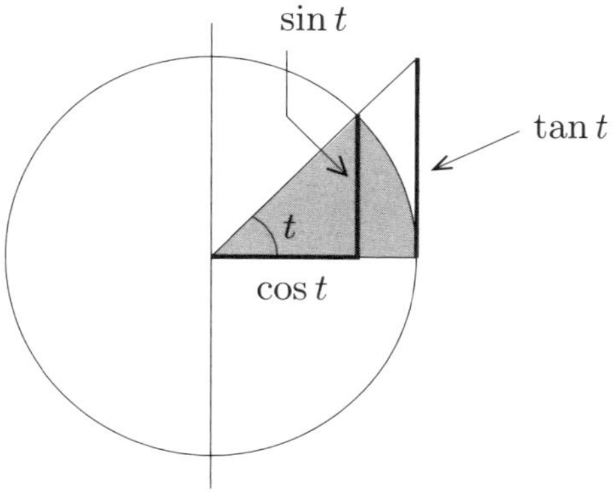

Wir werden im Kapitel III sehen, dass im Falle der Hyperbel die Situation völlig analog ist.

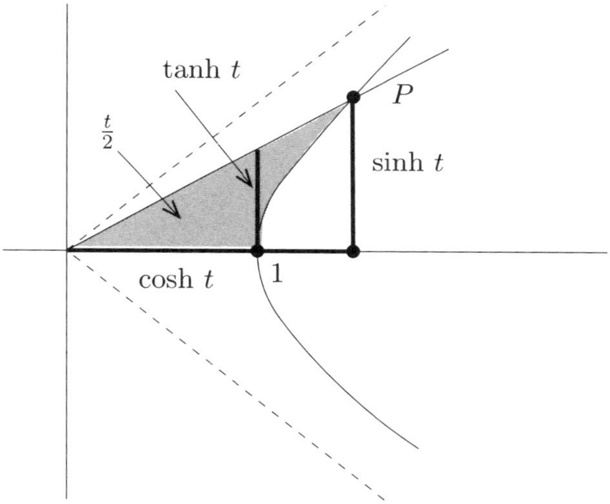

Dies erkärt nun auch die Namen der Umkehrfunktionen:

Area = Fläche

arsinh t: "Fläche $\frac{t}{2}$, welche zum Wert sinh t gehört" .

In Kapitel III wird gezeigt, dass die schraffierte Fläche den Wert $\frac{t}{2}$ hat, falls der Punkt P die Koordinaten $(\cosh t, \sinh t)$ hat.

Übungsaufgaben zu Kapitel 2.7

1 a) Man drücke $\tanh(3x)$ durch $\tanh x$ aus

b) $\sinh(\frac{x}{2})$ durch $\sinh x$ ausdrücken

2 Man kann zeigen, dass z.B. ein Draht der zwischen zwei Telefonstangen aufgehängt ist, durch eine cosh-Funktion beschrieben werden kann. Geben Sie die Lösung für den gezeichneten Fall.

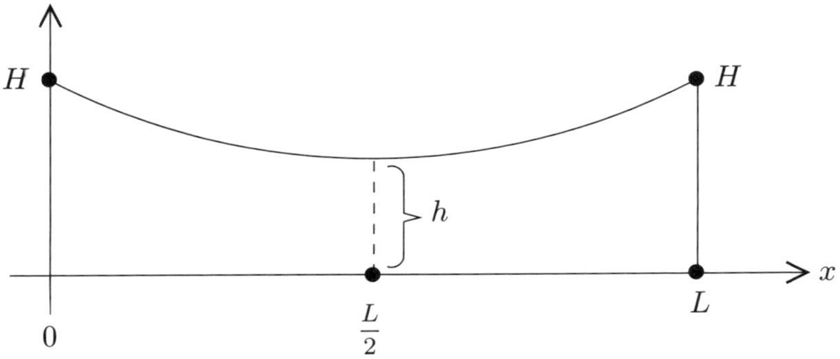

Hinweis: Es sind 2 Parameter zu bestimmen.

3 Berechnen sie die Lösung der Gleichung

$$\sinh(2x) = \cosh^2 x$$

(keine Näherung!)

4 Wo hat die Funktion $y = \frac{1}{\cosh x}$ extremale Steigung? Skizzieren Sie das Bild der Funktion.

2.8 Anwendungen

A. Extremalwertprobleme

Bei vielen geometrischen Fragestellungen ist man auf natürliche Weise zu Problemen geführt, in denen der grösste oder kleinste Wert einer Grösse gesucht wird. Analoge Probleme treten aber auch in vielen anderen Gebieten wie Physik, Biologie, Ökonomie etc. auf. Wir betrachten ein einfaches geometrisches Musterproblem:

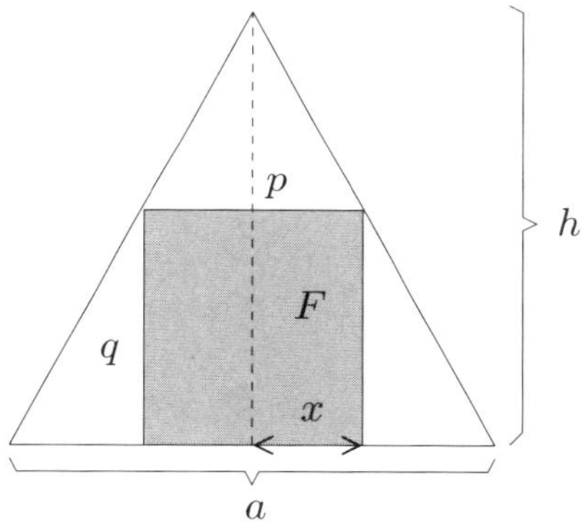

Einem gleichschenkligen Dreieck soll ein Rechteck mit möglichst grossem Flächeninhalt $F = p \cdot q$ eingeschrieben werden.

Lösung: Wir können $x = \frac{p}{2}$ beliebig wählen im Intervall $(0, \frac{a}{2})$. Die andere Seitenlänge q ist dann bestimmt, zum Beispiel durch Betrachtung ähnlicher Dreiecke:

$$\left(\frac{a}{2} - x\right) : q = \frac{a}{2} : h \, .$$

Aufgelöst nach q erhalten wir

$$q = \frac{2h}{a}\left(\frac{a}{2} - x\right) = h\left(1 - \frac{2x}{a}\right) ,$$

$$F = p \cdot q = 2xh\left(1 - \frac{2x}{a}\right) = 2xh - \frac{4x^2h}{a} \, .$$

Falls wir F als Funktion von x zeichnen, erhalten wir eine Parabel mit Nullstellen $x = 0$, $x = \frac{a}{2}$:

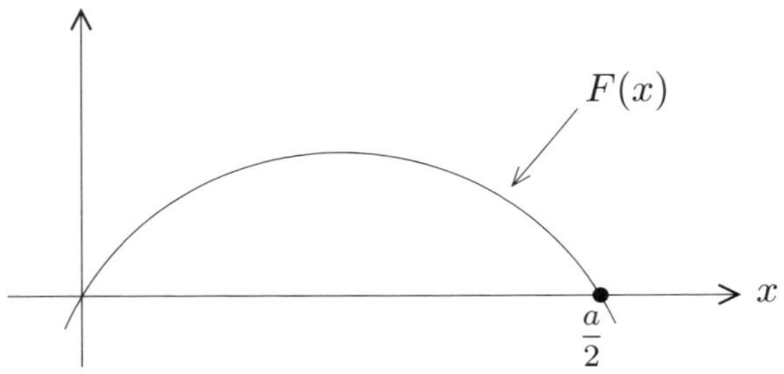

Im höchsten Punkt der Parabel muss offenbar gelten

$$\frac{dF}{dx} = 0 = 2h - \frac{8xh}{a}$$

d.h.

$$x = \frac{a}{4}\,,$$

und eingesetzt

$$p = \frac{a}{2}\,,\quad q = \frac{h}{2}$$

und somit ist die maximale Fläche

$$\boxed{F_{\max} = \frac{1}{4}\,a \cdot h = \text{halbe Dreiecksfläche.}}$$

Nach dem selben Muster kann man eine grosse Zahl von geometrischen Extremalwertproblemen lösen. Das Vorgehen kann allgemein so beschrieben werden:

a) Man wähle eine geeignete Variable x (Seitenlänge, Winkel, Abstand etc.) und drücke die zu optimierende Grösse als Funktion F dieser Variablen x aus.

b) Falls das Problem sinnvoll ist, muss diese Funktion für einen (oder mehrere) Werte x der gewählten Variablen eine verschwindende Ableitung $\frac{dF}{dx}$ haben.

c) Man muss jetzt noch kontrollieren ob der gefundenen Wert tatsächlich eine Maximal- oder Minimalstelle der Funktion ist (entweder mit mathematischen Überlegungen oder mit geometrischen/physikalischen Argumenten).

Geometrisch ist das Hauptproblem meistens, F als Funktion einer einzigen Variablen x zu schreiben.

Wir betrachten noch ein weiteres Beispiel:

Eine zylindrische Konservendose soll mit minimalem Blechverbrauch hergestellt werden.

Die Aufgabe heisst also:

Bei gegebenem Volumen $V = \pi r^2 h$ soll die Oberfläche $O = 2\pi(rh + r^2)$ minimal sein.
Lösung: Wir eliminieren h aus der ersten Gleichung und schreiben O als Funktion von r allein.

$$\begin{aligned} h &= \frac{V}{\pi r^2}\,, \\ O &= 2r\pi\,\frac{V}{\pi r^2} + 2\pi r^2 = 2\left(\frac{V}{r} + \pi r^2\right) \\ \frac{dO}{dr} &= 2\left(-\frac{V}{r^2} + 2\pi r\right) = 0 \end{aligned}$$

d.h.

$$\begin{aligned} r &= \left(\frac{V}{2\pi}\right)^{1/3} \\ h &= \frac{V}{\pi\left(\frac{V}{2\pi}\right)^{2/3}} = 2\,\frac{\frac{V}{2\pi}}{\left(\frac{V}{2\pi}\right)^{2/3}} = 2\left(\frac{V}{2\pi}\right)^{1/3} = 2r \end{aligned}$$

Der Dosenquerschnitt muss quadratisch sein – siehe Figur!

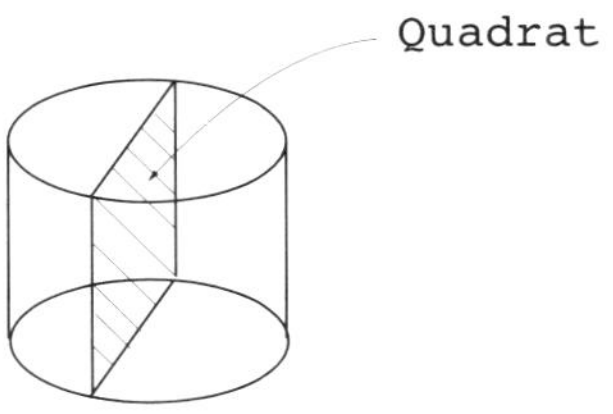

Übungsaufgaben zu Kapitel 2.8.A

[1] Einer Ellipse mit den Halbachsen a, b wird ein Rechteck einbeschrieben. Welche maximale Fläche kann es haben?

[2] Ein Trichter (= Kegel) soll bei gegebenem Materialverbrauch möglichst viel Wasser fassen. Welchen Öffnungswinkel muss er haben?

[3]

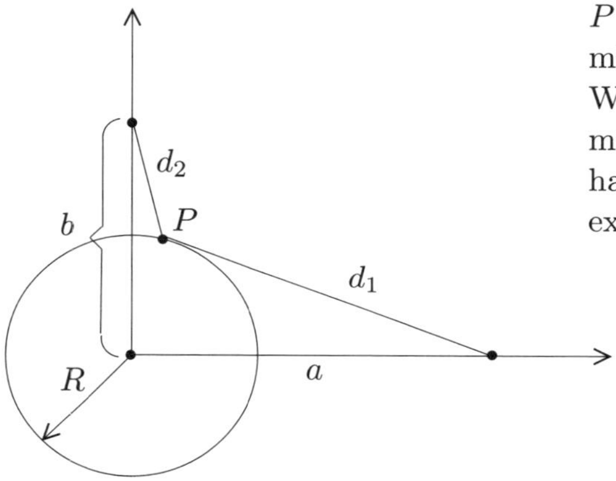

P bewegt sich auf dem Kreis mit Radius R bei festen a und b. Welchen minimalen Wert und maximalen Wert kann $d_1^2 + d_2^2$ haben? Zeichnen Sie die extremalen Lagen von P!

B. Das Newton'sche Näherungsverfahren

Ein Standardproblem, das sich immer wieder stellt, kann so formuliert werden: Bestimme eine Lösung der Gleichung

$$f(x) = 0 .$$

Sozusagen der Normalfall ist der, dass man diese Gleichung nicht durch Lösungsformeln, wie etwa bei einer quadratischen Gleichung, behandeln kann. Es gibt aber viele Näherungsverfahren, die es erlauben, eine Lösung beliebig genau zu approximieren. Das nun zu beschreibende Verfahren von Newton ist in vielen Fällen anwendbar und hat den Vorteil, meistens in wenigen Schritten zu einer sehr guten Approximation der Lösung zu führen.

Wir nehmen an, dass die Funktion $f(x)$ in der Nähe der gesuchten Nullstelle s etwa den gezeichneten Verlauf hat.

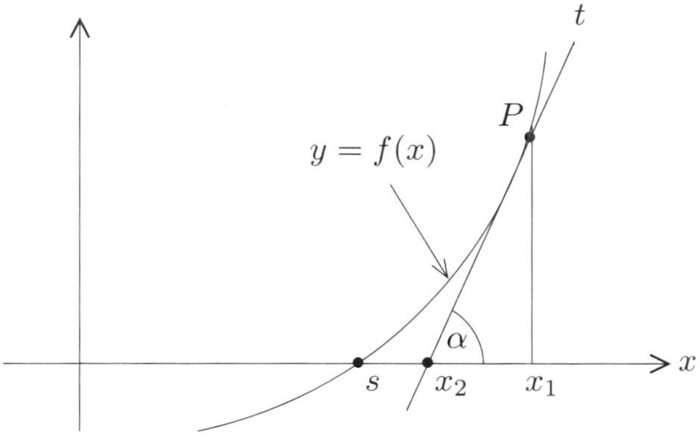

Wir wählen nun einen ersten Näherungswert x_1 für s und bestimmen als verbesserten Näherungswert x_2 den Schnittpunkt der Tangente t im Punkte $(x_1, f(x_1))$ mit der x-Achse. Es ist

$$\tan \alpha = \frac{f(x_1)}{x_1 - x_2} = f'(x_1)\,,$$

oder aufgelöst nach x_2:

$$x_2 = x_1 - \frac{f(x_1)}{f'(x_1)}\,.$$

Dann wird das Verfahren fortgesetzt bis eine gewünschte Genauigkeit erreicht worden ist. Wir können zusammenfassen:

a) Bestimme einen Näherungswert x_1,

b) $$x_{n+1} = x_n - \frac{f(x_n)}{f'(x_n)}$$

gibt dann eine Iterationsvorschrift, mit der aus dem n-ten Näherungswert der (im allgemeinen verbesserte) Näherungswert Nummer $n+1$ zu berechnen ist.

Es ist leicht zu sehen aus der geometrischen Interpretation, dass dieses Verfahren nicht immer zu konvergieren braucht (machen Sie selbst ein paar Zeichnungen). Jedoch stellt man fest, was auch genauer bewiesen werden kann, dass, **wenn** das Verfahren konvergiert, diese Konvergenz sehr gut ist. Wir illustrieren dies an einem einfachen Beispiel. Es sei $\sqrt{2}$ zu berechnen. Dies ist offenbar die Nullstelle der Funktion

$$f(x) = x^2 - 2\,.$$

Es ist leicht zu sehen, dass man in diesem Fall einen beliebigen positiven Startwert x_1 nehmen kann.

Die Iterationsvorschrift lautet jetzt

$$x_{n+1} = x_n - \frac{x_n^2 - 2}{2x_n} = \frac{1}{2}\left(x_n + \frac{2}{x_n}\right) .$$

Wählen wir beispielsweise $x_1 = 1$, so sehen die ersten Näherungen wie folgt aus

x	x_n
1	1
2	1.5
3	1.417
4	1.41421
5	1.41421356237

Man stellt fest, dass sich die richtigen Stellen nach dem Komma nach jedem Schritt ungefähr verdoppeln. Es lässt sich allgemein beweisen, dass dieses schnelle Konvergenzverhalten für die Newton-Methode typisch ist.

Übungsaufgaben zu Kapitel 2.8.B

1. Berechnen Sie eine Näherungslösung für die Gleichung

$$x = \cos x .$$

Prüfen Sie mit dem Taschenrechner nach, dass Sie diese Lösung auch erhalten, falls Sie die Rekursionsfolge $a_n = \cos(a_{n-1})$ betrachten und $0 < a_0 < \pi$ wählen ($a_n \cong x$ für n gross). Geometrische Veranschaulichung!

2. Zeigen Sie, dass für einen beliebigen Startwert x_0 und $a > 0$ die Rekursion

$$x_{n+1} = x_n - 1 + ae^{-x_n}$$

gegen den Grenzwert $\ln a$ geht.

3. Geben Sie eine Rekursionsformel (aus der Newton-Methode), um $\sqrt[3]{a}$ zu berechnen.

2.9 Höhere Ableitungen

Die Ableitung $f'(x)$ einer Funktion $f(x)$ ist ja wieder eine neue Funktion der Variablen x, und man kann den Ableitungsprozess fortsetzen, um zu immer höheren Ableitungen $(f'(x))' =: f''(x)$ etc. zu gelangen. Das Hauptinteresse gilt dann vor allem den neuen Informationen, die diese Ableitungen vermitteln. Wir wissen ja bereits, dass $f'(x)$ ein Mass für die Änderung von $f(x)$ an der Stelle x ist. Somit könnte man sagen: "$f''(x)$ beschreibt die Änderung der Änderung".

Gerade Politiker lieben schwammige Aussagen, wie etwa: "Die Zunahmetendenz der Inflationsrate hat sich leicht abgeschwächt". Überlegen Sie nun, über welche Ableitung der Kaufkraft $K(t)(t = \text{Zeit})$ eines Frankens hier eine Aussage gemacht wurde.

Besonders häufig treten in Anwendungen zweite Ableitungen auf. Es lohnt sich daher, sich eine Vorstellung zu machen über die geometrische Bedeutung der zweiten Ableitung.

Es sei also $f(x)$ eine beliebige Funktion (natürlich $2\times$ ableitbar). Dann bedeutet

$$\left.\begin{array}{lcl} f''(x) > 0 & : & \text{die Steigung ist zunehmend} \\ f''(x) < 0 & : & \text{die Steigung ist abnehmend} \\ f''(x) = 0 & : & \text{die Steigung ändert nicht} \end{array}\right\} \text{bei } x$$

Man hat demnach die folgenden typischen Bilder

$f'' > 0:$

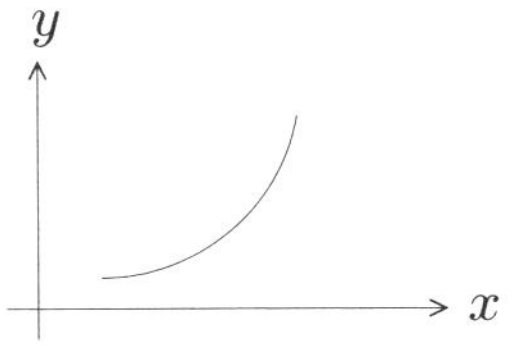

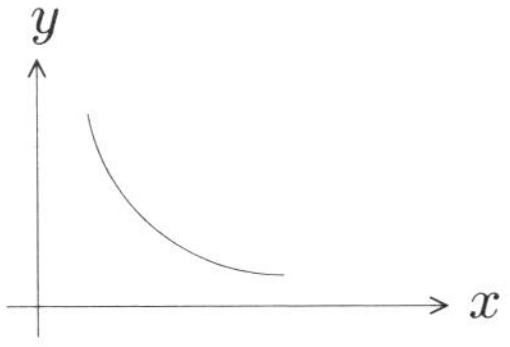

$f'' < 0:$

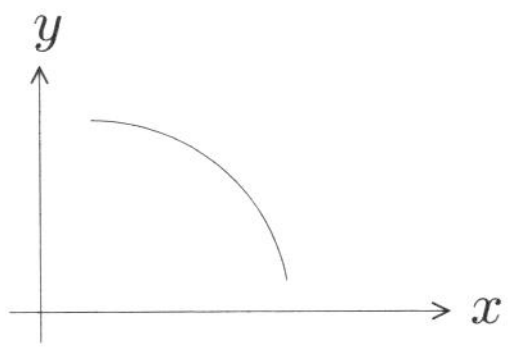

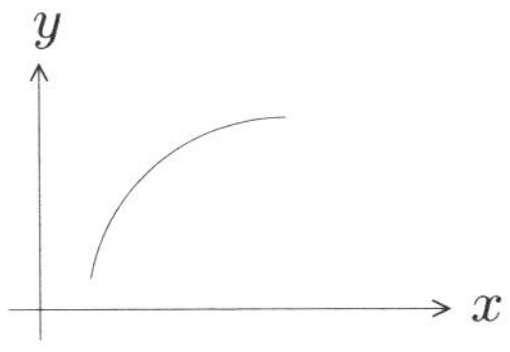

$f''(x) = 0:$

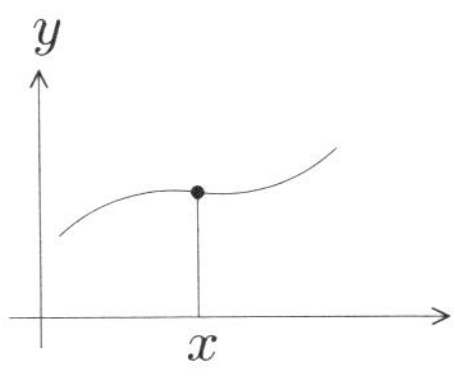

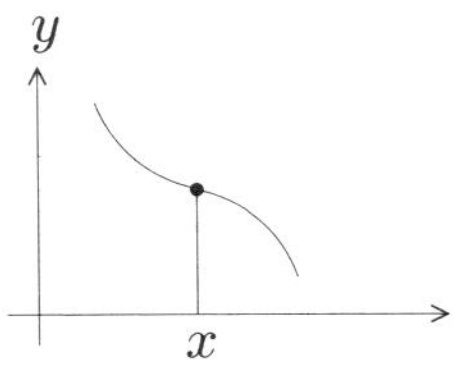

Man kann sich die Bedeutung der zweiten Ableitung auch folgendermassen vorstellen: Wenn man die Kurve durchläuft von links nach rechts, macht man eine Linkskurve wenn die zweite Ableitung positiv ist und eine Rechtskurve wenn die zweite Ableitung negativ ist. Einen Wendepunkt kann man somit verstehen als ein Punkt wo die Kurve die Richtung wechselt. Aus der obigen geometrischen Deutung entnimmt man nun leicht folgende Charakterisierungen

$f'(x_0)$	$f''(x_0)$	Typus	Bild bei x_0
$= 0$	< 0	lokales Maximum	
$= 0$	> 0	lokales Minimum	
> 0	$= 0$	Wendepunkt (aufsteigend)	
< 0	$= 0$	Wendepunkt (absteigend)	
0	$= 0$	Sattelpunkt ($f'''(x_0) \neq 0$)	

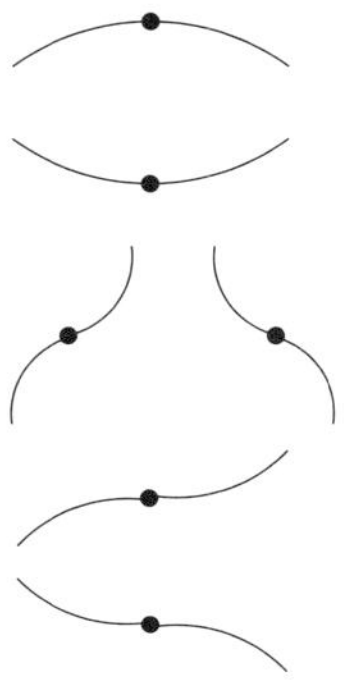

Wir werden später im Rahmen der Taylorreihen diese Charakterisierung noch auf ganz andere Art verstehen.

Es kommt später oft vor, dass man höhere Ableitungen eines Produkts braucht. Dazu ist die Formel von Leibniz nützlich.

Wir bezeichnen mit $f^{(n)}(x)$ die n-te Ableitung von $f(x)$, wobei $f^{(0)}(x) = f(x)$ sein soll. Dann gilt

$$\Big((f(x) \cdot g(x)\Big)^{(n)} = \sum_{k=0}^{n} \binom{n}{k} f^{(k)}(x) \cdot g^{(n-k)}(x) \qquad \text{Leibniz-Formel}$$

Formal ist diese Formel völlig analog zur binomischen Formel

$$(a+b)^n = \sum_{k=0}^{n} \binom{n}{k} a^k \cdot b^{n-k} .$$

In der Tat kann man die Leibnizformel analog beweisen:

Wir schreiben die Produktregel in der Form

$$(f \cdot g)^{(1)} = f^{(0)} \cdot g^{(1)} + f^{(1)} \cdot g^{(0)}$$

und darunter das algebraische Gegenstück

$$(a+b)^1 = a^0 \cdot b^1 + a^1 \cdot b^0 .$$

Dann ist aber

$$\begin{aligned}(f \cdot g)^{(2)} &= (f^{(0)} \cdot g^{(1)})^{(1)} + (f^{(1)} \cdot g^{(0)})^{(1)} \\ &= f^{(0)} \cdot g^{(2)} + f^{(1)} \cdot g^{(1)} + f^{(1)} \cdot g^{(1)} + f^{(2)} \cdot g^{(0)} \\ &= \sum_{k=0}^{2} \binom{2}{k} f^{(k)} \cdot g^{(2-k)} .\end{aligned}$$

Die Bildung der n-ten Ableitung ist also völlig analog zur Bildung der n-ten Potenz eines Binoms. Damit ist aber klar, dass die Leibniz-Formel die oben gegebene Gestalt hat.

Für ganz kritische Leser: natürlich ist der Beweis damit noch nicht abgeschlossen. Man benützt die sogenannte vollständige Induktion dazu. In unserem Fall ist aber eigentlich nur wesentlich, die Analogie zur n-ten Potenz eines Binoms zu erkennen.

BEISPIEL:

Man gebe eine Formel für die n-te Ableitung der Funktion

$$f(x) = x^m \cdot e^{ax},\ m \in \mathbb{N} .$$

Wir notieren zuerst, dass für beliebiges $\ell \in \mathbb{N}$ gilt

$$(x^m)^{(\ell)} = \begin{cases} m(m-1) \ldots (m-\ell+1)\, x^{m-\ell}, & \ell \leq m \\ 0 & , \ell > m . \end{cases}$$

Für den Ausdruck

$$m(m-1) \ldots (m-\ell+1)$$

wird oft die Abkürzung $(m)_\ell$ verwendet. Es gilt auch

$$(m)_\ell = \binom{m}{\ell} \cdot \ell!,$$

wobei $\binom{m}{\ln}$ die Binomialkoeffizienten darstellen. Weiter ist

$$(e^{ax})^{(\ell)} = a^\ell \cdot e^{ax} .$$

Damit ergibt sich nach der Leibnizformel

$$(f(x))^{(n)} = \sum_{k=0}^{n} \binom{n}{k} (x^m)^{(k)} (e^{ax})^{(n-k)},$$

und weiter

$$(f(x))^{(n)} = e^{ax} \cdot \sum_{k=0}^{n} \binom{n}{k} \binom{m}{k} k!\, x^{m-k} \cdot a^{n-k},$$

wobei zu beachten ist, dass $\binom{m}{k} = 0$ falls $k > m$.

Also ist

$$(f(x))^{(n)} = e^{ax} \cdot \sum_{k=0}^{m} \binom{n}{k} \binom{m}{k} k!\, x^{m-k} \cdot a^{n-k}, \quad \text{falls } n \geq m$$

$$(f(x))^{(n)} = e^{ax} \cdot \sum_{k=0}^{n} \binom{n}{k} \binom{m}{k} k!\, x^{m-k} \cdot a^{n-k}, \quad \text{falls } n < m\,.$$

Übungsaufgaben zu Kapitel 2.9

[1] Wo hat die Tangente an die Kurve $y = e^{-ax^2}$, $a > 0$, maximale Steigung?

[2] Die Funktion $y = x^a \cdot e^{-x}$, $x > 0$, spielt in vielen Problemen eine Rolle ($a > 0$). Zeigen Sie, dass gilt $x_w = \pm\sqrt{x_m} + x_m$

$x_w = x$ – Koordinate des Wendepunktes

$x_m = x$ – Koordinate des Maximums

[3] Geben Sie eine Formel für die $2k$-te Ableitung der Funktion $f(x) = e^{\alpha x} \cdot \cos(\beta x)$, $k = 1, 2, 3, \ldots$ an der Stelle $x = 0$.

2.10 Ableitung von Vektoren

A. Produktregeln

In der Physik, aber auch in anderen Gebieten, kommen oft Vektoren vor, die von der Zeit t oder von einem andern Parameter abhängen. Man nennt solche Funktionen vektorwertige Funktionen oder parametrisierte Kurven.

Es sei nun $\vec{r}(t) = (x(t), y(t), z(t))$ ein solcher Vektor. Nach den Regeln der Vektorrechnung ist dann

$$\begin{aligned}&\frac{1}{\Delta t}\Big(\vec{r}(t+\Delta t) - \vec{r}(t)\Big)\\ &= \frac{1}{\Delta t}\Big((x(t+\Delta t) - x(t),\ y(t+\Delta t) - y(t)\,,\ z(t+\Delta t) - z(t)\Big)\\ &= \Big(\frac{x(t+\Delta t) - x(t)}{\Delta t},\ \frac{y(t+\Delta t) - y(t)}{\Delta t},\ \frac{z(t+\Delta t) - z(t)}{\Delta t}\Big)\,.\end{aligned}$$

Damit wird klar, dass

$$\frac{d\vec{r}}{dt}(t) = \lim_{\Delta t \to 0} \frac{\vec{r}(t+\Delta t) - \vec{r}(t)}{\Delta t} = \Big(\frac{dx}{dt}(t),\ \frac{dy}{dt}(t),\ \frac{dz}{dt}(t)\Big)\,.$$

Wenn es aus den Kontext klar ist, dass t die unabhängige Variable ist, wird sie auch oft weggelassen und schreibt man nur

$$\frac{d\vec{r}}{dt} = \Big(\frac{dx}{dt},\ \frac{dy}{dt},\ \frac{dz}{dt}\Big).$$

Zusammenfassend können wir sagen

Ein Vektor wird abgeleitet, indem man jede Komponente ableitet.

In der Physik ist es üblich, die Ableitung nach der Zeit t mit einem Punkt zu kennzeichnen, also

$$\frac{d\vec{r}}{dt} \equiv \dot{\vec{r}}\,.$$

Die geometrische Deutung ist leicht zu erkennen: der Differenzvektor $\vec{r}(t+\Delta t) - \vec{r}(t)$ zeigt von $\vec{r}(t)$ nach $\vec{r}(t+\Delta t)$, und die Multiplikation mit $\frac{1}{\Delta t}$ streckt diesen Vektor gleichzeitig. Falls der Grenzwert sinnvoll ist, d.h. alle Komponenten differenzierbar sind, ist $\dot{\vec{r}}(t)$ ein Tangentenvektor an die Bahn von $\vec{r}(t)$.

Die physikalische Interpretation ist ebenfalls evident: falls $\vec{r}(t)$ der Ortsvektor, z.B. eines Massenpunktes, ist, stellt $\dot{\vec{r}}(t)$ den Geschwindigkeitsvektor dar.

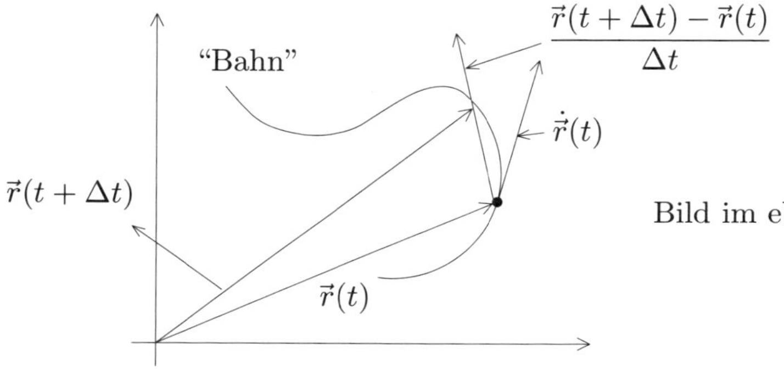

Bild im ebenen Fall

Wichtig sind nun die folgenden Rechenregeln:

a) *Linearität*

Falls c_1, c_2 konstante Zahlen sind, gilt

$$\left(c_1\vec{u} + c_2\vec{v}\right)^{\cdot} = c_1\dot{\vec{u}} + c_2\dot{\vec{v}}\ .$$

Überlegen Sie selbst!

b) *Skalarprodukt*

$$\left(\vec{u}\cdot\vec{v}\right)^{\cdot} = \dot{\vec{u}}\cdot\vec{v} + \vec{u}\cdot\dot{\vec{v}}\,.$$

Beweis: Wir schreiben

$$\vec{u}(t) = (u_1(t),\, u_2(t),\, u_3(t))\,,$$
$$\vec{v}(t) = (v_1(t),\, v_2(t),\, v_3(t))\ .$$

Dann ist $\vec{u}(t)\cdot\vec{v}(t) = \sum_{i=1}^{3} u_i(t)\cdot v_i(t)\ .$

Nach der gewöhnlichen Produktregel für Funktionen ist dann

$$(\vec{u}\cdot\vec{v})^{\cdot} = \sum_{i=1}^{3}(\dot{u}_i\cdot v_i + u_i\cdot\dot{v}_i) = \sum_{i=1}^{3}\dot{u}_i\cdot\ v_i + \sum_{i=1}^{3}u_i\cdot\dot{v}_i$$
$$= \dot{\vec{u}}\cdot\ \vec{v} + \vec{u}\cdot\dot{\vec{v}}$$

c) *Vektorprodukt*

Es seien $\vec{\imath} = (1,0,0)$, $\vec{\jmath} = (0,1,0)$, $\vec{k}\ = (0,0,1)$ die Basisvektoren. Dann können wir das Vektorprodukt $\vec{u}\times\vec{v}$ in Determinantenform schreiben:

$$\vec{u}\times\vec{v} = \begin{vmatrix} \vec{\imath} & \vec{\jmath} & \vec{k} \\ u_1 & u_2 & u_3 \\ v_1 & v_2 & v_3 \end{vmatrix} = (u_2v_3 - u_3v_2,\ u_3v_1 - u_1v_3,\ u_1v_2 - u_2v_1)\,.$$

Es gilt

$$(\vec{u}\ \times\vec{v})^{\cdot} = \dot{\vec{u}}\times\vec{v} + \vec{u}\times\dot{\vec{v}}\ .$$

Rechnen Sie selbst nach!

d) *Spatprodukt*

Das Spatprodukt von drei Vektoren $\vec{u}$, $\vec{v}$, $\vec{w}$ ist definiert als

$$[\vec{u},\ \vec{v},\ \vec{w}] = (\vec{u}\times\vec{v})\cdot\vec{w} = \begin{vmatrix} u_1 & u_2 & u_3 \\ v_1 & v_2 & v_3 \\ w_1 & w_2 & w_3 \end{vmatrix}$$

und gibt bekanntlich das sechsfache Volumen der dreiseitigen Pyramide mit den Seitenkanten $\vec{u}$, $\vec{v}$, $\vec{w}$. Falls man die Pyramide ergänzt zu einem "dreidimensionalen Parallelogramm", einem sogenannten Parallelepiped (= "Spat"), so ist dann eben $[\vec{u},\ \vec{v},\ \vec{w}]$ das Volumen dieses Spates.

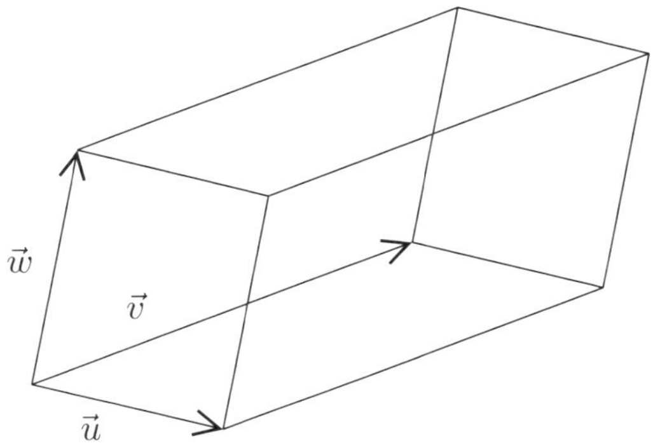

Aufgrund der Regeln für das Skalar- und das Vektorprodukt folgt nun sofort (selbst nachprüfen!)

$$[\vec{u}, \vec{v}, \vec{w}]^{\cdot} = [\dot{\vec{u}}, \vec{v}, \vec{w}] + [\vec{u}, \dot{\vec{v}}, \vec{w}] + [\vec{u}, \vec{v}, \dot{\vec{w}}]$$

B. Anwendungen in der Geometrie

BEISPIELE:

(1) *Krümmung einer ebenen Kurve C, Evoluten, Evolventen*

Es sei t ein beliebiger Parameter und $\vec{r}(t) = (x(t), y(t))$, definiert für ein t-Intervall (t_1, t_2). Als Mass für die Krümmung k einer Kurve nehmen wir die Drehgeschwindigkeit der Tangente, also, wir wollen wissen, wie sich der Winkel der Tangente ϕ ändert pro Wegeinheit s d.h. wir suchen einen Ausdruck für

$$\frac{\Delta\phi}{\Delta s},$$

wo s die Länge des Kurvenstücks ist gemessen entlang der Kurve:

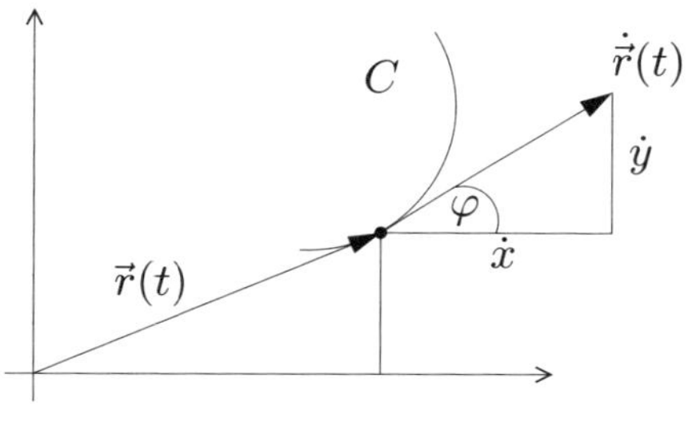

$$k := \frac{d\varphi}{ds}, \quad s = \text{Bogenlänge}$$

Den Steigungswinkel φ erhalten wir aus den Komponenten von $\dot{\vec{r}}$ (siehe Zeichnung)

$$\varphi(t) = \arctan\left(\frac{\dot{y}(t)}{\dot{x}(t)}\right).$$

Sei Δs die Länge des Kurvenstücks, das durchlaufen wird von t bis $t + \Delta t$, also die Länge der Kurve, die die Punkte P und Q verbindet. Nun gilt:

$$\Delta s \cong \sqrt{(\Delta x)^2 + (\Delta y)^2},$$

wobei $\Delta x = x(t+\Delta t) - x(t)$ und $\Delta y = y(t+\Delta t) - y(t)$. Daraus folgt:

$$\frac{\Delta s}{\Delta t} \cong \frac{\sqrt{(\Delta x)^2 + (\Delta y)^2}}{\Delta t} = \sqrt{\left(\frac{\Delta x}{\Delta t}\right)^2 + \left(\frac{\Delta y}{\Delta t}\right)^2}$$

und als Grenzwert für $\Delta t \to 0$ erhalten wir

$$\frac{ds}{dt} = \sqrt{\dot{x}(t)^2 + \dot{y}(t)^2} = |\dot{\vec{r}}(t)|$$

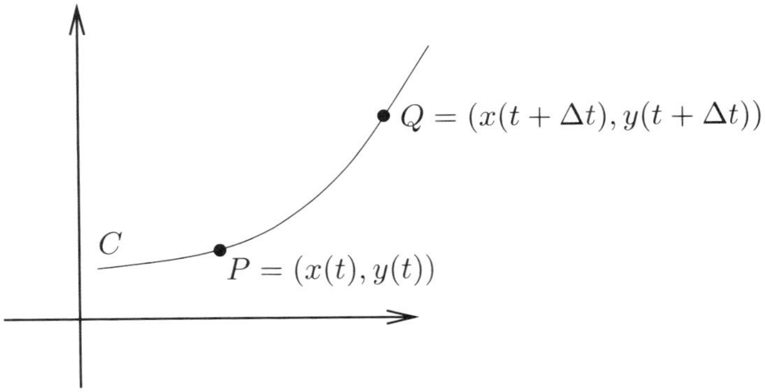

Wir brauchen nun noch die Ableitung $\frac{d\varphi}{dt}$:

$$\begin{aligned}\frac{d\varphi}{dt} = \left(\arctan\frac{\dot{y}}{\dot{x}}\right)^{\cdot} &= \frac{1}{1+\left(\frac{\dot{y}}{\dot{x}}\right)^2}\left(\frac{\dot{y}}{\dot{x}}\right)^{\cdot} \\ &= \frac{1}{1+\frac{\dot{y}^2}{\dot{x}^2}} \cdot \frac{\ddot{y}\cdot\dot{x} - \ddot{x}\cdot\dot{y}}{\dot{x}^2} \\ &= \frac{\dot{x}\cdot\ddot{y} - \dot{y}\cdot\ddot{x}}{\dot{x}^2+\dot{y}^2} = \frac{\dot{x}\cdot\ddot{y} - \dot{y}\cdot\ddot{x}}{|\dot{\vec{r}}|^2}.\end{aligned}$$

Wenn man die Kurve $\vec{r}(t)$ als Kurve in $\mathbb{R}^3$ auffasst, indem man als z-Komponente einen Null anhängt, kann man den Term $\dot{x}\cdot\ddot{y} - \dot{y}\cdot\ddot{x}$ auch auffassen als z-Komponente des Vektorproduktes $\dot{\vec{r}} \times \ddot{\vec{r}}$.

Also ergibt sich in vektorieller Schreibweise die Formel

$$\frac{\frac{d\varphi}{dt}}{\frac{ds}{dt}} = k = \frac{\left(\dot{\vec{r}} \times \ddot{\vec{r}}\right)_z}{|\dot{\vec{r}}|^3}$$

wobei die Notation $(\quad)_z$ bedeutet, dass man nur die z-Komponente betrachtet.

BEMERKUNG: Man beachte, dass die Krümmung ein Vorzeichen erhält, das auch von der Durchlaufrichtung der Kurve C abhängt, und zwar im skizzierten Sinne – positive Krümmung bedeutet eine Linkskurve, negative Krümmung eine Rechtskurve:

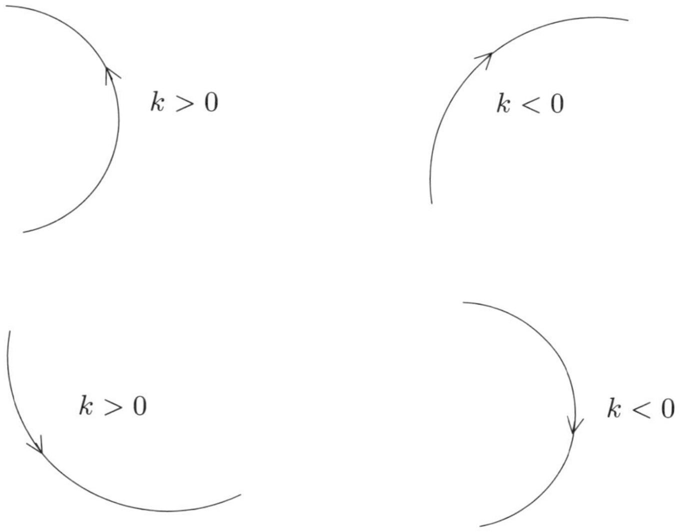

Es gilt also beim Durchlaufen der Kurve:

Drehung nach links:	$k > 0$
Drehung nach rechts:	$k < 0$.

Wichtiger "Standardfall": $\vec{r} = R(\cos t, \sin t)$, d.h. C = Kreis mit Radius R. Eine einfache Rechnung ergibt

$$k = \frac{1}{R} \, .$$

Man kann zeigen, dass die Krümmung einer Kurve auch auf folgende Weise definiert werden könnte: Man nehme drei Kurvenpunkte P_1, P, P_2 und bestimme den Kreis durch diese Punkte. Sodann lasse man $P_1 \to P$, $P_2 \to P$ geben. Dann hat der Kreis im Grenzfall gerade den Radius $R = \frac{1}{k(P)}$.

Natürlich ist dieser Grenzwert nur definiert, falls $\dot{\vec{r}}$, $\ddot{\vec{r}}$ existieren. Diesen "Grenzkreis" nennt man deshalb auch den Krümmungskreis im Punkte P und der Mittelpunkt dieses Kreises wird entsprechend Krümmungsmittelpunkt genannt.

Falls die Kurve C in expliziter Form $y = f(x)$ gegeben ist, können wir den Ausdruck für die Krümmung sofort ableiten, indem wir einfach beachten, dass jetzt $t = x$ und $\vec{r}(x) = (x, f(x))$.

Man erhält also

$$k(x) = \frac{f''(x)}{(1 + f'^2(x))^{3/2}} \,.$$

Ein wichtiger Spezialfall ist der, dass der Parameter t gerade gleich der durchlaufenen Bogenlänge s ist. Dann vereinfacht sich die Formel drastisch, da dann gilt

$$\frac{ds}{dt} = 1 = |\,\dot{\vec{r}}\,| \,.$$

Weiter folgt aus der Tatsache, dass

$$1 = |\,\dot{\vec{r}}\,|^2 = \dot{\vec{r}} \cdot \dot{\vec{r}} \,.$$

durch Ableiten und Anwendung der Produktregel aus A.

$$0 = (\dot{\vec{r}} \cdot \dot{\vec{r}})^{\cdot} = 2\dot{\vec{r}} \cdot \ddot{\vec{r}} \,,$$

d.h. der Vektor $\ddot{\vec{r}}$ steht in jedem Kurvenpunkt senkrecht zum Vektor $\dot{\vec{r}}$. Daraus folgt, dass

$$|k| = \frac{|\,\dot{\vec{r}} \times \ddot{\vec{r}}\,|}{|\,\dot{\vec{r}}\,|^3} = \frac{|\,\dot{\vec{r}}\,|\,|\,\ddot{\vec{r}}\,|\sin\theta}{|\,\dot{\vec{r}}\,|^3} = |\,\ddot{\vec{r}}\,|,$$

weil $\angle(\dot{\vec{r}}, \ddot{\vec{r}}) = \frac{\pi}{2}$ und $|\,\dot{\vec{r}}\,| = 1$ – siehe Skizze.

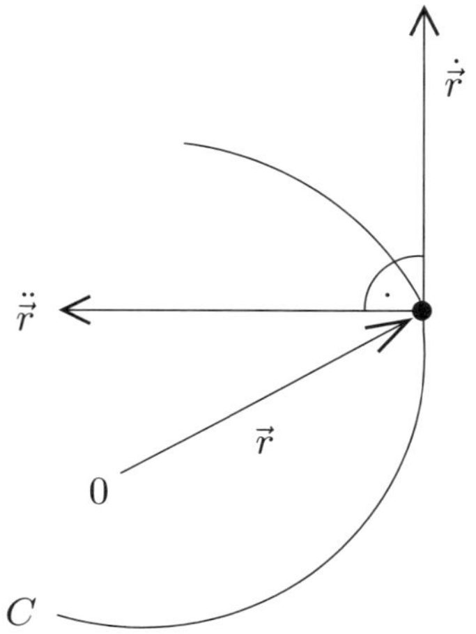

Also ist $|k| = |\ddot{\vec r}\,|$

Im Normalfall ist der Kurvenparameter natürlich aus Überlegungen gewählt worden, die zur Bestimmung der Kurvengleichung führen, entspricht also meistens nicht der Kurvenlänge s. Für viele Untersuchungen ist aber die Annahme $t = s$ trotzdem sehr wertvoll (siehe Evolventen).

Die **Evolute** E_C einer gegebenen Kurve C definiert man als den geometrischen Ort ihrer Krümmungsmittelpunkte. Es sei $\dot{\vec r}$, $\ddot{\vec r}$ überall definiert für C. Dann können wir den Krümmungsmittelpunkt M bestimmen.

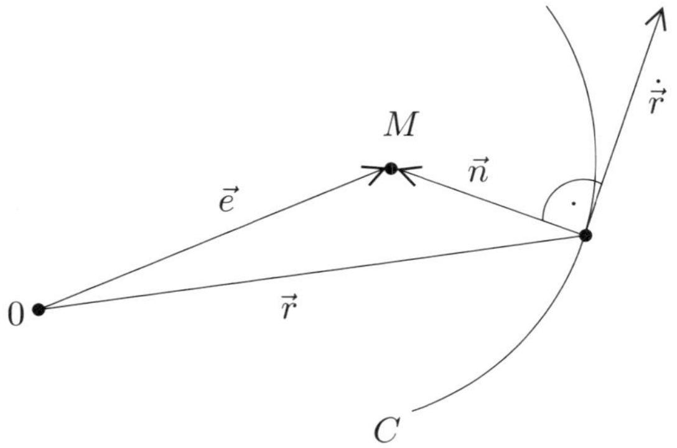

$$\vec e = \vec r + \frac{1}{k}\,\vec n$$

$\vec n =$ Kurvennormale, $|\vec n\,| = 1$,
$\vec n$ orientiert wie $\ddot{\vec r}$

Es ist $\vec n = \frac{(-\dot y, \dot x)}{\sqrt{\dot x^2 + \dot y^2}}$, wie man leicht nachprüft.

Falls wir also $\vec{e} = (\xi(t), \eta(t))$ setzen, ergibt sich

$$\xi(t) = x(t) + \frac{1}{k} \cdot \frac{-\dot{y}}{|\dot{\vec{r}}\,|} = x(t) - \frac{\dot{y}(\dot{x}^2 + \dot{y}^2)}{\dot{x} \cdot \ddot{y} - \dot{y} \cdot \ddot{x}}$$

$$\eta(t) = y(t) + \frac{1}{k} \cdot \frac{\dot{x}}{|\dot{\vec{r}}\,|} = y(t) + \frac{\dot{x}(\dot{x}^2 + \dot{y}^2)}{\dot{x} \cdot \ddot{y} - \dot{y} \cdot \ddot{x}} \,.$$

Als erstes Beispiel nehmen wir $C =$ Ellipse, d.h. $\vec{r}(t) = (a\, \cos t,\ b \cdot \sin t)$. Dann erhält man

$$\begin{aligned} \dot{\vec{r}}^2 = \dot{x}^2 + \dot{y}^2 &= a^2 \sin^2 t + b^2 \cos^2 t \,, \\ \dot{x} \cdot \ddot{y} - \dot{y} \cdot \ddot{x} &= ab \,, \end{aligned}$$

also

$$k = \frac{ab}{(a^2 \sin^2 t + b^2 \cos^2 t)^{3/2}} \,.$$

Die Evolute hat die Parameterdarstellung

$$\xi(t) = a \cos t - \frac{b \cos t (a^2 \sin^2 t + b^2 \cos^2 t)}{ab} = \frac{a^2 - b^2}{a} \cos^3 t$$

$$\eta(t) = b \sin t - \frac{a \sin t (a^2 \sin^2 t + b^2 \cos^2 t)}{ab} = \frac{b^2 - a^2}{b} \sin^3 t \,.$$

Insbesondere ergibt sich für $t = 0$: $\xi = a - \frac{b^2}{a}$ und für $t = \frac{\pi}{2} : \eta = b - \frac{a^2}{b}$.

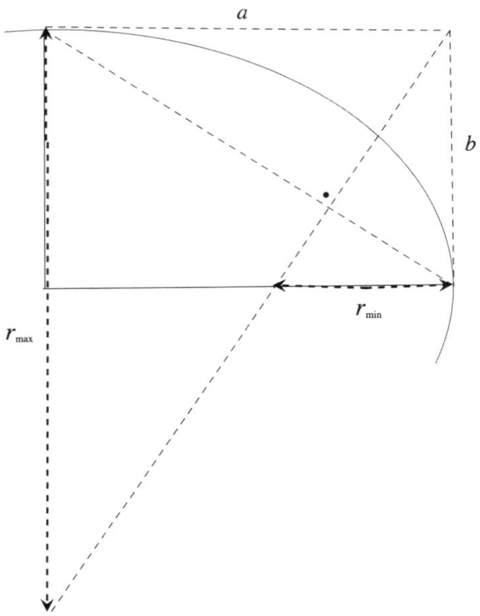

Die Krümmungsmittelpunkte zu den Scheiteln kann man auf die in der Zeichnung angegebene Weise planimetrisch konstruieren (beweisen Sie selbst).

Die Parameterdarstellung der Evolute kann man noch in eine andere Form überführen. Wir setzen

$$\frac{a^2 - b^2}{b} = x_0\,, \quad \frac{a^2 - b^2}{a} = y_0$$

und schreiben wieder x, y statt ξ, η. Dann folgt

$$\left(\frac{x}{x_0}\right)^{1/3} = \cos t, \; \left(\frac{y}{y_0}\right)^{1/3} = -\sin t$$

und somit

$$\left(\frac{x}{x_0}\right)^{2/3} + \left(\frac{y}{y_0}\right)^{2/3} = 1 \quad (\text{“Astroide”})\,.$$

Bild: *Evolute der Ellipse*

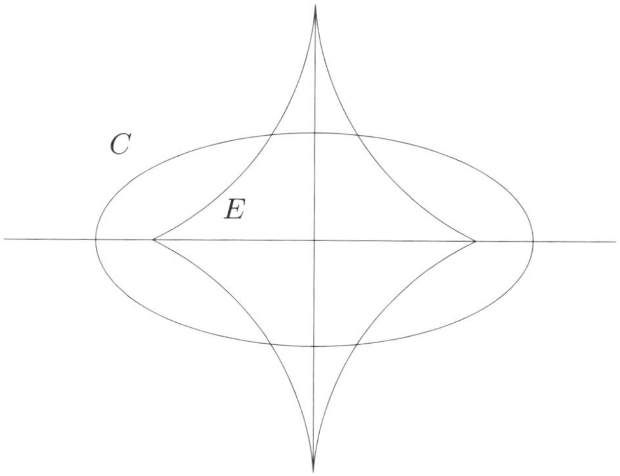

(2) $C =$ *Zykloide (Rollkurve)*

Ein Rad vom Radius R rollt auf der x-Achse ab. Wir bestimmen zuerst die Parameterdarstellung der Kurve, die ein Punkt der Peripherie beschreibt:

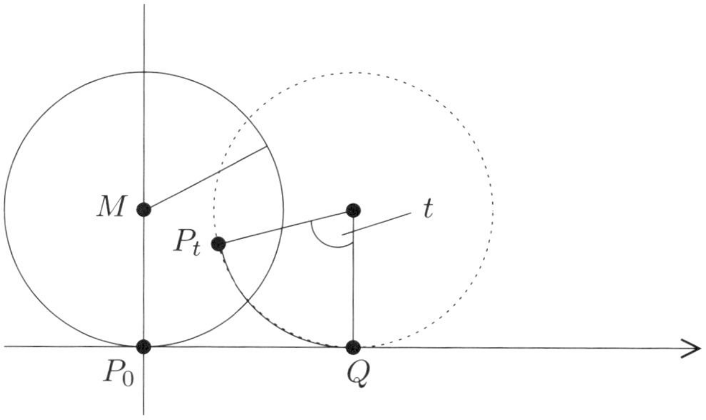

Da die Strecke $\overline{P_0Q}$ und der Bogen $\overline{P_tQ}$ gleich lang sind, kann man aus der Zeichnung ablesen, dass P_t die Koordinaten hat:

$$\begin{cases} x(t) = Rt - R\sin t \\ y(t) = R - R\cos t \end{cases} .$$

Nun berechnen wir die Evolute dieser Zykloide:

$$\begin{aligned}\dot{x}^2+\dot{y}^2 &= R^2\{(1-\cos t)^2+\sin^2 t\} = 2R^2(1-\cos t)\\ \dot{x}\cdot\ddot{y}-\dot{y}\cdot\ddot{x} &= R^2\{(1-\cos t)\cdot\cos t-\sin^2 t\} = R^2(\cos t-1)\ .\end{aligned}$$

Also

$$\begin{aligned}\xi(t) &= R(t-\sin t)-2R\,\frac{\sin t(1-\cos t)}{\cos t-1} &= R(t+\sin t)\\ \eta(t) &= R(1-\cos t)+2R\,\frac{(1-\cos t)^2}{\cos t-1} &= -R(1-\cos t)\ .\end{aligned}$$

Man stellt aber leicht fest, dass dies wieder eine Zykloide ist: um $2R$ in negativer y-Richtung verschoben, der beobachtete Peripheriepunkt ist nun am Anfang zuoberst:

Bild: *Zykloide und ihre Evolute*

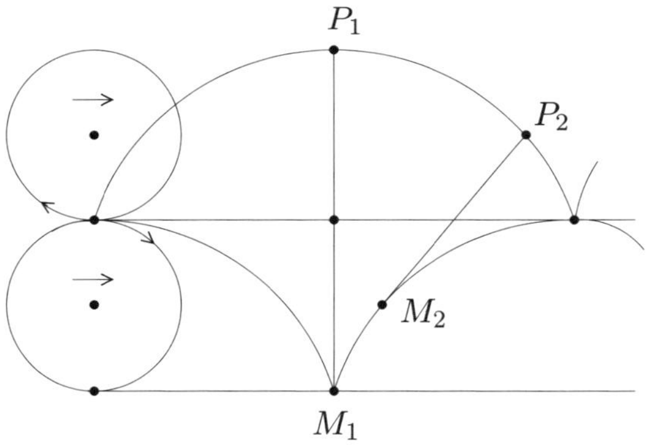

P_1, M_1, P_2, M_2:
Punkte der Zykloide und ihre Krümmungsmittelpunkte

Einer gegebenen Kurve C ist also eine Evolute eindeutig zugeordnet. Ausnahmepunkte sind dabei Punkte von C, in welchen $\dot{\vec{r}}$ und/oder $\ddot{\vec{r}}$ nicht definiert sind. Weiter rückt in einem Punkt wo $\ddot{\vec{r}} = 0$ der zugehörige Krümmungsmittelpunkt ins Unendliche, d.h. die Evolute hat eine Asymptote. Der Verlauf der Evolute sieht dann z.B. aus wie in der folgenden Skizze:

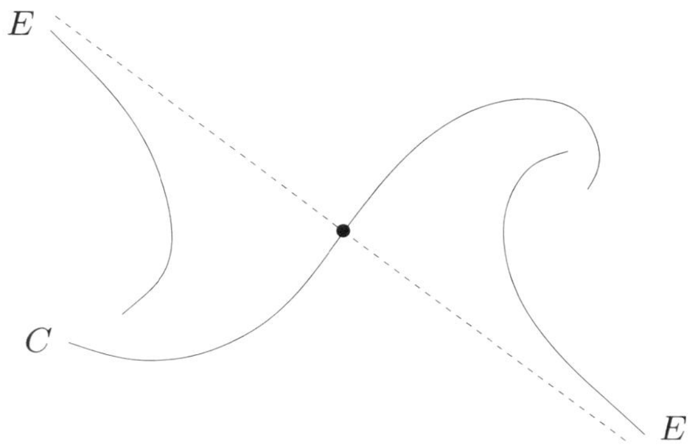

Man kann nun die Zuordnung auch umkehren und fragen: gegeben sei eine Kurve E, wie finde ich eine Kurve C deren Evolute gerade E ist?

Mathematisch bedeutet dies nach unserer Formel für die Evolute, dass zwei Funktionen $\xi(t)$, $\eta(t)$ gegeben sind und man zwei Funktionen $x(t)$, $y(t)$ sucht, so dass

$$\begin{cases} x(t) - \dfrac{\dot{y}(\dot{x}^2+\dot{y}^2)}{\dot{x}\cdot\ddot{y}-\dot{y}\cdot\ddot{x}} = \xi(t) \\[2ex] y(t) + \dfrac{\dot{x}(\dot{x}^2+\dot{y}^2)}{\dot{x}\cdot\ddot{y}-\dot{y}\cdot\ddot{x}} = \eta(t)\,. \end{cases}$$

Dies ist ein sogenanntes Differentialgleichungssystem für die gesuchten Funktionen $x(t)$, $y(t)$, und zwar ein recht kompliziertes! Wir werden Differentialgleichungen erst im 4. Kapitel zu studieren beginnen.

Die Lösung $x(t)$, $y(t)$ dieses Systems gibt dann die Parameterdarstellung der gesuchten Kurve, die man die **Evolvente** von E nennt. Wir werden gleich sehen, dass es zu einer gegebenen Kurve unendlich viele mögliche Evolventen gibt. Eine beliebige Evolvente, kann man dabei nach folgender "Fadenkonstruktion" finden.

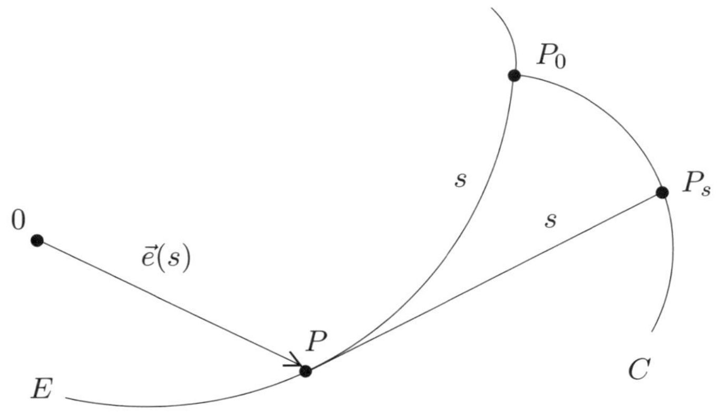

Ein Faden wird von einem Kurvenstück abgezogen,wobei man in einem beliebig gewälten Punkt P_0 $(s = 0)$ beginnt. Der Endpunkt P_s beschreibt dann eine mögliche Evolvente von E, wobei $P_L$der Krümmungsmittelpunkt zu P_s ist.

Wir beweisen nun diesen Sachverhalt:

Wir wählen als Kurvenparameter auf E die Kurvenlänge s vom beliebigen Anfangspunkt P_0 aus. Es beschreibe nun $\vec{e}(s)$ die gegebene Kurve E und $\vec{r}(s)$ die Kurve C. Dann gilt, da s die Bogenlänge auf E ist:

$$|\dot{\vec{e}}| = 1 \text{ für alle } s.$$

Also ist

$$(\dot{\vec{e}} \cdot \dot{\vec{e}})^{\cdot} = 0 = 2\dot{\vec{e}} \cdot \ddot{\vec{e}}$$

gemäss Abschnitt A.

Die Vektoren $\dot{\vec{e}}$, $\ddot{\vec{e}}$ sind also in jedem Kurvenpunkt von E senkrecht zueinander. Weiter gilt für die Krümmung k von E:

$$|k| = \frac{|\dot{\vec{e}} \times \ddot{\vec{e}}|}{|\dot{\vec{e}}|^3} = |\dot{\vec{e}} \times \ddot{\vec{e}}| = |\ddot{\vec{e}}| \,,$$

da $|\dot{\vec{e}}| = 1$ und $\dot{\vec{e}}$, $\ddot{\vec{e}}$ senkrecht sind. Da nun

$$\dot{\vec{e}} \cdot \ddot{\vec{e}} = 0$$

auch für alle s gilt, können wir nochmals ableiten

$$\ddot{\vec{e}} \cdot \ddot{\vec{e}} + \dot{\vec{e}} \cdot \dddot{\vec{e}} = 0 \, .$$

Also ist

$$\dot{\vec{e}} \cdot \dddot{\vec{e}} = -k_E^2 \, .$$

Nach diesen Vorbereitungen benützen wir unsere "Fadenkonstruktion". Diese besagt doch, dass P_s gefunden wird gemäss der Vorschrift

$$P_s : \; \vec{r}(s) = \vec{e}(s) - s \cdot \dot{\vec{e}}(s) \, .$$

Wir müssen nun nur noch zeigen, dass die Krümmung k_C in P_s gerade $\frac{1}{s}$ ist. Es gilt

$$\begin{aligned} \dot{\vec{r}}(s) &= \dot{\vec{e}}(s) + \Big(- s \, \dot{\vec{e}}(s) \Big)^{\boldsymbol{\cdot}} = -s \, \ddot{\vec{e}}(s) \\ \ddot{\vec{r}}(s) &= -s \, \dddot{\vec{e}}(s) - \ddot{\vec{e}} \, . \end{aligned}$$

Weiter ist

$$\begin{aligned} \dot{\vec{r}} \times \ddot{\vec{r}} &= -s \, \ddot{\vec{e}} \times \Big(- s \, \dddot{\vec{e}} - \ddot{\vec{e}} \Big) = (-s)^2 \ddot{\vec{e}} \times \dddot{\vec{e}} \, , \\ |\dot{\vec{r}}\,|^3 &= (-s)^3 |\ddot{\vec{e}}\,|^3 = (-s)^3 \, k_E^3 \, . \end{aligned}$$

Wir müssen nun noch den Term $\ddot{\vec{e}} \times \dddot{\vec{e}}$ anders ausdrücken. Da $\dot{\vec{e}}$, $\ddot{\vec{e}}$ zueineinander senkrecht sind, können wir $\dddot{\vec{e}}$ wie folgt zerlegen:

$$\dddot{\vec{e}} = \alpha \dot{\vec{e}} + \beta \ddot{\vec{e}} \, .$$

Da $|\dot{\vec{e}}\,| = 1$, ist aber $\alpha = \dddot{\vec{e}} \cdot \dot{\vec{e}} = -k_E^2$, und somit

$$|\ddot{\vec{e}} \times \dddot{\vec{e}}\,| = |\ddot{\vec{e}} \times (\alpha \dot{\vec{e}} + \beta \ddot{\vec{e}})| = |\alpha \ddot{\vec{e}} \times \dot{\vec{e}}\,| = |\alpha| \, |\ddot{\vec{e}}\,| = k_E^3$$

weil wir wieder benützen, dass $|\dot{\vec{e}}\,| = 1$ und $\dot{\vec{e}}$, $\ddot{\vec{e}}$ senkrecht zueinander sind. Damit erhalten wir nach unserer Formel für die Krümmung

$$|k_C| = \frac{|\dot{\vec{r}} \times \ddot{\vec{r}}\,|}{|\dot{\vec{r}}\,|^3} = \frac{s^2 \cdot k_E^3}{s^3 \cdot k_E^3} = \frac{1}{s} \, ,$$

was zu zeigen war.

BEISPIELE:

(1) *Evolvente eines Kreises*

Andere Interpretation: Ein Faden wird von einer Spule abgespult, beispielsweise $R = 1$, Start bei P_0

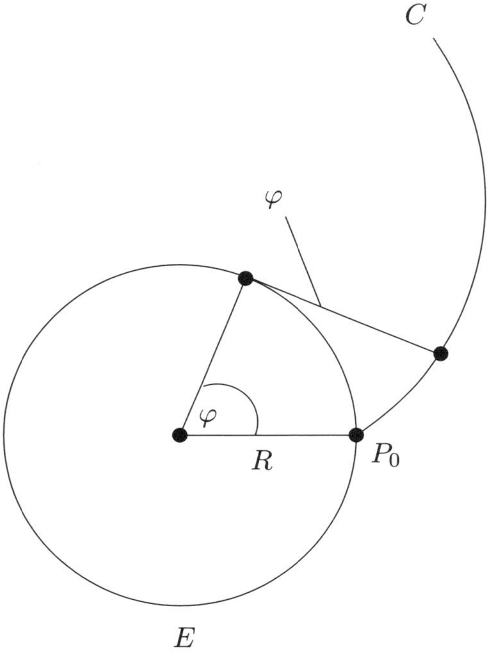

Dann ist also C gegeben durch

$$C : \begin{cases} x(\varphi) = \cos\varphi + \varphi \cdot \sin\varphi \\ y(\varphi) = \sin\varphi - \varphi \cdot \cos\varphi \end{cases}$$

Berechnen Sie als Übung die Evolute der Kurve C, es ist die Startkurve E! Sie sehen nun auch wieso es verschiedene Evolventen zu einer gegebenen Kurve gibt: man kann den Startpunkt willkürlich wählen und dies führt zu verschiedenen Evolventen.

(2) *Zykloidenpendel*

Wir haben gesehen, dass die Evolute einer Zykloide wieder eine Zykloide ist. Wir betrachten nun folgendes Pendel: Eine Punktmasse m schwingt an einem Faden gemäss Skizze:

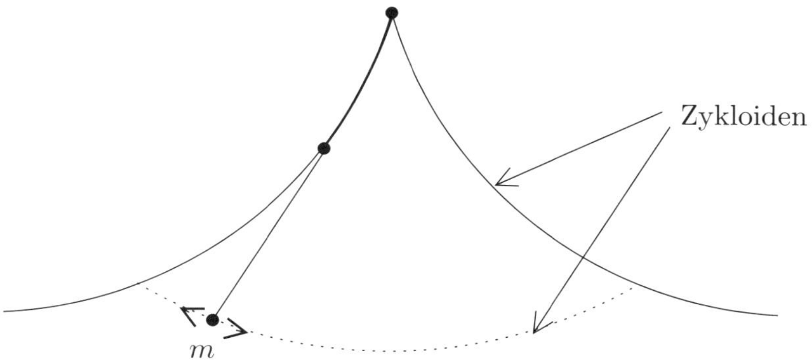

Die Masse bewegt sich also auf der Evolvente einer Zykloide, was ja wiederum eine Zykloide ist. Und nun kommt eine weitere überraschende Eigenschaft dieser interessanten Kurve. Ein Massenpunkt rutscht reibungsfrei auf einer Kurve von A nach B. Was ist die schnellste Kurve ("Brachistochrone")?

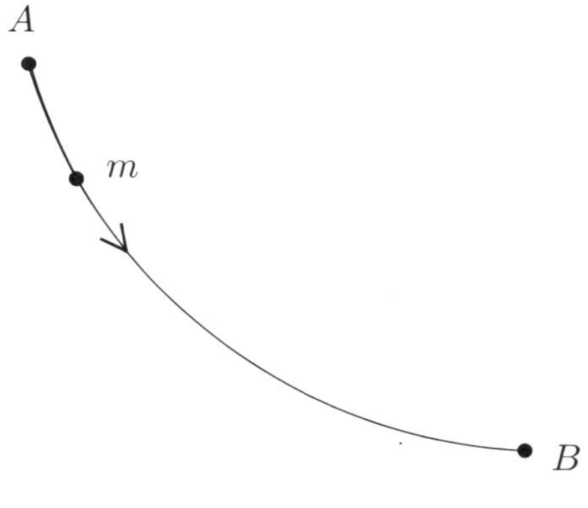

Dieses Problem wurde vor 300 Jahren von Johann Bernoulli gelöst! Antwort: Die Kurve muss eine Zykloide sein! Sozusagen als Zugabe kann man weiter beweisen: falls man verschiedene Massenpunkte auf beliebigen Zwischenpunkten gleichzeitig loslässt, kommen alle zur selben Zeit bei B (= tiefster Punkt) an! Die "Rutschzeit" ist unabhängig vom Startpunkt.

Zurück zu unserem Pendel: nach diesem letzten Ergebnis schwingt unser Pendel bei beliebigen Ausschlägen genau "isochron", d.h. die Ausschläge dauern immer gleich lang. Diese Eigenschaft der Isochronie ist bei einem normalen Fadenpendel nur näherungsweise für kleine Ausschläge erfüllt (siehe Kapitel IV). Das Zykloidenpendel würde also eine sehr genaue Pendeluhr ergeben.

ANWENDUNGEN IN DER PHYSIK: 2. KEPLERGESETZ

Die Kraft, die eine Masse M auf einen Massenpunkt m ausübt, ist nach dem Gravitationsgesetz gegeben durch

$$\vec{K} = -\gamma \, \frac{mM\,\vec{r}}{|\,\vec{r}\,|^3} \, ,$$

falls M im Nullpunkt ist und m im Punkte $\vec{r}$. Hier ist γ die Gravitationskonstante

$$\gamma \cong 6.673 \cdot 10^{-11} \, \frac{\text{Newton} \cdot (\text{Meter})^2}{(\text{Kilogramm})^2} \, .$$

Wir werden nun sehen, wie sich das 2. Kepler'sche Gesetz aus dem Newton'schen Grundgesetz

$$\text{Kraft} = \text{Masse} \times \text{Beschleunigung}$$

ableiten lässt.

Es sei M die Sonnenmasse und m die Masse eines Planeten, $\vec{r}$ seine Position zur Zeit t, wobei sich die Sonne also im Ursprung unseres Koordinatensystems befindet. Die Beschleunigung ist gegeben durch $\ddot{\vec{r}}$, und damit ist die Planetenbewegung beschrieben durch die Gleichung

$$m\ddot{\vec{r}} = -\gamma m M \cdot \frac{\vec{r}}{|\,\vec{r}\,|^3} \, ,$$

was wiederum eine Differentialgleichung für den Ort $\vec{r}$ ist. Wir werden nun sehen, wie wir wichtige Informationen über die Bahn des Planeten direkt aus dieser Gleichung, unter Benützung der in A. abgeleiteten Regeln, herleiten können.

Wir multiplizieren die Gleichung auf beiden Seiten vektoriell mit $\vec{r}$: $(-\gamma M =: \beta)$

$$\ddot{\vec{r}} \times \vec{r} = \frac{\beta}{|\,\vec{r}\,|^3} \, \vec{r} \times \vec{r} = 0 \text{ . Nun gilt aber}$$

$$(\dot{\vec{r}} \times \vec{r}\,)^{\cdot} = \ddot{\vec{r}} \times \vec{r} + \dot{\vec{r}} \times \dot{\vec{r}} = \ddot{\vec{r}} \times \vec{r} \, ,$$

also ist

$$\dot{\vec{r}} \times \vec{r} = \vec{c} = \text{konstanter Vektor.}$$

Dies bedeutet aber

a) Die Bahn hat immer dieselbe Normalenrichtung $\vec{c}$; sie verläuft also in einer Ebene.

b) Das Vektorprodukt $\dot{\vec{r}} \times \vec{r}\, dt$ hat als Absolutbetrag die zweifache Fläche die vom Radiusvektor im Zeitelement dt überstrichen wurde. Da $|\dot{\vec{r}} \times \vec{r}\,| = |\,\vec{c}\,| = \text{const}$, werden also in **gleichen Zeiten gleiche Flächen überstrichen**.

Dies ist der "**Flächensatz**" (2. Keplergesetz)

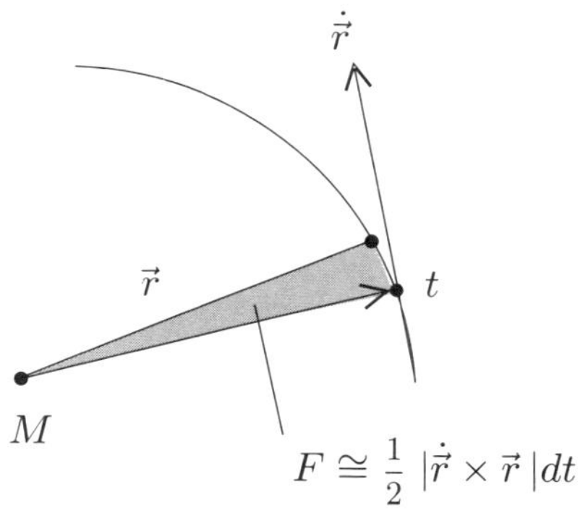

Übungsaufgaben zu Kapitel 2.10

1 Geben Sie für die folgenden Bewegungen eines Punktes jeweils eine parametrisierte Darstellung

$$I = [0,1] \to \mathbb{R}^2, \qquad t \mapsto \begin{pmatrix} x(t) \\ y(t) \end{pmatrix}$$

an:

a) geradlinige Bewegung von $(-1,4)$ nach $(3,1)$

b) einmaliger Umlauf (gegen den Uhrzeigersinn) eines Kreises mit Mittelpunkt $(1,1)$ und Radius 2 bei Start in $(3,1)$

c) einmaliger Umlauf (gegen den Uhrzeigersinn) eines Kreises mit Mittelpunkt $(1,1)$ und Radius 2 bei Start in $(1,-1)$

d) zweimaliger Umlauf (im Uhrzeigersinn) eines Kreises mit Mittelpunkt $(1,1)$ und Radius 2 bei Start in $(1,3)$

2 Gegeben ist die Parabel $\vec{r}(t) = (t, t^2)$. In jedem Kurvenpunkt P zeichnet man die Tangente und schneidet sie mit der x-Achse (Schnittpunkt S). Geben Sie die Parameterdarstellung des Mittelpunktes M der Strecke $\overline{PS}$ und die explizite Form der Kurvengleichung.

3 Berechnen Sie die Parameterdarstellung und explizite Form der Evolute der Parabel $\vec{r}(t) = (t, at^2)$. Skizze!

4 Ein Rad vom Radius R rollt in der (x,y)-Ebene auf der 45°-Geraden aufwärts. Geben Sie die Parameterdarstellung des Punktes der Radperipherie, der sich am Anfang im Ursprung befindet.

5 Berechnen Sie die Parameterdarstellung der äusseren Parallelkurve im Abstand d zur Ellipse mit Halbachsen a, b und Zentrum $(0,0)$.

2.11 Kurven in der komplexen Ebene

Viele Berechnungen werden eleganter, falls man komplexwertige Funktionen einer reellen Variablen einführt. Dazu wird es später manche Gelegenheit geben. Wir betrachten nun eine komplexwertige Funktion eines reellen Parameters t:

$$z(t) = x(t) + i \cdot y(t)\,,$$

wobei also $x(t)$, $y(t)$ reelle Funktionen sind. Geometrisch können wir natürlich $z(t)$ als eine Kurve in der komplexen Ebene deuten:

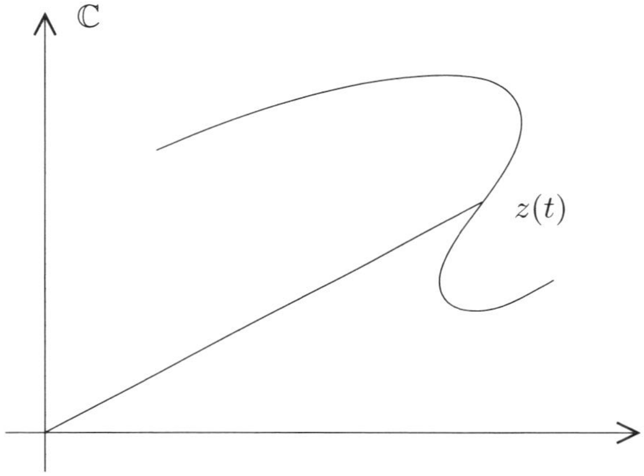

Die Ableitung $\frac{dz}{dt}$ entspricht natürlich der Ableitung des Vektors $(x(t), y(t))$, denn nach den Rechenregeln von Kap. I ist

$$\frac{dz}{dt}(t) = \lim_{\Delta t \to 0} \frac{z(t + \Delta t) - z(t)}{\Delta t} =$$

$$\lim_{\Delta t \to 0} \left\{ \frac{x(t + \Delta t) - x(t)}{\Delta t} + i\, \frac{y(t + \Delta t) - y(t)}{\Delta t} \right\}$$

$$\frac{dz}{dt} = \frac{dx}{dt} + i\, \frac{dy}{dt}\,.$$

Man verifiziert nun leicht folgende allgemeinen Regeln:

a) $(c_1 z_1(t) + c_2 z_2(t))^{\bullet} = c_1 \dot{z}_1(t) + c_2 \cdot \dot{z}_2(t),\; c_1, c_2 \in \mathbb{C}$

b) $(z_1 \cdot z_2)^{\bullet} = \dot{z}_1 \cdot z_2 + z_1 \cdot \dot{z}_2$

c) $\left(\frac{1}{z}\right)^\bullet = -\frac{\dot{z}}{z^2}$

d) $(\ln z)^\bullet = \frac{\dot{z}}{z}$

e) $(e^z)^\bullet = \dot{z} \cdot e^z$

Wir prüfen zum Beispiel die Regeln b), c), d) nach: Es sei

$$z_1(t) = x_1(t) + iy_1(t), z_2(t) = x_2(t) + iy_2(t) .$$

Dann ist

$$z_1(t) \cdot z_2(t) = x_1(t) \cdot x_2(t) - y_1(t)\, y_2(t) + i[y_1(t)\, x_2(t) + x_1(t)\, y_2(t)] ,$$

also

$$(z_1 \cdot z_2)^\bullet = (x_1x_2 - y_1y_2)^\bullet + i[y_1x_2 + x_1y_2]^\bullet ,$$

und jetzt dürfen wir die "reelle Produktregel" anwenden:

$$\begin{aligned}(z_1 \cdot z_2)^\bullet &= \dot{x}_1x_2 + x_1\dot{x}_2 - \dot{y}_1y_2 - y_1\dot{y}_2 + i[\dot{y}_1x_2 + y_1\dot{x}_2 + \dot{x}_1y_2 + x_1\dot{y}_2] \\ &= (\dot{x}_1 + i\dot{y}_1)(x_2 + iy_2) + (x_1 + iy_1)(\dot{x}_2 + i\dot{y}_2) = \dot{z}_1z_2 + z_1 \cdot \dot{z}_2\end{aligned}$$

womit Regel b) gezeigt ist.

Sei nun $w(t) = \frac{1}{z(t)}$. Dann gilt für beliebige t

$$w(t) \cdot z(t) = 1 ,$$

also durch Ableiten nach t

$$\dot{w} \cdot z + w \cdot \dot{z} = 0 ,$$

d.h.

$$\dot{w} = -\frac{w \cdot \dot{z}}{z} = -\frac{\dot{z}}{z^2} ,$$

was zu zeigen war.

Die Regel d) zeigt man am besten, indem man zuerst e) beweist. Wir haben definiert

$$e^{z(t)} = e^{x(t)+iy(t)} = e^{x(t)} \cdot e^{iy(t)} = e^{x(t)}\big(\cos(y(t)) + i \cdot \sin(y(t))\big) .$$

Ableiten nach der Kettenregel führt dann auf

$$\begin{aligned}
\left(e^{z(t)}\right)^{\bullet} &= \dot{x}e^{x}(\cos y + i\cdot\sin y) + e^{x}(-\dot{y}\sin y + i\cdot\dot{y}\cos y)\\
&= e^{x}\cos y(\dot{x}+i\dot{y}) + ie^{x}\sin y(\dot{x}+i\dot{y})\\
&= e^{x}(\cos y + i\sin y)(\dot{x}+i\dot{y}) = e^{x+iy}(\dot{x}+i\dot{y}) = e^{z}\cdot\dot{z}\,,
\end{aligned}$$

was die Aussage von Regel e) ist. Wir setzen nun $w(t) = \ln z(t)$. Dann ist

$$e^{w(t)} = z(t)\,,$$

durch Ableiten folgt nach e)

$$\dot{w}e^{w} = \dot{z}\,,$$

also

$$\dot{w} = \frac{\dot{z}}{e^{w}} = \frac{\dot{z}}{z}\,,$$

d.h. die Regel d).

Nun betrachten wir noch ein paar spezielle Funktionen.

Es sei a eine beliebige feste komplexe Zahl. Dann gilt nach Regel e)

$$\frac{d}{dt}\left(e^{at}\right) = ae^{at}\,,$$

genau gleich wie im reellen Fall. Um die Funktion

$$(a+ibt)^{n}$$

abzuleiten, können wir $z(t) = a + ibt$ wählen und dann die Produktregel auf $z\cdot z\ldots z$ (n Faktoren) anwenden. Dies ergibt

$$\left(z^{n}\right)^{\bullet} = nz^{n-1}\cdot\dot{z}\,,$$

und somit die gleiche Ableitungsregel wie im Reellen:

$$\left[(a+ibt)^{n}\right]^{\bullet} = n\cdot ib(a+ibt)^{n-1}\,.$$

Beispiele:

(1) $z(t) = (a + ibt)^2$

Um herauszufinden, was für eine Kurve dies darstellt, trennen wir in Real- und Imaginärteil: $z = x + i \cdot y$, wobei

$$\begin{cases} x = a^2 - b^2t^2 \\ y = 2abt \end{cases},$$

also $x = a^2 - b^2 \cdot (\frac{y}{2ab})^2 = a^2 - \frac{1}{4a^2}\, y^2$: "liegende" Parabel, mit Scheitel bei $(a^2, 0)$, Schnittpunkte mit imaginärer Achse für $t = \pm\frac{a}{b}$.

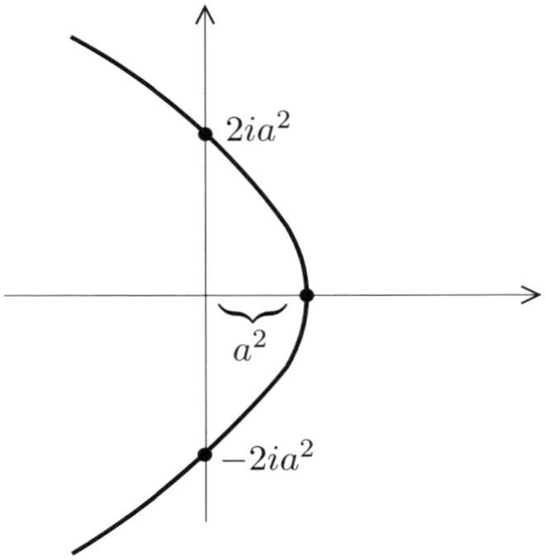

(2) $z(t) = e^{(\alpha + i\beta)t}$

Um die zugehörige Kurve zu finden, schreiben wir um:

$$z(t) = e^{\alpha t} \cdot e^{i\beta t}$$

und interpretieren wie folgt:

$e^{\alpha t}$: Streckung mit wachsendem Faktor, falls $\alpha > 0$
$e^{i\beta t}$: Drehung um Winkel βt .

Für $t = 0$: Startpunkt bei 1. Also handelt es sich um eine **Spirale**.

Wir berechnen noch den Winkel zwischen $z(t)$ und der zugehörigen Tangente. Es gilt allgemein

$$\arg\left(\frac{z_1}{z_2}\right) = \arg z_1 - \arg z_2 = \text{Winkel zwischen } z_1 \text{ und } z_2 \ .$$

Also brauchen wir

$$\arg\left(\frac{\dot z}{z}\right) = \arg \frac{\left(e^{(\alpha+i\beta)t}\right)^{\bullet}}{e^{(\alpha+i\beta)t}} = \arg(\alpha + i\beta) = \arctan\left(\frac{\beta}{\alpha}\right) = \text{const} .$$

Somit haben wir folgendes Bild:

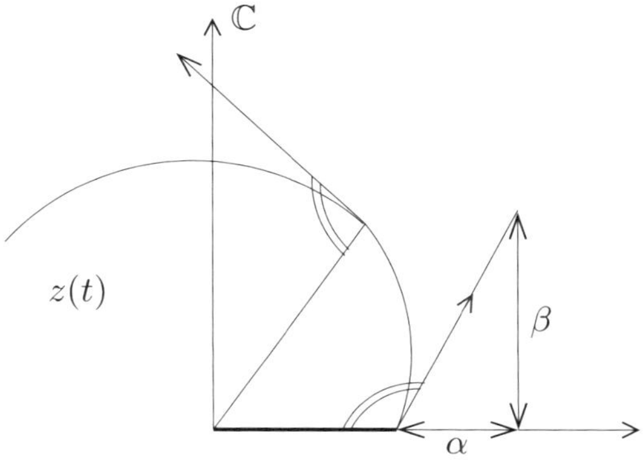

(3) Auf einem Rad mit Radius R_1 ist ein zweites Rad mit Radius R_2 angebracht. Beide drehen sich gleich schnell, aber entgegengesetzt. Was für eine Kurve beschreibt ein Peripheriepunkt P des zweiten Rades?

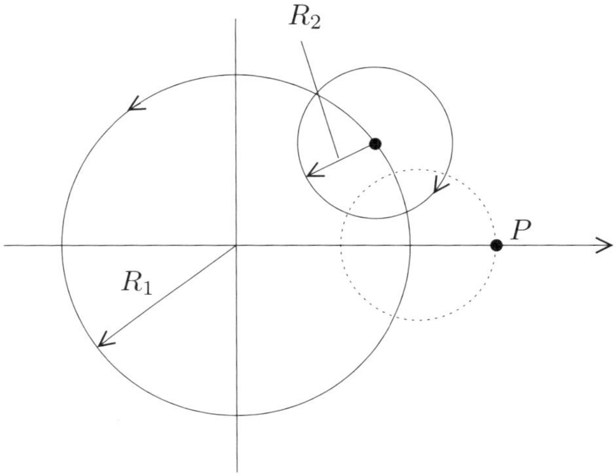

Es ist offenbar P beschrieben durch

$$z(t) = R_1 e^{it} + R_2 e^{-it} ,$$

d.h.

$$\begin{cases} x = (R_1 + R_2)\cos t \\ y = (R_1 - R_2)\sin t \end{cases}$$

Dies ist aber die Parameterdarstellung einer Ellipse mit Halbachsen

$$a = R_1 + R_2,\ b = |R_1 - R_2|\,.$$

Falls $R_1 = R_2 = R$ bewegt sich P auf der Strecke $(-2R, 2R)$ hin und her!

Wir zeigen nun allgemein:

$$z(t) = z_1 e^{it} + z_2 e^{-it}$$

beschreibt eine Ellipse. Dazu schreiben wir

$$z_1 = |z_1| e^{i\varphi_1},\ z_2 = |z_2| e^{i\varphi_2}\,,$$

und zeigen, dass wir durch eine Drehung um einen Winkel α wieder die spezielle erste Form der Ellipse bekommen können.

Wir bilden also

$$\begin{aligned} e^{i\alpha} \cdot z(t) &= e^{i\alpha}\Big[|z_1| e^{i\varphi_1} \cdot e^{it} + |z_2| e^{i\varphi_2} \cdot e^{-it}\Big] \\ &= |z_1| e^{i(\alpha+\varphi_1+t)} + |z_2| e^{i(\alpha+\varphi_2-t)}\,. \end{aligned}$$

Nun ist weiter zu beachten, dass bei Ersetzung des Kurvenparameters t durch $\hat{t} = t + t_0$ nur der "Startpunkt" verschoben wird. Der Startpunkt für $\hat{t} = 0$ soll wieder auf der reellen Achse liegen. Also muss gelten

$$\begin{cases} \alpha + \varphi_1 + t_0 = 0 \\ \alpha + \varphi_2 - t_0 = 0 \end{cases}$$

d.h.

$$\alpha = -\frac{\varphi_1 + \varphi_2}{2},\ t_0 = \frac{\varphi_1 - \varphi_2}{2}\,.$$

Wir haben also folgendes Ergebnis: Die Ellipse

$$E : z(t) = z_1 e^{it} + z_2 e^{-it}$$

hat die Halbachsen $a = |z_1| + |z_2|$, $b = \big||z_1| - |z_2|\big|$ und ist um den Winkel $\frac{\varphi_1 + \varphi_2}{2}$ gedreht (Zentrum 0).

BEMERKUNG:

Dass die obige Kurve wieder eine Ellipse sein muss, folgt auch direkt aus der anfangs gestellten geometrischen Aufgabe. Man hat jetzt einfach einen beliebigen Peripheriepunkt in einer allgemeineren Startstellung genommen. Man kann sich leicht direkt überlegen, in welchen Radstellungen die extremalen Abstände vom Nullpunkt erreicht sind.

(4) *Hypozykloiden, Epizykloiden*

Ein Rad vom Radius R_1 rolle aussen ("Epi") oder innen ("Hypo") auf einem Rad mit Radius R_2 ab. Gesucht ist die Darstellung eines Peripheriepunktes des rollenden Rades.

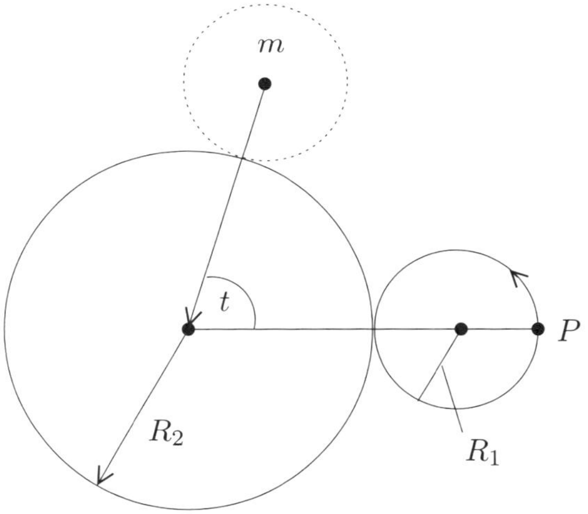

Wir setzen die Bewegung zusammen:

a) Bewegung des Mittelpunktes $m(t)$ des rollenden Rades:

$$m(t) = (R_2 \pm R_1)e^{it}\,, \quad \begin{array}{l} + : \text{ aussen} \\ - : \text{ innen} \end{array}$$

b) Drehung des Peripheriepunktes:

Der Drehwinkel ist $\frac{R_2}{R_1}\,t$ um den eigenen Mittelpunkt, plus Drehwinkel t um den ruhenden Mittelpunkt.

Somit wird die Bewegung beschrieben durch

$$z(t) = (R_2 \pm R_1)e^{it} \pm R_1 e^{it(1 \pm \frac{R_2}{R_1})} ,$$

wobei "+" eine Epizykloide ist, "−" eine Hypozykloide.

Hypozykloide $R_2 = 3$, $R_1 = 0.5$

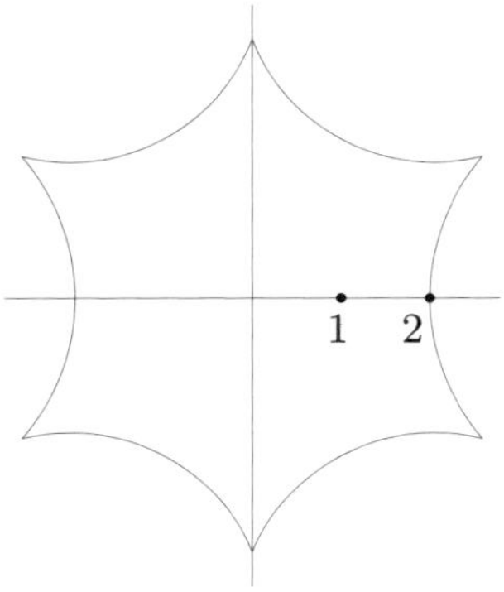

Epizykloide $R_2 = 2$, $R_1 = 0.5$

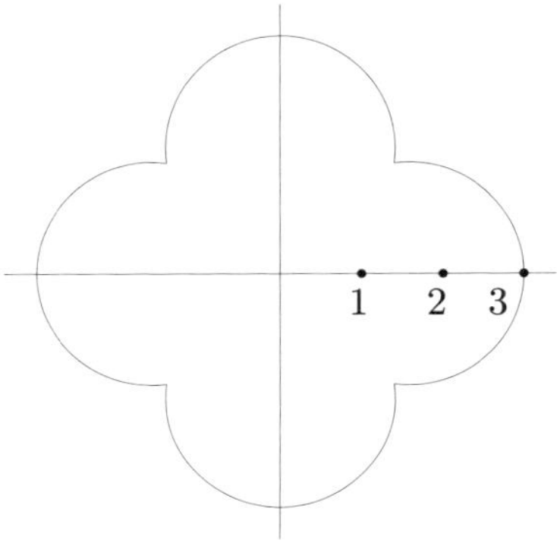

Übungsaufgaben zu Kapitel 2.11

[1] Zeigen Sie:
Die Kurve $z(t) = z_0 \cdot t + i \cdot z_0 \cdot \frac{1}{t}$ stellt eine gedrehte Hyperbel dar. Bestimmen Sie Achse und Asymptoten und Scheitel ($z_0 \in \mathbb{C}$ beliebig).

[2] Gegeben die Spirale $z(t) = te^{it}$, $t > 0$.

a) In welchem Kurvenpunkt (Näherung) ist die Tangente zum ersten Mal senkrecht zur reellen Achse?

b) Wo schneidet die Kurve zum ersten Mal die Gerade $g(t) = (1 + 2i)\,t$?

[3] (Verkürzte Epizykloide)
Ein Rad mit Radius R_1 rollt auf einem Rad mit Radius R_2 (Zentrum $(0,0)$) ab ($R_1 < R_2$). Geben Sie die komplexe Gleichung der Kurve des Punktes P auf dem rollenden Rad, der den Abstand $\frac{R_1}{2}$ vom Rollzentrum hat, mit Anfangsstellung $z(0) = R_2 + \frac{3}{2}\ R_1$. Welche Kurve hat man für $R_1 = R_2$?

4 Die Parabel $z(t) = z_0 + z_1\, t + z_2 \cdot t^2$ hat die Achse parallel zu z_2. Wo befindet sich ihr Scheitel?

2.12 Taylorreihen

A. Konvergente Folgen

Eine Folge ist eine Funktion $a : \mathbb{N} \to A$, wobei wir statt $a(n)$ üblicherweise a_n schreiben. Folgen spielen in allen Gebieten der Mathematik eine wichtige Rolle. Wir betrachten zunächst Folgen von reellen Zahlen d.h. wir wählen als Zielbereich die Menge $A = \mathbb{R}$. Sehr oft ist das k-te Glied a_k der Folge eine explizit gegebene Funktion von k, d.h. $a_k = f(k)$.

Eine andere wichtige Art von Folge ist eine **rekursive Folge** (Rekursion). Hier gibt man zum Beispiel den Startwert a_0 und eine Rekursionsvorschrift

$$a_{k+1} = f(k, a_k)\ .$$

Die Rekursion kann auch mehrgliedrig sein, d.h.

$$a_{k+1} = f(k, a_k, a_{k-1})\,,$$

und jetzt muss z.B. a_0, a_1 gegeben sein.

BEISPIELE:

(1) $a_k = \dfrac{k}{k+1}$, $k \in \mathbb{Z}_+$: Dies ergibt die Folge

$$\frac{1}{2}, \frac{2}{3}, \frac{3}{4} \dots .$$

(2) $a_0 = 1$

$$a_{k+1} = \frac{1}{2}\left(a_k + \frac{2}{a_k}\right).$$

Wir erhalten die Folge

$$1,\ 1.5,\ 1.4166\ \dots,\ 1.4142\ \dots .$$

(3) $a_0 = 1,\ a_1 = 1,$
$a_{k+2} = a_k + a_{k+1}\ .$

Diese sogenannte "Fibonacci-Folge" ist in unserem Falle

$$1,\ 1,\ 2,\ 3,\ 5,\ 8,\ 13\ \ldots\ .$$

Fast bei allen Folgen ist die wichtigste Frage: was passiert, wenn die Nummer k des Folgengliedes gegen unendlich geht? Falls dann a_k gegen einen endlichen Grenzwert strebt, heisst die Folge **konvergent**. Man kann sich die Situation sehr gut bildlich veranschaulichen, indem man die Folge analog einer Funktion darstellt.

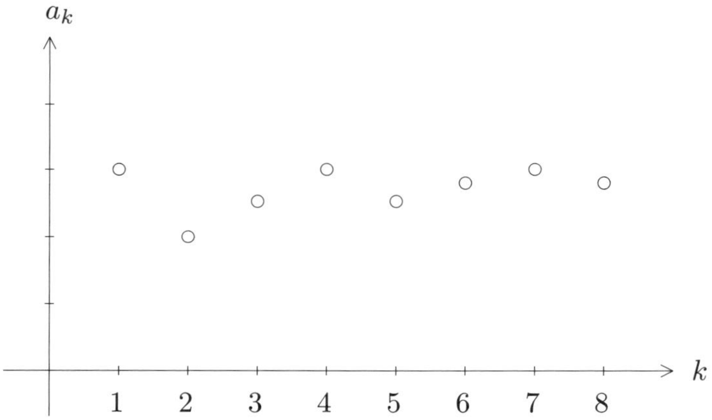

DEFINITION:

Die Folge a_n konvergiert gegen den Grenzwert a, falls für alle $\epsilon > 0$ eine Nummer $N(\epsilon)$ existiert, so dass

$$|a_n - a| \leq \epsilon \text{ falls } n \geq N(\epsilon)\,.$$

Die vorgegebene Grösse ϵ spielt die Rolle einer "Toleranzgrenze", die man vorgibt.

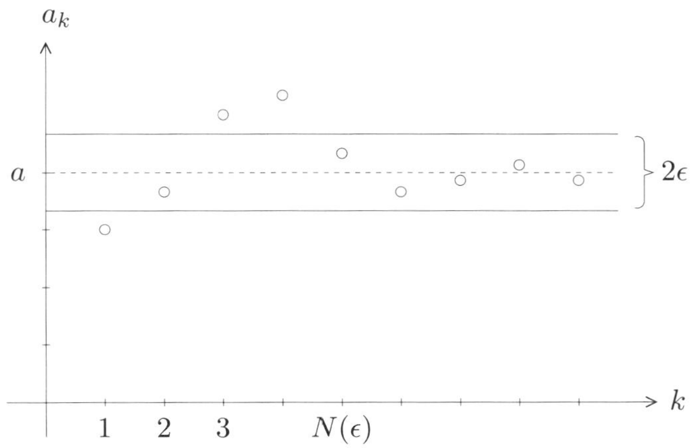

In den vorherigen Beispielen ist offensichtlich $a = 1$ in Beispiel ①, $a = \sqrt{2}$ in Beispiel ② (Newton-Verfahren für die Nullstelle der Funktion $f(x) = x^2 - 2$), und in ③ existiert natürlich kein Grenzwert.

Ein Problem ist nun häufig, dass der Grenzwert a gar nicht zum vornherein bekannt ist. Es gibt dann immer noch verschiedene Möglichkeiten, zu beweisen, dass eine vorgegebene Folge konvergiert.

Falls die Folgenglieder a_n mit n stetig zunehmend sind, heisst die Folge $\{a_n\}$ **monoton wachsend**, falls die Folgenglieder $\{a_n\}$ mit n abnehmen, entsprechend fallend. Weiter heisst die Folge nach oben beschränkt, falls $a_n \leq S < \infty$ (S = Schranke) gilt für alle n. Analog heisst die Folge nach unten beschränkt, falls $a_n \geq S > -\infty$ (S = Schranke) gilt für alle n. Wir nennen eine Folge monoton, falls sie entweder fallend oder wachsend ist.

Ohne Beweis sei hier ein wichtiges Ergebnis angegeben:
SATZ:

Eine monotone, beschränkte Folge konvergiert.

Dabei ist also vorausgesetzt:

$$a_n \leq S \quad \text{falls } \{a_n\} \text{ wachsend },$$
$$a_n \geq S \quad \text{falls } \{a_n\} \text{ fallend }.$$

Die typische Situation kann graphisch dargestellt werden:

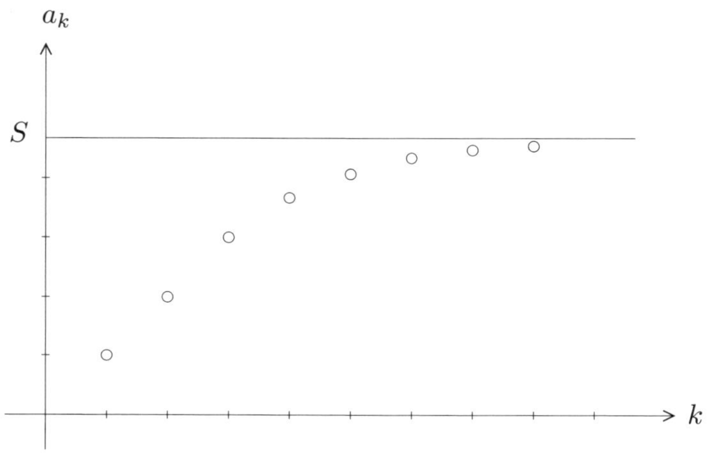

Es ist also geometrisch absolut einleuchtend, dass eine solche Folge konvergiert.

BEISPIEL:

Wir betrachten die rekursiv definierte Folge $a_0 = 1$, $a_{k+1} = \sqrt{1 + a_k}$. Die ersten Folgenglieder sind also

$$1, \sqrt{2}, \sqrt{1+\sqrt{2}}, \sqrt{1+\sqrt{1+\sqrt{2}}}, \text{ etc.}$$

Wir zeigen nun, dass die Voraussetzungen unseres Satzes erfüllt sind.

a) Die Folge ist beschränkt. Es gilt insbesondere $a_k < 2$ für alle $k \geq 0$.

   Wir können dies durch vollständige Induktion beweisen. Offensichtlich ist die Behauptung richtig für a_0. Annahme also: $a_{k-1} < 2$.

   Dann ist
   $$a_k = \sqrt{1 + a_{k-1}} < \sqrt{1+2} < 2\,,$$
   was zu zeigen war.

b) Die Folge ist wachsend:
   Es ist offensichtlich richtig, dass $a_1 > a_0$ und $a_k \geq 0$ für alle k. Wir nehmen wieder an, dass
   $$a_k > a_{k-1}\,.$$

Dann ist aber

$$a_{k+1} = \sqrt{1 + a_k} > \sqrt{1 + a_{k-1}} = a_k \, .$$

Somit sind die Voraussetzungen des Satzes erfüllt und unsere Folge muss konvergent sein. Wir können nun auch den Grenzwert a bestimmen, denn es muss ja gelten

$$\lim_{k\to\infty} a_{k+1} = \lim_{k\to\infty} \sqrt{1 + a_k} = \sqrt{1 + \lim_{k\to\infty} a_k}$$

und daraus folgt

$$a = \sqrt{1 + a} \, .$$

Dies ergibt nach Auflösung der quadratischen Gleichung

$$a = \lim_{k\to\infty} a_k = \frac{\sqrt{5} + 1}{2} = 1.618...$$

B. Reihen

Eine Reihe ist definiert als Folge von Summen

$$S_n = \sum_{k=0}^{n} a_k$$

ihrer Reihenglieder a_k, und wieder ist vor allem die Frage wichtig, ob $\lim_{n\to\infty} S_n$ sinnvoll ist oder nicht. Wir werden analog sagen, die "Reihe konvergiert", falls $\lim_{n\to\infty}, S_n$ definiert und endlich ist, und die "Reihe divergiert", falls $\lim_{n\to\infty} S_n = \infty$ oder nicht definiert ist.

Zu späteren Vergleichszwecken spielt nun die sogenannte "**geometrische Reihe**" eine wichtige Rolle. Sie ist von der Form

$$S_n = \sum_{k=0}^{n} a \cdot q^k \, .$$

Nun ist es aber nicht schwierig, eine Formel für S_n herzuleiten, denn wir haben

$$\begin{aligned} S_n &= a + a \cdot q \quad + \cdots + \quad aq^n \\ q \cdot S_n &= \qquad\quad aq \quad + \cdots + \quad aq^n + aq^{n+1} \, . \end{aligned}$$

Damit ergibt sich

$$S_n(1 - q) = a(1 - q^{n+1}) \, ,$$

d.h.

$$S_n = a \cdot \frac{1 - q^{n+1}}{1 - q} .$$

Jetzt erkennen wir sofort, dass

$$\lim_{n \to \infty} S_n = \frac{a}{1-q} \quad \text{genau dann, wenn } |q| < 1.$$

Also zum Beispiel für $q = -\frac{1}{2}$

$$1 - \frac{1}{2} + \frac{1}{4} - \frac{1}{8} + \cdots = \frac{1}{1 + \frac{1}{2}} = \frac{2}{3} .$$

Wir werden oft entscheiden müssen ob eine Reihe konvergiert oder nicht. Ein hilfreiches Kriterium dazu ist das fast selbstverständliche Vergleichskriterium (Majorantenkriterium von Weierstrass).

MAJORANTENKRITERIUM VON WEIERSTRASS:

Es gelte $|a_k| \leq b_k$ falls $k \geq K$ (K endlich) und $\sum_{k=1}^{\infty} b_k$ sei konvergent.

Dann ist auch die Reihe $\sum_{k=1}^{\infty} a_k$ konvergent.

Überlegen Sie selbst, wie man diesen Satz beweist!

BEMERKUNG:

Falls die Voraussetzung abgeändert wird zu:

$$a_k \geq |b_k| \text{ und } \sum_{k=1}^{\infty} b_k \text{ ist divergent },$$

so heisst natürlich die Schlussfolgerung auch: $\sum_{k=1}^{\infty} a_k$ divergiert!

BEISPIEL:

Wir zeigen, dass $\sum\limits_{k=1}^{\infty} \dfrac{2^k + 1}{3^{k-1} + k - 1}$ konvergiert.

Dazu benützen wir, dass gilt

$$\frac{2^k + 1}{3^{k-1} + k - 1} < \frac{2^k}{3^{k-1}} \qquad \text{falls } k \geq 3 \text{ (testen Sie selbst)}$$

$$\sum_{k=3}^{\infty} \frac{2^k}{3^{k-1}} = 3 \cdot \sum_{k=3}^{\infty} \left(\frac{2}{3}\right)^k : \quad \text{konvergente geometrische Reihe!}$$

Also konvergiert auch die vorgelegte Reihe!

Durch Vergleich mit einer geometrischen Reihe lassen sich leicht zwei weitere Konvergenzkriterien beweisen, also Sätze, die unter gegebenen Voraussetzungen die Konvergenz einer Reihe garantieren.

Konvergenzkriterium von D'Alembert (Quotientenkriterium)

Voraussetzung:	Es gelte $\lim_{k\to\infty} \left\|\frac{a_{k+1}}{a_k}\right\| = q < 1$.
Behauptung:	Die Reihe $\sum_{k=1}^{\infty} a_k$ ist konvergent.

Beweis: Da $\lim_{k\to\infty} |\frac{a_{k+1}}{a_k}| = q$, gibt es nach Definition des Limes für alle $\epsilon > 0$ eine Nummer $K(\epsilon)$, so dass

$$|a_{k+1}| \leq (q + \epsilon)\,|a_k|\,, \quad \text{falls} \quad k \geq K(\epsilon)\,.$$

Da $q < 1$ können wir ferner ϵ so klein wählen, dass $q + \epsilon = \overline{q} < 1$. Wir schreiben nun

$$S(N) = \underbrace{\sum_{k=1}^{K(\epsilon)} a_k}_{\Sigma_1} + \sum_{k=K(\epsilon)+1}^{N} a_k\,.$$

Dann gilt offensichtlich

$$S(N) \leq \Sigma_1 + \sum_{k=K(\epsilon)+1}^{N} |a_k| \leq \Sigma_1 + |a_{K(\epsilon)+1}|\,\{1 + \overline{q} + \overline{q}^2 + \cdots + \overline{q}^M\}\,,$$

wobei $M = N - K(\epsilon) - 1$. Da nun aber $\overline{q} < 1$ ist, konvergiert die geometrische Reihe, die im Term in geschweiften Klammern steht, falls M, d.h. $N \to \infty$. Aus dem Majorantenkriterium folgt nun, dass $\lim_{N\to\infty} S(N)$ endlich bleibt, was zu beweisen war.

BEISPIELE ZUM QUOTIENTENKRITERIUM:

(1) $\sum\limits_{k=1}^{\infty} \frac{\sqrt{k}}{2^k}$

Wir prüfen nach:

$$\frac{a_{k+1}}{a_k} = \frac{\sqrt{(k+1)} \cdot 2^k}{2^{k+1} \cdot \sqrt{k}} = \frac{1}{2}\sqrt{\frac{k+1}{k}},$$

also gilt

$$\lim_{k\to\infty} \left|\frac{a_{k+1}}{a_k}\right| = \frac{1}{2} \lim_{k\to\infty} \sqrt{\frac{k+1}{k}} = \frac{1}{2} \lim_{k\to\infty} \sqrt{1+\frac{1}{k}} = \frac{1}{2} < 1\,,$$

d.h. die Reihe konvergiert.

(2) Ein wichtiges Beispiel ist

$$\sum_{k=1}^{\infty} \frac{1}{k^p}\,,\ p > 0\,.$$

Hier gilt nun

$$q = \lim_{k\to\infty} \frac{a_{k+1}}{a_k} = \lim_{k\to\infty} \frac{k^p}{(k+1)^p} = \lim_{k\to\infty} \frac{1}{(1+\frac{1}{k})^p}$$
$$= \left[\lim_{k\to\infty} \frac{1}{1+\frac{1}{k}}\right]^p = 1\,.$$

Es sollte aber $q < 1$ sein. Wichtig ist nun, dass man die Aussage des Quotientenkriteriums ganz genau liest. "Falls $q < 1$ konvergiert die Reihe": dies ist ein hinreichendes Kriterium, d.h. man verlangt möglicherweise zu viel, und die Reihe konvergiert eventuell unter schwächeren Voraussetzungen schon. Also ist die richtige Schlussfolgerung: wir wissen noch nicht, ob die Reihe konvergiert.

Ein zweites Konvergenzkriterium ist das

WURZELKRITERIUM:

Voraussetzung:	Es gelte $\lim\limits_{k\to\infty} \sqrt[k]{\lvert a_k\rvert} = q < 1$.
Behauptung:	Die Reihe $\sum\limits_{k=1}^{\infty} a_k$ ist konvergent.

BEWEIS: Man kann völlig analog zum Beweis des Quotientenkriteriums vorgehen. Man wählt ϵ so klein, dass $q + \epsilon = \overline{q} < 1$ und $K(\epsilon)$ so, dass

$$\sqrt[k]{\lvert a_k\rvert} \leq \overline{q}, \text{ für } k \geq K(\epsilon) \ .$$

Dann gilt, wieder für $k \geq K(\epsilon)$,

$$\lvert a_k\rvert \leq \overline{q}^k ,$$

und der Restterm $\sum_{k=K(\epsilon)+1}^{\infty} a_k$ kann wieder durch eine konvergente geometrische Reihe

$$\overline{q}^{K(\epsilon)+1} \cdot \{1 + \overline{q} + \overline{q}^2 + \ldots\}$$

abgeschätzt werden (Majorantenkriterium).

Wir werden das Wurzelkriterium bei Reihen mit variablen Gliedern (Potenzreihen) gut verwenden können.

Eine speziell einfache Situation liegt vor, wenn die Vorzeichen der Reihenglieder alternieren und ihre Absolutbeträge abnehmend sind. Es gilt nämlich für eine sogenannte **Leibnizreihe** der

SATZ:

Voraussetzung:	Es sei $a_k > 0$ und $a_{k+1} < a_k$ für alle $k \geq 1$ und $\lim\limits_{k\to\infty} a_k = 0$.
Behauptung:	Die Reihe $\sum\limits_{k=1}^{\infty} (-1)^{k-1} \cdot a_k$ ist konvergent.

Beweis: Wir betrachten die Teilsummenfolge S_k, definiert durch

$$\begin{aligned} S_1 &= a_1 \\ S_3 &= a_1 - a_2 + a_3 \\ S_5 &= a_1 - a_2 + a_3 - a_4 + a_5 \\ &\vdots \end{aligned}$$

Nach unseren Voraussetzungen ist aber

$$a_3 - a_2 < 0\,,$$

d.h. $S_1 > S_3$.

Ebenso folgt $S_3 > S_5 > S_7 \ldots$.

Die Folge S_{2k+1} ist also monoton abnehmend. Als nächstes sehen wir uns noch die Folge S_{2k} an:

$$\begin{aligned} S_2 &= a_1 - a_2 \\ S_4 &= (a_1 - a_2) + (a_3 - a_4) \\ S_6 &= (a_1 - a_2) + (a_3 - a_4) + (a_5 - a_6)\,. \end{aligned}$$

Zur Verdeutlichung sind die Klammern gesetzt worden. Diese Folge ist aber monoton wachsend, denn die Paare in Klammern ergeben immer einen positiven Wert. Wir können deshalb die Situation auf folgende Weise beschreiben:

$$S_1 > S_3 > S_5 > S_7,\; S_2 < S_4 < S_6 < S_8\,.$$

Es gilt aber auch $S_{2k+1} > S_{2k}$.

Also ist S_2 eine untere Schranke für die Folge S_{2k+1}, $k = 1, 2, 3, \ldots$ und S_1 ist eine obere Schranke für die Folge S_{2k}. Die Folgen S_{2k+1}, S_{2k} sind also konvergent. Da aber $S_{2k+1} = S_{2k} + a_{2k+1}$ und $\lim_{k\to\infty} a_{2k+1} = 0$, stimmen beide Grenzwerte überein, d.h.

$$\lim_{k\to\infty} S_{2k} = \lim_{k\to\infty} S_{2k+1} = S = \sum_{k=1}^{\infty} (-1)^{k-1} a_k\,.$$

Beispiele:

(1) Wir betrachten zuerst die sogenannte "harmonische Reihe"

$$1 + \frac{1}{2} + \frac{1}{3} + \frac{1}{4} + \ldots\,,$$

von der man leicht zeigen kann, dass sie divergent ist, indem man geeignet zusammenfasst:

$$1+\frac{1}{2}+\underbrace{\frac{1}{3}+\frac{1}{4}}_{>\frac{1}{2}}+\underbrace{\frac{1}{5}+\cdots+\frac{1}{8}}_{>\frac{1}{2}}+\underbrace{\frac{1}{9}+\cdots+\frac{1}{16}}_{>\frac{1}{2}}+\ldots .$$

Offenbar kann man jeden gewünschten Summenwert überschreiten, indem man genügend Glieder summiert. Falls wir jedoch das Vorzeichen alternieren, d.h. wir wählen

$$1-\frac{1}{2}+\frac{1}{3}-\frac{1}{4}+\ldots,$$

so stellt dies eine Leibnizreihe dar. Wir werden später sehen, dass deren Summe $\ln 2$ ist.

(2) Es sei $\sum\limits_{k=1}^{\infty} \frac{\sqrt{k+1}}{k+\sqrt{k+2}}$ zu untersuchen.

Es gilt für $k \geq 0$

$$a_k=\frac{\sqrt{k+1}}{k+\sqrt{k+2}} \geq \frac{1}{k+\sqrt{k+2}} > \frac{1}{2k+2}=\frac{1}{2}\,\frac{1}{k+1}=\frac{1}{2}\,b_k .$$

Aber die Reihe

$$\sum_{k=0}^{\infty} \frac{1}{k+1}=\sum_{\ell=1}^{\infty} \frac{1}{\ell}$$

divergiert, wie wir gesehen haben, also auch die Reihe $\sum_{k=1}^{\infty} a_k$.

C. Potenzreihen

Reihen der Form

$$S(x)=\sum_{k=0}^{\infty} a_k \cdot x^k$$

spielen eine äusserst wichtige Rolle. Viele Funktionen sind überhaupt nur definiert in dieser Form. Natürlich hat dies nur einen Sinn, falls die Reihe konvergiert. Betrachten wir zuerst die geometrische Reihe, die wir jetzt in der Form schreiben

$$S(x)=1+x+x^2+x^3+\ldots .$$

In diesem Fall wissen wir schon, dass die Reihe konvergiert für $|x| < 1$, und dann gilt

$$S(x) = \frac{1}{1-x} .$$

Die Funktion $(1-x)^{-1}$ ist aber für beliebige $x \neq 1$ definiert. Also stimmen $S(x)$ und $(1-x)^{-1}$ auf dem offenen Intervall $(-1, 1)$ überein, und ausserhalb dieses Intervalls hat die Reihe keinen Sinn mehr. Dies ist die für Potenzreihen typische Situation.

Es ist nun äusserst wichtig zu wissen, wie man mit solchen Potenzreihen umgehen darf. Das nächste Ziel ist deshalb, ein paar solcher Rechenregeln für Potenzreihen abzuleiten.

Ein erster zentraler Punkt ist, herauszufinden, wo eine gegebene Potenzreihe konvergiert.

SATZ 1:

Die Potenzreihe

$$S(x) = \sum_{k=0}^{\infty} a_k \cdot x^k$$

konvergiert im Intervall $-r < x < r$, wobei

$$r = \lim_{k\to\infty} \frac{|a_k|}{|a_{k+1}|} .$$

Für $x = \pm r$ kann sowohl Konvergenz als auch Divergenz eintreten.

BEWEIS: Wir benützen das Quotientenkriterium für die Reihe

$$S = \sum_{k=0}^{\infty} b_k , \text{ mit } b_k = a_k \cdot x^k .$$

Nach diesem Kriterium hat man Konvergenz, falls

$$\lim_{k\to\infty} \frac{|\,b_{k+1}\,|}{|\,b_k\,|} < 1 .$$

Aber $\dfrac{|\,b_{k+1}\,|}{|\,b_k\,|} = \dfrac{|\,x\,|^{k+1}|\,a_{k+1}\,|}{|\,x\,|^{k}|\,a_k\,|} = |\,x\,| \cdot \dfrac{|\,a_{k+1}\,|}{|\,a_k\,|}$, d.h. für

$$|x| < \lim_{k\to\infty} \frac{|\,a_k\,|}{|\,a_{k+1}\,|} =: r$$

ist die Konvergenz gesichert.

Bemerkung:

Wir hätten auch das Wurzelkriteriumkriterium heranziehen können. Dann ergibt sich die Konvergenz für $|x| < \widetilde{r}$ mit

$$\widetilde{r} = \lim_{k\to\infty} \frac{1}{\sqrt[k]{|a_k|}}\,.$$

Es lässt sich dann aber beweisen, dass $\widetilde{r} = r$, worauf hier verzichtet werden soll. Man nennt r den Konvergenzradius der Potenzreihe – dies geht darauf zurück, dass man Potenzreihen auch für komplexe Zahlen definieren kann. Der Konvergenzbereich ist dann kein Intervall sondern eine Kreisscheibe um einen gegebenen Punkt mit Radius r.

Für viele spätere Überlegungen muss man Potenzreihen für die selbe Funktion vergleichen. Dazu dient

Satz 2:

Falls die Potenzreihen

$$S_1(x) = \sum_{k=0}^{\infty} a_k \cdot x^k \quad \text{und}$$

$$S_2(x) = \sum_{k=0}^{\infty} b_k \cdot x^k$$

auf dem Intervall $-r < x < r$ übereinstimmen, muss gelten

$$a_k = b_k\,.$$

Beweis: Es muss gelten

$$S_1(0) = S_2(0), \text{ was aber bedeutet}$$

$$a_0 = b_0\,.$$

Jetzt betrachten wir als nächstes

$$S_1^{(1)}(x) = \sum_{k=1}^{\infty} a_k \cdot x^k \, , \; S_2^{(1)}(x) = \sum_{k=1}^{\infty} b_k \cdot x^k \, .$$

Diese beiden Funktionen stimmen nun auch überein. Da aber

$$S_1^{(1)}(x) = x \cdot \sum_{k=1}^{\infty} a_k \cdot x^{k-1} \, , \; S_2^{(1)}(x) = x \cdot \sum_{k=1}^{\infty} b_k \cdot x^{k-1} \, ,$$

müssen nun auch

$$\sum_{k=0}^{\infty} a_{k+1} \cdot x^k \, , \quad \sum_{k=0}^{\infty} b_{k+1} \cdot x^k$$

für $x = 0$ übereinstimmen, d.h. $a_1 = b_1$. Offensichtlich kann man diesen Prozess beliebig fortsetzen und erhält

$$a_k = b_k \text{ für beliebige } k \geq 0 \, .$$

Satz 3:

> Im Konvergenzintervall darf eine Potenzreihe beliebig oft abgeleitet werden.

Beweis: Es sei $S(x) = \sum_{k=0}^{\infty} a_k \cdot x^k$. Dann hat die gliedweise abgeleitete Potenzreihe die Form

$$\sum_{k=0}^{\infty} b_k \cdot x^k$$

mit $b_k = (k+1)\, a_{k+1}$. Der "Konvergenzradius" r ist nach Satz 1 gegeben durch

$$\begin{aligned} \lim_{k\to\infty} \frac{|b_k|}{|b_{k+1}|} = \lim_{k\to\infty} \frac{(k+1)|a_{k+1}|}{(k+2)|a_{k+2}|} &= \lim_{\ell\to\infty} \left[\frac{\ell}{\ell+1} \cdot \frac{|a_\ell|}{|a_{\ell+1}|}\right] \\ &= \lim_{\ell\to\infty} \frac{\ell}{\ell+1} \cdot \frac{|a_\ell|}{|a_{\ell+1}|} \\ &= r \, . \end{aligned}$$

Die gliedweise abgeleitete Potenzreihe hat also denselben Konvergenzradius. Jetzt können wir die abgeleitete Potenzreihe wieder zum Ausgangspunkt wählen und offenbar beliebig fortfahren.

Wir haben nur bewiesen, dass die Reihen, die durch gliedweise Differentiation entstehen, wieder denselben Konvergenzradius haben. Viel schwieriger ist es, zu zeigen, dass sie in der Tat die Ableitungen der Funktion $S(x)$ darstellen. Für eine **endliche** Summe von Funktionen darf man bekanntlich Summation und Differentiation miteinander vertauschen. Für eine unendliche Summe braucht dies nicht mehr zu gelten, wie man durch Gegenbeispiele zeigen kann. Eine elegante Theorie dazu ist für Funktionen mit einer **komplexen** Variablen z möglich, woraus sich dann als Spezialfall Aussagen im Fall einer reellen Variablen ergeben. Für Potenzreihen ist aber im Konvergenzintervall gliedweise Differentiation erlaubt.

BEISPIEL:

Nehmen wir wieder die geometrische Reihe

$$\frac{1}{1-x} = 1 + x + x^2 + x^3 + \dots \,.$$

Dann gilt also für $|x| < 1$ auch

$$\frac{d}{dx}\left(\frac{1}{1-x}\right) = \frac{1}{(1-x)^2} = 1 + 2x + 3x^2 + \dots$$

sowie

$$\frac{2}{(1-x)^3} = 2 + 2 \cdot 3x + 3 \cdot 4x^2 + 4 \cdot 5x^3 + \dots \,.$$

Man findet also durch Ableiten neue interessante Beziehungen. Natürlich darf man auch auf beiden Seiten mit einer Potenz von x multiplizieren. So gilt also zum Beispiel auch

$$\frac{x}{(1-x)^2} = x + 2x^2 + 3x^3 + \dots \,,$$

d.h. etwa auch

$$2 = \frac{1}{2} + 2 \cdot \frac{1}{4} + 3 \cdot \frac{1}{8} + 4 \cdot \frac{1}{16} + \dots \,,$$

wovon man sich durch Umformung der rechten Seite auch auf andere Art überzeugen kann.

D. Taylorreihen

Es sei nun eine beliebig oft differenzierbare Funktion $f(x)$ vorgegeben, und wir stellen uns die Aufgabe, diese Funktion in der Nähe von $x = 0$ durch Polynome zu approximieren.

Bevor wir uns dieser Approximation widmen, betrachten wir zuerst den folgenden Satz aus der Analysis, den wir später brauchen.

MITTELWERTSATZ DER DIFFERENTIALRECHNUNG

Es sei eine Funktion $g(x)$ auf dem Intervall (x_1, x_2) stetig differenzierbar und auf dem Intervall $[x_1, x_2]$ stetig. Dann existiert ein $\widetilde{x} \in [x_1, x_2]$ so dass

$$\frac{g(x_2) - g(x_1)}{x_2 - x_1} = g'(\widetilde{x}) .$$

Ein exakter Beweis dieses Satzes ist nicht einfach. Wir begnügen uns deshalb mit einer Zeichnung.

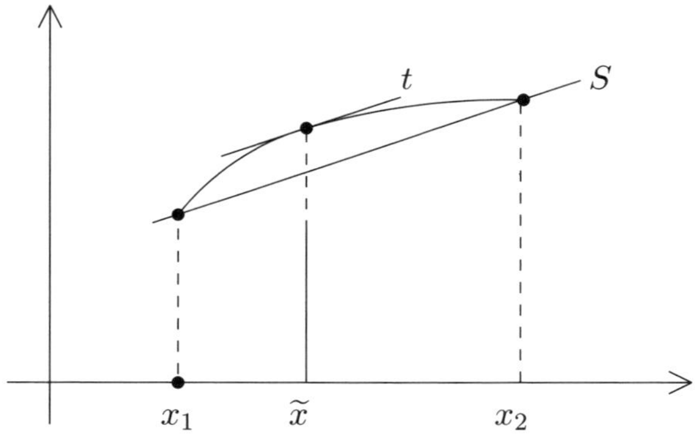

Die Aussage des Mittelwertsatzes (MWS) ist offenbar: falls $g(x)$ eine stetige Ableitung $g'(x)$ hat, dann gibt es einen Zwischenpunkt $\widetilde{x}$, so dass die Sekante S parallel zur Tangente t ist. Man überzeugt sich leicht, dass die Voraussetzung der stetigen Differenzierbarkeit wesentlich ist. Betrachten Sie zum Beispiel die folgende Situation:

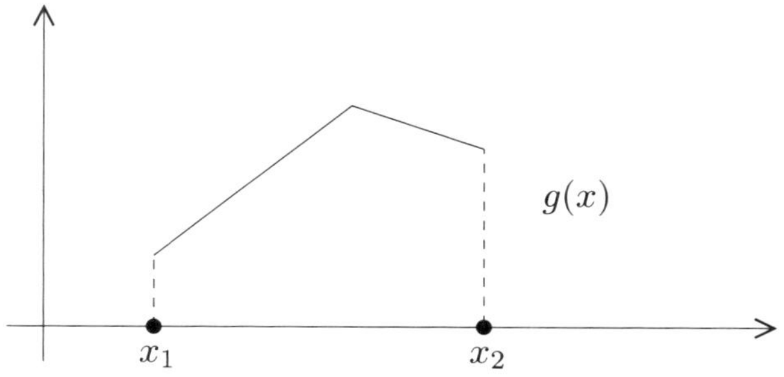

Kehren wir nun zurück zu unser Approximation. Als gröbste Approximation kann man offenbar einfach ein Polynom 0-ter Ordnung $T_0(x) \equiv f(0)$ wählen. Eine nächstbessere Variante ist dann die Approximation durch die Tangente im Nullpunkt:

$$T_1(x) = f(0) + f'(0) \cdot x \,.$$

Allgemeiner können wir $f(x)$ durch ein Polynom n-ten Grades annähern ($T_n(x)$), mit der Eigenschaft, dass die Ableitungen bis zur Ordnung n von $T_n(x)$ und $f(x)$ im Punkte 0 übereinstimmen.

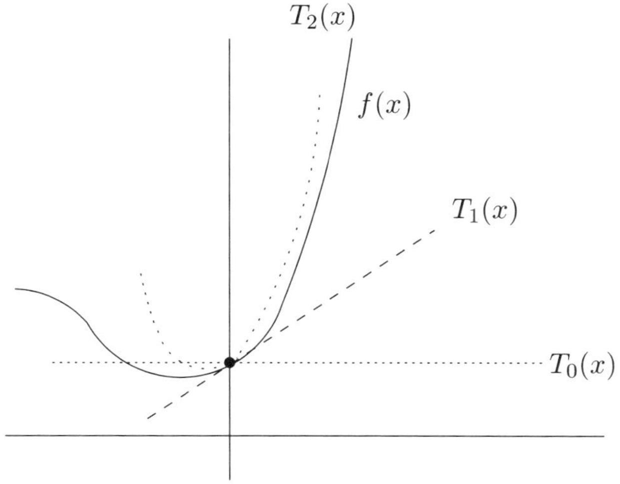

Man findet leicht, dass gelten muss

$$T_2(x) = f(0) + f'(0) \cdot x + f''(0) \cdot \frac{x^2}{2}$$

$$T_3(x) = f(0) + f'(0) \cdot x + f''(0) \cdot \frac{x^2}{1 \cdot 2} + f'''(0) \cdot \frac{x^3}{1 \cdot 2 \cdot 3}\,,$$

oder allgemein

$$T_n(x) = \sum_{k=0}^{n} f^{(k)}(0) \cdot \frac{x^k}{k!} \quad (\text{“}n\text{-tes Taylor-Polynom”})$$

Die wichtigste Frage ist nun:

$$\text{wann gilt } \lim_{n\to\infty} T_n(x) = f(x) \; ?$$

Anders ausgedrückt, wann gilt $f(x) = \sum_{k=0}^{\infty} f^{(k)}(0) \cdot \frac{x^k}{k!}$ = Taylorreihe?

Es ist zunächst klar, dass die entstehende Potenzreihe

$$\sum_{k=0}^{\infty} a_k \cdot x^k , \quad a_k = \frac{f^{(k)}(0)}{k!}$$

konvergieren muss. Betrachten wir nun die geometrische Reihe

$$f(x) = \frac{1}{1-x} = 1 + x + x^2 + x^3 + \ldots , \; |x| < 1 \, .$$

Es ist leicht zu verifizieren, dass die Reihe in der Tat die Taylorreihe von $\frac{1}{1-x}$ darstellt. Sie konvergiert für $|x| < 1$. Also haben wir folgende Situation:

Die Funktion $f(x) = \frac{1}{1-x}$ ist für alle $x \neq 1$ definiert und unendlich oft differenzierbar, aber nur im Intervall $-1 < x < 1$ stimmt sie mit ihrer Taylorreihe für $x = 0$ überein. Dies ist insofern nicht sehr überraschend als ja die Taylorreihe für $|x| > 1$ divergiert.

Es ist aber möglich, dass die Taylorreihe von $f(x)$ konvergiert und trotzdem nicht die Funktion $f(x)$ darstellt!

Nehmen wir die Funktion

$$f(x) = e^{-\frac{1}{x^2}} ,$$

so gilt $\lim_{x\to 0} f(x) = 0$. Weiter ist

$$f'(x) = \frac{2}{x^3} \, e^{-\frac{1}{x^2}} ,$$

und alle höheren Ableitungen enthalten nur Terme der Form

$$c_k \cdot \frac{1}{x^k} \, e^{-\frac{1}{x^2}} \, .$$

Wir werden im nächsten Abschnitt sehen, dass gilt (α beliebig, fest)

$$\lim_{t\to\infty} t^\alpha \cdot e^{-t} = 0\ .$$

Falls wir $t = \frac{1}{x^2}$ setzen, ist damit klar, dass gilt

$$\lim_{x\to 0} f^{(n)}(x) = 0 \quad \text{für} \quad n = 0, 1, 2, \ldots\ .$$

Dies bedeutet aber, dass die Taylorreihe unserer Funktion zwar trivialerweise überall konvergiert, aber nur im Nullpunkt den richtigen Wert 0 liefert.

Wir haben damit eingesehen, dass die Konvergenz der Taylorreihe noch nicht bedeutet, dass sie auch die Funktion darstellt.

Wir schreiben nun für eine beliebig oft differenzierbare, wieder allgemeine Funktion $f(x)$

$$f(x) = f(0) + f'(0)\cdot x + f''(0)\cdot\frac{x^2}{2!} + \cdots + f^{(n)}(0)\cdot\frac{x^n}{n!} + R_n(x)\,,$$

wobei $R_n(x)$ das "Restglied" darstellt, also die Differenz zwischen Funktion und n-ten Taylorpolynom.

Dann leiten wir ab und setzen dann $x = 0$. Dies ergibt offenbar

$$\begin{aligned} R_n(0) &= 0 \\ R_n'(0) &= 0 \\ &\vdots \\ R_n^{(n)}(0) &= 0\ . \end{aligned}$$

Weiter ist

$$f^{(n)}(x) - f^{(n)}(0) = R_n^{(n)}(x)\ .$$

Wir wenden nun den Mittelwertsatz der Differentialrechnung an auf die (nach unserer Voraussetzung) stetige Funktion

$$g(x) := f^{(n)}(x)\ .$$

Nach dem Mittelwertsatz gilt

$$g(x) - g(0) = x\cdot g'(\hat{x}), \quad \text{wobei} \quad 0 \le \hat{x} \le x \quad \text{gilt}\ .$$

Das bedeutet aber

$$R_n^{(n)}(x) = x\cdot f^{(n+1)}(\hat{x})\,,$$

und da alle Ableitungen bis zur Ordnung n von $R_n(x)$ bei $x = 0$ verschwinden, muss gelten

$$\boxed{R_n(x) = \frac{x^{n+1}}{(n+1)!}\, f^{(n+1)}(\hat{x})\,.}$$

Der Fehler beim Abbrechen der Taylorreihe nach dem n-ten Glied ist also gegeben durch das $(n+1)$-te Glied, ausgewertet an einer (zwar unbekannten) Zwischenstelle $\hat{x} \in [0, x]$. Um die Gewissheit zu haben, dass die Taylorreihe eine gegebene Funktion darstellt, müssen wir also zeigen, dass

$$\lim_{k\to\infty} \frac{x^k}{k!}\, f^{(k)}(\hat{x}) = 0 \quad \text{für beliebige } 0 \leq \hat{x} \leq x\ .$$

Wir betrachten nun ein paar wichtige Beispiele.

(1) $f(x) = e^x$.

Hier ist $f^{(k)}(\hat{x}) = e^{\hat{x}}$ für ein beliebiges $k \geq 0$. Es sei nun $x > 0$ fest gewählt. Da e^x ein wachsende Funktion ist, gilt offenbar

$$R_n(x) \leq \frac{x^{n+1}}{(n+1)!}\, e^x\ .$$

Es sei $x \leq m$ für eine natürliche Zahl m. Dann ist

$$\frac{x^{n+1}}{(n+1)!} \leq \frac{\overbrace{m\cdot m\cdot m\cdot\cdots\cdot m}^{n+1 \text{ Faktoren}}}{1\cdot 2\cdot 3 \quad (n+1)}\ .$$

Weiter setzen wir $n + 1 = m + p$ und schreiben den Term rechts als

$$\frac{m^m \cdot m^p}{m!(m+1)\ldots(m+p)}\ .$$

Nun ist zu beachten, dass m fest bleibt, während p wächst. Es bleibt zu zeigen, dass

$$(*) \qquad \lim_{p\to\infty} \frac{m^p}{(m+1)(m+2)\ldots(m+p)} = 0\,.$$

Es gilt

$$\frac{m^p}{(m+1)(m+2)\dots(m+p)} = \frac{1}{(1+\frac{1}{m})(1+\frac{2}{m})\dots(1+\frac{p}{m})}\,.$$

Wir können grob abschätzen:

$$\left(1+\frac{1}{m}\right)\left(1+\frac{2}{m}\right)\dots\left(1+\frac{p}{m}\right) > \frac{1}{m}+\frac{2}{m}+\dots+\frac{p}{m} = \frac{1}{m}\,(1+2+\dots p)$$

und somit gilt, dass der Nenner von $(*)$ gegen unendlichstrebt wenn n nach unendlich geht. Also gilt die Beziehung $(*)$ und wir haben gezeigt, dass für beliebige $x > 0$ gilt $\lim\limits_{n\to\infty} R_n(x) = 0$, d.h.

$$\boxed{e^x = 1 + x + \frac{x^2}{2!} + \frac{x^3}{3!} + \dots\,.}$$

Falls $x < 0$ können wir unsere obigen Überlegungen für $|R_n(x)|$ wiederholen. Die Taylorreihe von e^x stellt also überall die Funktion dar! Insbesondere gilt also

$$e = 1 + 1 + \frac{1}{2!} + \frac{1}{3!} + \dots\,.$$

Diese Reihe konvergiert sehr rasch und liefert z.B. mit 11 Gliedern $e \cong 2.7182819$, der genauere Wert ist

$$e = 2.718281845904523\dots\,.$$

(2) $f(x) = \sin x$.

Hier gilt

$$f(0) = 0,\ f'(0) = 1,\ f''(0) = 0,\ f'''(0) = -1,\ f^{(4)}(0) = 0\,,\text{etc.}$$

im Zyklus. Das Restglied hat die Gestalt

$$R_n(x) = \frac{x^{n+1}}{(n+1)!}\cdot\begin{cases}\pm\cos\hat{x}\\ \pm\sin\hat{x}\,,\end{cases}$$

also

$$|R_n(x)| \le \frac{x^{n+1}}{(n+1)!}\,,$$

womit die Überlegungen von Beispiel (1) wieder anwendbar sind. Also gilt für beliebige x

$$\boxed{\sin x = x - \frac{x^3}{3!} + \frac{x^5}{5!} - \frac{x^7}{7!} + \dots .}$$

(3) $f(x) = \cos x$.

Eine einfache Rechnung zeigt nun, dass

$$\boxed{\cos x = 1 - \frac{x^2}{2!} + \frac{x^4}{4!} - \quad \dots .}$$

(4) Wir ersetzen in Beispiel (1) x durch $i \cdot x$. Wir haben zwar keine Reihen mit komplexen Gliedern diskutiert, aber wir stellen trotzdem fest, dass formal gilt

$$e^{ix} = 1 + i \cdot x - \frac{x^2}{2!} - i\,\frac{x^3}{3!} + \frac{x^4}{4!} + i\,\frac{x^5}{5!} - \dots .$$

Das können wir umordnen zu

$$\begin{aligned} e^{i \cdot x} &= \left(1 - \frac{x^2}{2!} + \frac{x^4}{4!} \dots\right) + i\left(x - \frac{x^3}{3!} + \frac{x^5}{5!} \dots\right) \\ e^{i \cdot x} &= \cos x + i \cdot \sin x \ . \end{aligned}$$

Die Beziehung, die wir auf Grund ganz anderer Überlegungen gefunden haben, taucht hier wieder auf!

(5) $f(x) = (1+x)^\alpha$, $\alpha \neq 0$ beliebig.

Wir erhalten durch schrittweises Ableiten

$$\begin{aligned} f(0) &= 1 \\ f'(0) &= \alpha \\ &\vdots \\ f^{(k)}(0) &= \alpha(\alpha-1) \ \dots \ (\alpha-k+1)\,, \end{aligned}$$

also

$$\frac{f^{(k)}(0)}{k!} = \frac{\alpha\,(\alpha-1)\ldots(\alpha-k+1)}{1\cdot 2\cdot \quad \ldots \quad k} =: \binom{\alpha}{k} \quad \text{(gelesen “}\alpha\text{ tief }k\text{”)}$$

Man definiert noch $\binom{\alpha}{0} = 1$ und bekommt also

(“Binomialreihe für beliebige $\alpha \in \mathbb{R}$”)

$$\boxed{(1+x)^\alpha = \sum_{k=0}^{\infty} \binom{\alpha}{k} \cdot x^k\,.}$$

hier lässt sich zeigen, dass die Reihe für $|x| < 1$ konvergiert und die Funktion $(1+x)^\alpha$ darstellt. Als Anwendung überlegen wir uns z.B., wie man $\sqrt[3]{10}$ annähern kann. Wir schreiben

$$10 = 8 + 2 = 2^3\Big(1 + \frac{1}{4}\Big)\,,$$

d.h.

$$\sqrt[3]{10} = 2\Big(1+\frac{1}{4}\Big)^{1/3} = 2\Big(1 + \frac{1}{3}\cdot\frac{1}{4} + \frac{\frac{1}{3}(-\frac{2}{3})}{2}\Big)\cdot\big(\frac{1}{4}\big)^2 + \ldots$$

$$\cong 2\Big(1 + \frac{1}{12} - \frac{1}{144}\Big) \cong 2.153\,.$$

Der genauere Wert ist $\sqrt[3]{10} \cong 2.1544$. Wir vergleichen mit der Newton-Methode. Die Nullstelle der Funktion $f(x) = x^3 - 10$ erhalten wir dort durch die Iterationsvorschrift

$$x_{k+1} = x_k - \frac{x_k^3 - 10}{3x_k^2} = \frac{2}{3}\,x_k + \frac{10}{3x_k^2}\,.$$

Wählen wir $x_0 = 2$, so erhalten wir als Näherung für $\sqrt[3]{10}$ nach 2 Schritten

$$\sqrt[3]{10} \cong 2.1545\,,$$

was schon beachtlich genau ist. Im nächsten Schritt kann man ja dann schon 7–8-stellige Genauigkeit erwarten. Die Newton-Methode ist hier also der Reihenentwicklung überlegen.

E. Anwendungen der Taylorreihenentwicklung

a) *Maxima, Minima, Wendepunkt*

Wir haben schon in Abschnitt 2.8 gefunden, dass, falls eine Funktion $f(x)$ in einem Punkte x_0 erfüllt

$$f'(x_0) = 0, \; f''(x_0) < 0\,,$$

$f(x)$ bei x_0 dann ein lokales Maximum hat. Die Reihenentwicklung erlaubt es nun, den allgemeinen Fall zu diskutieren, dass die ersten m Ableitungen von $f(x)$ and der Stelle x_0 verschwinden.

Wir ersetzen die Stelle $x = 0$ durch $x = x_0$ und die Variable x durch $x - x_0$. Dann gilt, falls f analytisch (d.h. entwickelbar) ist, bei $x = x_0$

$$f(x) = \sum_{k=0}^{\infty} f^{(k)}(x_0)\, \frac{(x-x_0)^k}{k!}\,,$$

Wir nehmen nun an, dass die ersten $n-1$ Ableitungen bei x_0 verschwinden und $f^{(n)}(x_0) \neq 0$. Dann gilt in der Nähe von x_0

$$f(x) = f(x_0) + f^{(n)}(x_0) \cdot \frac{(x-x_0)^n}{n!} + f^{(n+1)}(\hat{x}) \cdot \frac{(x-x_0)^{n+1}}{(n+1)!}\,,$$

wobei $\hat{x} \in (x_0, x)$, falls $x > x_0$, oder $\hat{x} \in (x, x_0)$, falls $x < x_0$. Wir nehmen an, dass $f^{(n+1)}(\hat{x})$ beschränkt bleibt. Falls nun $|x - x_0|$ klein ist und insbesondere kleiner als 1 ist, wird das Verhalten von $f(x)$ in der Nähe von $f(x_0)$ also vom Term

$$f^{(n)}(x_0) \cdot \frac{(x-x_0)^n}{n!}$$

bestimmt. Damit erhalten wir folgendes Resultat:

Falls die erste nicht verschwindende Ableitung von $f(x)$ bei x_0

gerade Ordnung hat und

positiv ist, hat $f(x)$ bei x_0 ein **Minimum**
negativ ist, hat $f(x)$ bei x_0 ein **Maximum**

ungerade Ordnung hat, befindet sich bei x_0 ein **Wendepunkt**.

b) *Unbestimmte Ausdrücke*

Wir haben schon früher den Grenzwert $\lim_{x\to 0} \frac{\sin x}{x}$ bestimmt $(= 1)$. Dies ist also ein unbestimmter Ausdruck der Form $\frac{0}{0}$. Es gibt aber noch einige andere Varianten, wie z.B.

$$0 \cdot \infty,\ \infty - \infty,\ \frac{\infty}{\infty},\ \infty^0,$$

wie wir in Beispielen sehen werden. Es zeigt sich aber, dass man alle Varianten im wesentlichen auf die Form $\frac{0}{0}$ zurückführen kann.

Wir betrachten deshalb folgende Situation: Es gelte $f(x_0) = 0$, $g(x_0) = 0$, $g'(x_0) \neq 0$. Was ist dann

$$\lim_{x\to x_0} \frac{f(x)}{g(x)}\ ?$$

Nun, falls wir $f(x)$, $g(x)$ in der Nähe von x_0 in eine Taylorreihe entwickeln, finden wir die Antwort schnell:

$$f(x) = \overbrace{f(x_0)}^{0} + f'(x_0)(x - x_0) + f''(\hat{x_1})\,\frac{(x-x_0)^2}{2}\,,$$

$$g(x) = \underbrace{g(x_0)}_{0} + g'(x_0)(x - x_0) + g''(\hat{x_2})\,\frac{(x-x_0)^2}{2}\,.$$

Damit ist

$$\frac{f(x)}{g(x)} = \frac{f'(x_0)(x-x_0) + f''(\hat{x_1})\,\dfrac{(x-x_0)^2}{2}}{g'(x_0)(x-x_0) + g''(\hat{x_2})\,\dfrac{(x-x_0)^2}{2}}\,,$$

und nach Kürzen durch $x - x_0$ ergibt sich also

(*Regel von Bernoulli – De L'Hopital*)

$$\boxed{\lim_{x\to x_0} \frac{f(x)}{g(x)} = \frac{f'(x_0)}{g'(x_0)}\,.}$$

Wir können sofort verallgemeinern. Falls

$$f^{(k)}(x_0) = 0,\ g^{(k)}(x_0) = 0 \ \text{ für }\ k = 0, ..., n-1$$
$$g^{(n)}(x_0) \neq 0\,,$$

dann gilt

$$\lim_{x \to x_0} \frac{f(x)}{g(x)} = \frac{f^{(n)}(x_0)}{g^{(n)}(x_0)} .$$

Falls natürlich die erste nicht verschwindende Ableitung in x_0 bei $f(x)$ erscheint, während die entsprechende Ableitung bei $g(x)$ noch Null ist, wird der Grenzwert $\pm\,\infty$.

Wir betrachten einige Beispiele:

(1) $\lim\limits_{x \to 0} \frac{1 - \cos x}{x^2}$.

Im Zähler und im Nenner ist die erste nicht verschwindende Ableitung für $n = 2$, also ist

$$\lim_{x \to 0} \frac{1 - \cos x}{x^2} = \lim_{x \to 0} \frac{\sin x}{2x} = \lim_{x \to 0} \frac{\cos x}{2} = \frac{1}{2} .$$

(2) $\lim\limits_{x \to \infty} \{\sqrt{x^2 + 3x + 5} - x\}$.

Hier haben wir nun die Form $\infty - \infty$. Wir können uns von der folgenden formalen Rechnung leiten lassen:

$$\infty - \infty = \infty(1 - 1) = \infty \cdot 0 = \frac{0}{\frac{1}{\infty}} .$$

Dies setzen wir nun um:

$$\begin{aligned} \sqrt{x^2 + 3x + 5} - x &= x\left(\sqrt{1 + \frac{3}{x} + \frac{5}{x^2}} - 1\right) \\ &= \frac{\sqrt{1 + \frac{3}{x} + \frac{5}{x^2}} - 1}{\frac{1}{x}} . \end{aligned}$$

Nun wählen wir $\frac{1}{x}$ als neue Variable t und haben demnach

$$\begin{aligned} \lim_{x \to \infty} \left\{\sqrt{x^2 + 3x + 5} - x\right\} &= \lim_{t \to 0} \frac{\sqrt{1 + 3t + 5t^2} - 1}{t} \\ &= \lim_{t \to 0} \frac{\frac{3 + 10t}{2\sqrt{1 + 3t + 5t^2}}}{1} = \frac{3}{2} . \end{aligned}$$

(3) Ein wichtiger Fall ist

$$\lim_{t\to\infty} \frac{t^\alpha}{e^t}\,, \ \alpha > 0\,.$$

Hier müssen wir nun anders vorgehen. Wir nehmen an, dass $\alpha \leq m$ für $m \in \mathbb{N}$. Jetzt ersetzen wir e^t durch die Taylorentwicklung, die ja für beliebige t gültig ist:

$$0 \leq \frac{t^\alpha}{e^t} = \frac{t^\alpha}{1 + t + \cdots + \frac{t^m}{m!} + \frac{t^{m+1}}{(m+1)!} + \ldots} < (m+1)!\,\frac{1}{t}\,, \ \text{für} \ t > 0\,.$$

Wir haben im Nenner ganz grob alle Terme bis auf einen weggelassen. Damit ist klar, dass gilt

$$\boxed{\lim_{t\to\infty} \frac{t^\alpha}{e^t} = 0, \ \alpha \text{ beliebig (endlich)}\,.}$$

(4) $\lim_{x\to 0} x^\beta \cdot \ln x,\ \beta > 0\,.$

Wir können sofort zurückführen auf Beispiel (3), indem wir eine neue Variable wählen:

$$\ln\left(\frac{1}{x}\right) = t\,, \ \text{ d.h. } x = e^{-t}\,:$$

dann ist der verlangte Grenzwert äquivalent zu

$$\lim_{t\to\infty} (-e^{-\beta\cdot t}\cdot t) = -\lim_{s\to\infty} \frac{\frac{1}{\beta}\cdot s}{e^s} = 0\,, \ \ (\text{wähle } s = \beta\cdot t)$$

nach Beispiel (3).

(5) $\lim_{x\to 0} (x^x) = ?$

Hier haben wir also die etwas fremd anmutende Form 0^0. Wir schreiben um:

$$x^x = e^{x\cdot\ln x}\,.$$

Aber $\lim_{x\to 0}\ x\cdot\ln x = 0$ nach (4), also

$$\lim_{x\to 0} x^x = 1\,.$$

(6) $\lim\limits_{x\to 0} \frac{d^m}{dx^m}\left(e^{-\frac{1}{x^2}}\right)$.

Wir müssen zuerst herausfinden, welche Form eine beliebige Ableitung von e^{-1/x^2} annimmt. Dazu betrachten wir zuerst

$$f' = \frac{2}{x^3}\, e^{-\frac{1}{x^2}} \;:$$

jede Differentiation von $e^{-\frac{1}{x^2}}$ enthält eine Multiplikation mit der inneren Ableitung $\frac{2}{x^3}$. Nach der Leibnizregel ist

$$\begin{aligned}\left(\frac{1}{x^2}\, e^{-\frac{1}{x^2}}\right)^{(m)} &= \sum_{k=0}^{m} \left(\frac{1}{x^2}\right)^{(k)} \cdot \left(e^{-\frac{1}{x^2}}\right)^{(m-k)} \cdot \binom{m}{k} \\ &= \sum_{k=0}^{m} c_k \cdot \frac{1}{x^{p_k}}\, e^{-\frac{1}{x^2}} ,\end{aligned}$$

wobei es unwichtig ist, die Koeffizienten c_k und die Potenzen p_k genau zu kennen. Wir wählen $\frac{1}{x^2} = t$, womit der verlangte Grenzwert äquivalent ist zu

$$\sum_{k=0}^{m} c_k \cdot \lim_{t\to\infty} \left(t^{p_k/2} \cdot e^{-t}\right) = 0$$

nach Beispiel (3).

c) *Näherungen, Fehlerrechnung*

Die Taylorentwicklung wird sehr oft benutzt, um Approximationen für komplizierte Ausdrücke herzuleiten. Wir betrachten ein paar Beispiele dazu.

Es sei ϵ eine kleine Grösse. Wir suchen eine einfache Näherung für

$$(1+\epsilon)^p \,, \; p \text{ beliebig} .$$

Es gilt für $f(x) = (1+x)^p$

$$f'(x) = p(1+x)^{p-1},\; f''(x) = p(p-1)(1+x)^{p-2} ,$$

also mit Hilfe des Taylorpolynomes erster Ordnung schreiben wir

$$(1+\epsilon)^p = 1 + p\cdot\epsilon + p(p-1)(1+\bar{x})^{p-2}\cdot\frac{\epsilon^2}{2}$$

mit $0 \leq \bar{x} \leq \epsilon$. In erster Näherung haben wir also

$$(1+\epsilon)^p \cong 1 + p \cdot \epsilon\,,$$

wobei der maximale Fehler gegeben ist durch

$$\begin{array}{ll} \frac{1}{2}\, p \cdot |p-1| \cdot \epsilon^2 & \text{falls } p \leq 2\,, \\ \frac{1}{2}\, p(p-1)(1+\overline{x})^{p-2} \cdot \epsilon^2 & \text{falls } p > 2\,. \end{array}$$

Hierbei ist wichtig: die Grössenordnung ist ϵ^2.

BEISPIELE:

Wir berechnen eine Approximation für $\sqrt{4.2}$ mit Hilfe des Taylorpolynomes erster Ordnung:

$$\sqrt{4.2} = 2\sqrt{1.05} \cong 2(1 + \frac{1}{2} \cdot 0.05) = 2.05$$

Der genauere Wert ist 2.0494. Wir zeigen noch ein zweites Beispiel:

$$\frac{1}{\sqrt[3]{8.8}} = \frac{1}{2}\,\frac{1}{\sqrt[3]{1.1}} = \frac{1}{2}(1.1)^{-\frac{1}{3}} \cong \frac{1}{2}\Big(1 - \frac{0.1}{3}\Big) \cong 0.4833$$

Der genauere Wert ist 0.48436.

Natürlich sind im Zeitalter des Taschenrechners Näherungen für solche numerischen Ausdrücke nicht mehr wichtig. Sie geben aber einen guten Eindruck von der Genauigkeit, und dies ist der Hauptzweck hier. Viel wichtiger sind solche Näherungen in allgemeineren Fällen, die man dann nicht mehr unbedingt auf dem Taschenrechner überprüfen kann.

Es sei jetzt x eine gemessene Grösse, die als solche immer mit einem gewissen Messfehler Δx behaftet ist. Der Wert x werde dann weiterverwendet um eine Grösse $M(x)$ zu berechnen. Was ist dann der zu erwartende **relative Fehler** $\frac{\Delta M}{M}$?

Wir approximieren ΔM durch das Differential $dM = M'dx$. Nun ist aber

$$\frac{dM}{M} = d(\ln M)\,,$$

also gilt im Sinne einer Approximation 1. Ordnung:

$$\frac{\Delta M}{M} \cong d(\ln M)\,.$$

BEISPIELE:

(1) Es sei die Kantenlänge eines Würfels mit 1% Fehler bekannt. Welchen relativen Fehler muss man beim Volumen erwarten?

Es ist $\frac{\Delta x}{x} = 1\%$, $M(x) = x^3$. Damit wird

$$\frac{\Delta M}{M} \cong d(\ln x^3) = 3d(\ln x) = 3\,\frac{dx}{x} = 3\%\ (\Delta x = dx!)\ .$$

(2) Die Messgrössen x und y haben relativen Fehler von 1% und 5‰.

Es sei $M = \frac{\sqrt[3]{xy^4}}{x^2 \cdot y^3}$. Was ist der relative Fehler für M? Es gilt

$$\begin{aligned} \ln M &= \frac{1}{3}\ln x + \frac{4}{3}\ln y - 2\ln x - 3\ln y \\ &= -\frac{5}{3}\ln x - \frac{5}{3}\ln y\ . \end{aligned}$$

Also ist $\frac{\Delta M}{M} = \left(\frac{50}{3} + \frac{25}{3}\right)‰ = 2.5\%$ (Das Vorzeichen von ΔM ist nicht bekannt!)

Übungsaufgaben zu Kapitel 2.12

[1] Untersuchen Sie die Konvergenz folgender Reihen:

a) $$\sum_{k=1}^{\infty} \frac{k+1}{(\sqrt{2})^k - 1}$$

b) $$\sum_{k=1}^{\infty} \frac{2\sqrt{k-1}}{5k+4}$$

c) $$\sum_{k=2}^{\infty} (-1)^{k+1} \frac{1}{2\sqrt{k-1}}$$

2 Bestimmen Sie den Konvergenzradius der folgenden Potenzreihen:

a) $\displaystyle\sum_{n=0}^{\infty} n\,x^n$ **b)** $\displaystyle\sum_{n=0}^{\infty} \binom{2n}{n} x^{2n}$ **c)** $\displaystyle\sum_{n=0}^{\infty} 2^{-n} n!\,x^n$

3 Berechnen Sie die Taylorreihen folgender Funktionen:

a) $f(x) = \sinh^2 x$

b) $x^2 \cdot \sqrt[3]{1+x}$

c) $(\ln(1+x))^2$

4 Berechnen Sie folgende Grenzwerte:

a) $\displaystyle\lim_{x\to\infty} \left(\sqrt[3]{x^3+5x^2-x} - x\right)$

b) $\displaystyle\lim_{x\to 0} \frac{\cosh x - 1}{\cos x - 1}$

c) $\displaystyle\lim_{t\to\infty} \frac{e^{2t}}{\sinh t \cdot \cosh t}$

d) $\displaystyle\lim_{x\to 1} \frac{(x^2-1)^2}{\sin^2 \pi x}$

5 Es sei $|\epsilon|$ klein. Geben Sie Näherungen 1. Ordnung für folgende Ausdrücke:

a) $\dfrac{1}{\cos\epsilon}$ b) $\sqrt[3]{1-\epsilon}$ c) $\ln\left(\dfrac{1-\epsilon}{1+\epsilon}\right)$

3 Integralrechnung

3.1 Bestimmte Integrale

Ein Problem, das sich in vielen Zusammenhängen stellt, kann geometrisch so formuliert werden:

Gegeben:	eine Kurve in der Form $y = f(x)$, wobei für den Moment $f(x) \geq 0$
Gesucht:	Die Fläche F zwischen Kurve und x-Achse, im Intervall $[a, b]$.

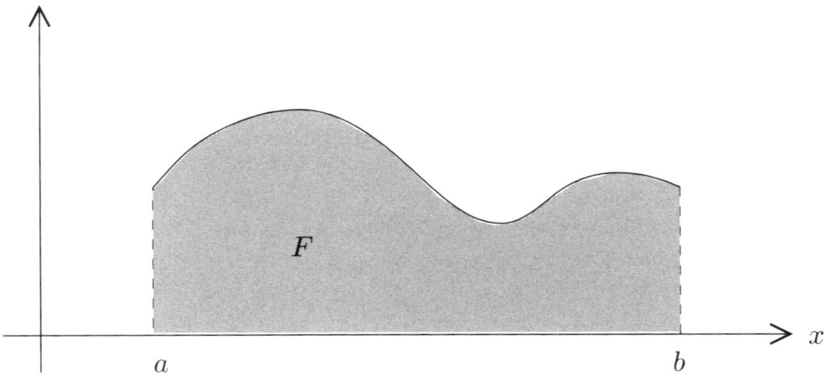

Wir wollen dieses Problem auf verschiedene Arten diskutieren. Als erstes betrachten wir den Punkt a fest und wählen den Endpunkt variabel an der Stelle $x > a$. Dann wird die eingeschlossene Fläche eine Funktion $F(x)$, deren Änderung ΔF bei einer Änderung Δx wir nun berechnen.

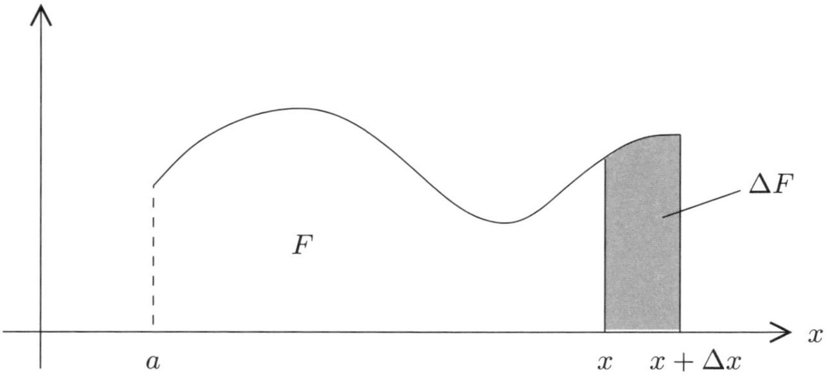

Es gilt offenbar

$$\Delta F \cong f(x)\,\Delta x\,,$$

und das Zeichen $\cong$ ("angenähert") ist im Sinne zu verstehen, dass die Relation um so genauer wird, je kleiner Δx ist.

Falls wir umformen und den Differenzenquotienten durch den Differentialquotienten ersetzen, ergibt sich also die fundamentale Relation

$$\boxed{\frac{dF}{dx} = f(x)\,.}$$

Um die Fläche unter der Kurve zu berechnen, müssen wir also eine Funktion finden, deren Ableitung gleich der gegebenen Funktion $f(x)$ ist. Eine solche Funktion $F(x)$ wird **Stammfunktion** von $f(x)$ genannt. Offensichtlich ist mit $F(x)$ auch $F(x)+c$ eine Stammfunktion, wobei c eine beliebige Konstante ist. Die Menge all dieser Stammfunktionen wird dann das **unbestimmte Integral** von $f(x)$ genannt und geschrieben als

$$\int f(x)\,dx.$$

Im Moment kümmern wir uns noch nicht darum, wie man solche Stammfunktionen berechnen kann. Wir wollen das Problem der Flächenberechnung noch auf andere Weise untersuchen, denn es ist klar, dass unsere zeichnerische Herleitung noch nicht sehr exakt ist. Man braucht sich bloss etwas ausgefallenere Funktionen $f(x)$ (etwa mit Sprungstellen) vorzustellen.

Eine zweite, auch für die numerische Berechnung wichtige Variante ist, die Fläche in kleine Rechtecke zu zerlegen gemäss Zeichnung.

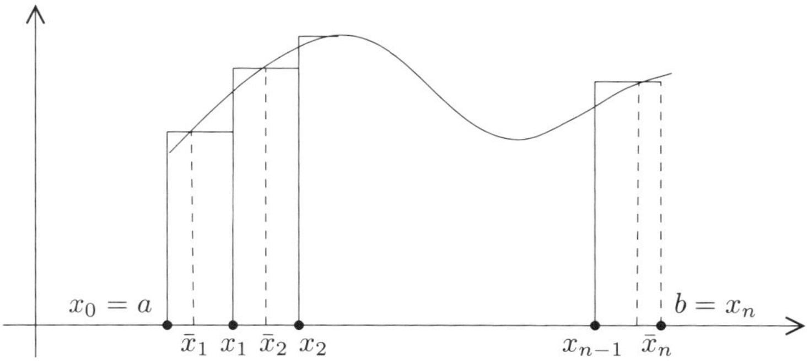

Wir unterteilen (a, b) in n Teilintervalle (x_{k-1}, x_k), und in jedem Teilintervall wählen wir einen "Stichpunkt" $\bar{x}_k$, über den wir noch verfügen werden. Damit können wir die Gesamtfläche approximieren durch

$$\sum_{k=1}^{n} f(\bar{x}_k)(x_k - x_{k-1}) \ .$$

Nun brauchen wir den Mittelwertsatz der Differentialrechnung und schreiben

$$f(\bar{x}_k) = \frac{F(x_k) - F(x_{k-1})}{x_k - x_{k-1}} \ ,$$

womit der Stichpunkt $\bar{x}_k$ festgelegt ist. Falls wir die Anzahl n der Intervalle immer grösser machen und gleichzeitig die Intervalle immer kürzer (z.B. $\Delta x_k = x_k - x_{k-1} = \frac{1}{n}$), können wir erwarten, dass

$$\lim_{n\to\infty} \sum_{k=1}^{n} f(\bar{x}_k)\, \Delta x_k = \text{ Fläche} \ .$$

Nun ist aber

$$f(\bar{x}_k)\, \Delta x_k = F(x_k) - F(x_{k-1}) \ ,$$

also

$$\begin{aligned}\sum_{k=1}^{n} f(x_k)\, \Delta x_k &= F(x_1) - F(x_0) + F(x_2) - F(x_1) + \cdots + F(x_n) - F(x_{n-1}) \\ &= F(x_n) - F(x_0) = F(b) - F(a) \ .\end{aligned}$$

Der Ausdruck $F(b) - F(a)$ ist aber unabhängig von n und stellt für $n \to \infty$ die gesuchte Fläche dar. Wir haben also auf eine andere Art wieder unser zentrales Resultat gewonnen:

HAUPTSATZ DER INFINITESSIMALRECHNUNG:

Die Fläche unter der Kurve im Intervall (a, b) erhält man als Differenz $F(b) - F(a)$ einer Stammfunktion F von f.

Es ist offenbar gleichgültig, welche Stammfunktion F wir auswählen, da die unbestimmte Konstante sich bei der Differenzbildung heraushebt.

Man schreibt den Grenzfall $n \to \infty$ der Summe in der Form

$$\int_a^b f(x)dx : \quad \text{“bestimmtes Integral”} \ .$$

Das Integralzeichen $\int$ ist als stilisiertes S für “Summe” zu interpretieren.

Wir können den Ausdruck unter dem Integralzeichen auch so auffassen:

$$f(x)dx = dF \quad \text{(Differential)} \ .$$

Damit haben wir die Regel

$$\int_a^b dF = F(b) - F(a) \ .$$

Wir werden in vielen Beispielen sehen, dass sich die Berechnung von Stammfunktionen oder Integralen nicht nur im Zusammenhang mit Flächenberechnung stellt, sondern in tausenderlei (wörtlich!) anderen Anwendungen.

3.2 Berechnungsmethoden

Im folgenden Abschnitt geht es darum, ein paar Methoden zur Bestimmung der Stammfunktion von gewissen wichtigen Typen von Funktionen kennen zu lernen. Aus den Regeln der Differentialrechnung sehen wir sofort folgendes:

$$\int (f(x) \pm g(x))dx = \int f(x)\,dx \pm \int g(x)\,dx$$

und

$$\int \lambda f(x)\,dx = \lambda \int f(x)\,dx \qquad \text{für } \lambda \in \mathbb{R}.$$

A. Variablensubstitution

Es kommt oft vor, dass man ein Integral auf einen bekannten Standardtyp zurückführen kann, indem man eine neue Variable einführt. Mit anderen Worten: das vorgelegte Integral ist nur ein in Verkleidung auftretendes "Normalintegral". Allerdings kann die Demaskierung manchmal nur gelingen, indem man eine Variablensubstitution durchführt, die nicht auf der Hand liegt. Wir werden nun verschiedene Fälle durchgehen.

Zuerst ein Fall der leicht zu durchschauen ist. Es soll

$$I = \int_0^1 (2x+1)^7 \, dx$$

berechnet werden.

Wir wählen die neue Variable $s = 2x + 1$ und transformieren Integrand, Differential und Grenzen.

$$\begin{array}{lll} s(x) = 2x+1 & \longrightarrow & ds = 2dx \\ (2x+1)^7 & \longrightarrow & s^7 \\ x = 0 & \longrightarrow & s = 1 \\ x = 1 & \longrightarrow & s = 3\,. \end{array}$$

Damit wird

$$I = \frac{1}{2}\int_1^3 s^7 \, ds = \frac{1}{2}(\frac{1}{8}\, s^8)\,\Big|_1^3 = \frac{1}{16}\,(3^8 - 1)\,.$$

Dabei haben wir die übliche Schreibweise benutzt: $F(s)\,\big|_a^b$ bedeutet $F(b) - F(a)$, hier mit $F(s) = \frac{1}{8}\,s^8$.

Eine Liste von Standardintegralen findet man in vielen Tafelwerken, z.B. Bronstein-Semendjajew, Taschenbuch der Mathematik, Verlag Harri Deutsch. Eine Anzahl findet man natürlich, indem man die Ableitungsformeln von 2.2. – 2.6. rückwärts liest. Auf diese Fälle beschränken wir uns hier vor allem.

Nun ein Integral, wo die angesprochene Verkleidung schon etwas weniger gut erkennbar ist:

$$I = \int_1^3 \frac{dx}{4x^2 + 20x + 60}\,.$$

Wir schreiben den Nenner des Integranden um durch "quadratische Ergänzung":

$$\begin{aligned} 4x^2 + 20x + 60 = 4(x^2 + 5x + 15) &= 4\Big[\Big(x + \tfrac{5}{2}\Big)^2 + 15 - \tfrac{25}{4}\Big] \\ &= 4\Big[\Big(x + \tfrac{5}{2}\Big)^2 + \tfrac{35}{4}\Big] \\ &= 4 \cdot \frac{35}{4}\left[\left(\frac{x + \frac{5}{2}}{\sqrt{\frac{35}{4}}}\right)^2 + 1\right] . \end{aligned}$$

Nach diesen Manipulationen sieht man, welcher Standardfall verborgen ist:

$$\int \frac{dt}{t^2 + 1} = \arctan t + \text{const} .$$

Wir brauchen also nur noch zu wählen

$$t = \frac{x + \frac{5}{2}}{\sqrt{\frac{35}{4}}} ,$$

d.h. wir haben

$$dx = \frac{\sqrt{35}}{2}\, dt$$

und die neuen Grenzen $t = \dfrac{1 + \frac{5}{2}}{\sqrt{\frac{35}{4}}} = \dfrac{7}{\sqrt{35}}$ statt $x = 1$ und $t = \dfrac{11}{\sqrt{35}}$ statt $x = 3$. Also wird

$$I = \frac{1}{2\sqrt{35}} \int_{7/\sqrt{35}}^{11/\sqrt{35}} \frac{dt}{t^2 + 1} = \frac{1}{2\sqrt{35}} \left(\arctan\left(\frac{11}{\sqrt{35}}\right) - \arctan\left(\frac{7}{\sqrt{35}}\right)\right) .$$

Ein wichtiger Fall sind Integrale der Form

$$\int f(g(x))\, g'(x) dx .$$

Man sagt dann: "die innere Ableitung ist in Evidenz", denn

$$g'(x)dx \text{ ist ja das Differential von } g(x) ,$$

d.h. man muss nur eine Stammfunktion von $f(g)$ finden.

BEISPIELE:

① $\displaystyle\int \frac{x}{2x^2+5}\,dx = ?$

Es ist $d(2x^2+5) = 4x\,dx$, also $g(x) = 2x^2+5$, d.h.

$$\int \frac{xdx}{2x^2+5} = \frac{1}{4}\int \frac{4xdx}{2x^2+5} = \frac{1}{4}\int \frac{dg}{g} = \frac{1}{4}\ln g = \frac{1}{4}\ln(2x^2+5)\,.$$

Die beliebige additive Konstante lassen wir hier weg, da sie im Moment unwichtig ist.

② $\displaystyle\int_0^1 x^2\,\sqrt{x^3+1}\,dx = ?$

Wir erkennen $d(x^3+1) = 3x^2\,dx$, also

$$\int_0^1 x^2\,\sqrt{x^3+1}\,dx = \frac{1}{3}\int_1^2 g^{1/2}dg = \frac{1}{3}\cdot\frac{2}{3}\,g^{3/2}\,\Big|_1^2 = \frac{2}{9}\,(2^{3/2}-1)\,.$$

③ $\displaystyle\int_0^{\pi/2} \frac{\sin x}{1+\cos^2 x}\,dx = ?$

Wir wählen $g(x) = \cos x$, d.h. $-\sin x\,dx = dg$, und die neuen Grenzen sind $g = 1$ statt $x = 0$, $g = 0$ statt $x = \frac{\pi}{2}$. Damit gilt

$$\int_0^{\pi/2} \frac{\sin x}{1+\cos^2 x}\,dx = -\int_1^0 \frac{dg}{1+g^2} = \int_0^1 \frac{dg}{1+g^2} = \arctan g\,\Big|_0^1 = \frac{\pi}{4}\,.$$

Die schwierigsten Fälle für die Variablensubstitution sind diejenigen, wo nicht ein Standardintegral in verkleideter Form auftritt, sondern erst die Substitution ein Integral herbeiführt, das man dann mit bekannten anderen Methoden behandeln kann. Viele solcher Substitutionen gehen auf berühmte Mathematiker wie C.F. Gauss, L. Euler und andere zurück. Es würde ziemlich uferlos werden, eine vollständige Liste solcher bekannter Substitutionen zu besprechen.

Es stehen heute ja viele Programme zur Verfügung, wie etwa Mathematica oder Maple, die einen grossen Teil solcher Tricks eingebaut haben.

Trotzdem sollte man fähig sein, einige Standardumformungen selbst durchführen zu können, damit man nicht gezwungen ist, einfach alles von einer Maschine übernehmen zu müssen.

Wir begnügen uns mit zwei wichtigen Beispielen.

(1) $\int_0^1 \sqrt{1+x^2}\,dx = ?$

Auf die richtige Substitution kommt man, wenn man sich an die Identität (siehe 2.6) erinnert: $\cosh^2 t = 1 + \sinh^2 t$.

Wir wählen deshalb

$$x = \sinh t, \ (t = \operatorname{arsinh} x)\ .$$

Man beachte, dass sinh invertierbar ist, also können wir t ohne Probleme definieren $t = \operatorname{arsinh} x$ d.h.

$$\begin{aligned} &1 + x^2 = \cosh^2 t,\ dx = \cosh t\, dt \\ &x = 0 \to t = 0,\ x = 1 \to t = \operatorname{arsinh} 1 \end{aligned}$$

und unser Integral wird zu

$$\int_0^{\operatorname{arsinh} 1} \cosh^2 t\, dt\ .$$

Jetzt benützen wir noch die weitere Identität

$$\cosh(2t) = \cosh^2 t + \sinh^2 t = 2\cosh^2 t - 1\ ,$$

womit wir zum Integral gelangen

$$\begin{aligned} \int_0^{\operatorname{arsinh} 1} \frac{1}{2}\,(1+\cosh(2t))dt &= \left(\frac{t}{2} + \frac{1}{4}\,\sinh(2t)\right)\Big|_0^{\operatorname{arsinh} 1} \\ &= \frac{1}{2}\operatorname{arsinh} 1 + \frac{1}{4}\,\sinh(2\operatorname{arsinh} 1) \\ &= \frac{1}{2}\operatorname{arsinh} 1 + \frac{1}{2}\,\overbrace{\sinh(\operatorname{arsinh} 1)}^{1}\cdot\ \underbrace{\cosh(\operatorname{arsinh} 1)}_{\sqrt{1+\sinh^2(\operatorname{arsinh} 1)}} \\ &= \frac{1}{2}\operatorname{arsinh} 1 + \frac{1}{2}\,\sqrt{2}\ . \end{aligned}$$

(2) $\int_0^{\frac{1}{2}} \frac{x^2\,dx}{\sqrt{1-x^2}} = ?$

Hier ist die trigonometrische Identität

$$\sin^2 t + \cos^2 t = 1$$

verwendbar.

Wir wählen $x = \sin t$ womit das Integral nach den üblichen Routineschritten zum Integral

$$\int_0^{\arcsin 0.5} \frac{\sin^2 t \cos t}{\cos t}\, dt = \int_0^{\frac{\pi}{6}} \sin^2 t\, dt$$

wird.

Wir benützen die trigonometrische Identität $\cos 2t = \cos^2 t - \sin^2 t = 1 - 2\sin^2 t$, womit wir folgende Formel erreichen:

$$\begin{aligned}\int_0^{\frac{\pi}{6}} \frac{1}{2}(1-\cos 2t)dt &= \left(\frac{t}{2} - \frac{1}{4}\sin 2t\right)\Big|_0^{\frac{\pi}{6}} \\ &= \frac{1}{2}\cdot\frac{\pi}{6} - \frac{1}{4}\sin(\frac{\pi}{3}) \\ &= \frac{\pi}{12} - \frac{1}{4}\cdot\frac{\sqrt{3}}{2}\,.\end{aligned}$$

Beide Integrale der letzten zwei Beispiele lassen sich auch ohne Substitution auf andere Weise berechnen, wie wir im folgenden Abschnitt sehen werden. Wir gehen hier nicht ein auf weitere Substitutionen. Die folgende Tabelle zeigt eine Liste von üblichen Substitutionen.

Integral	**Substitution**	**Differential**	**Bemerkungen**
$\int f\left(x, \sqrt{ax+b}\right) dx$	$x = \frac{t^2 - b}{a}$	$dx = \frac{2t\,dt}{a}$	$t \geq 0$
$\int f\left(x, \sqrt{ax^2+bx+c}\right) dx$	$x = \alpha t + \beta$	$dx = \alpha\, dt$	wähle α und β so, dass gilt $ax^2 + bx + c = \gamma \cdot (\pm t^2 \pm 1)$
$\int f\left(x, \sqrt{1-x^2}\right) dx$	$x = \sin t$	$dx = \cos t\, dt$	$-\frac{\pi}{2} \leq t \leq \frac{\pi}{2}$
$\int f\left(x, \sqrt{1+x^2}\right) dx$	$x = \sinh t$	$dx = \cosh t\, dt$	$t \in \mathbb{R}$
$\int f\left(x, \sqrt{x^2-1}\right) dx$	$x = \cosh t$	$dx = \sinh t\, dt$	$t \geq 0$
$\int f(e^x, \sinh x, \cosh x)\, dx$	$e^x = t$	$dx = \frac{dt}{t}$	$t > 0$, und dabei gilt $\sinh x = \frac{t^2-1}{2t}$, $\cosh x = \frac{t^2+1}{2t}$
$\int f(\sin x, \cos x)\, dx$	$\tan \frac{x}{2} = t$	$dx = \frac{2\,dt}{1+t^2}$	$-\frac{\pi}{2} < t < \frac{\pi}{2}$, und dabei gilt $\sin x = \frac{2t}{1+t^2}$, $\cos x = \frac{1-t^2}{1+t^2}$

In vielen Fällen wird das Integral nach der Substitution einfachere Gestalt haben. Ist insbesondere f eine rationale Funktion, so hat man nach der Substitution ein Integral der Form $\int R(t)\, dt$ mit einer rationalen Funktion $R(t)$. Dieses behandelt man durch Partialbruchzerlegung.

Wenn sich ein Integral mit diesen Hinweisen nicht lösen lässt, so sollte man es mit einer anderen Substitution oder mit partieller Integration versuchen. Im Zweifelsfall hilft nur Erfahrung.

B. Partielle Integration

Partielle Integration ist eine äusserst wichtige Methode, die in vielen Problemen angewendet werden kann. Die Grundlage ist die Ableitungsformel für ein Produkt von Funktionen:

$$(f(x)\,g(x))' = f'(x)\,g(x) + f(x)\,g'(x)\,.$$

Falls wir auf beiden Seiten integrieren und etwas umstellen ergibt sich

$$\boxed{\int_a^b f'(x)\,g(x)\,dx = f(x)\,g(x)\,\Big|_a^b - \int_a^b f(x)\,g'(x)dx\,.}$$

Natürlich kann man die Integrationsgrenzen auch weglassen, falls man nur an einer Stammfunktion interessiert ist. Wir werden nun an einer ganzen Anzahl von verschiedenen Beispielen sehen, wie die Formel der partiellen Integration (partiell, weil eben nur ein Faktor integriert wird) äusserst nützliche Dienste leistet.

(1) $\displaystyle\int xe^x\,dx =?$

Wir wählen $f'(x) = e^x$, $g(x) = x$ und markieren den zu integrierenden Faktor jeweils mit einem Pfeil nach oben. Also

$$\int x\,\overset{\uparrow}{e^x}\,dx = xe^x - \int 1\cdot e^x\,dx = xe^x - e^x = e^x(x-1)\,.$$

(2) $\displaystyle\int_0^\pi x^2\cdot\sin x\,dx =?$

Hier müssen wir zweimal partiell integrieren, um zu einem Grundintegral zu gelangen.

$$\begin{aligned}\textstyle\int_0^\pi x^2\cdot\overset{\uparrow}{\sin}\,x\,dx &= -x^2\cos x\,\Big|_0^\pi + \textstyle\int_0^\pi 2x\cdot\overset{\uparrow}{\cos}\,x\,dx\\ &= \pi^2\cos\pi + 2x\cdot\sin x\,\Big|_0^\pi - 2\textstyle\int_0^\pi \sin x\,dx\\ &= \pi^2\cos\pi + 0 + 2\cdot\cos x\,\Big|_0^\pi\\ &= \pi^2 - 4\end{aligned}$$

(3) $\int \ln x \, dx = ?$

Hier ist kein zweiter Faktor da. Der Trick besteht darin, $f(x) \equiv 1$ als Faktor zu nehmen.

$$\int \overset{\uparrow}{1} \cdot \ln x \, dx = x \cdot \ln x - \int x \cdot \frac{1}{x} \, dx = x(\ln x - 1) \, .$$

(4) $I = \int \sin x e^{-2x} \, dx = ?$

Wir können den zu integrierenden Faktor beliebig wählen, da weder die Exponentialfunktion noch die trigonometrische Funktionen wesentlich einfacher werden durch Ableiten, z.B. $f' = \sin x$. Also

$$\begin{aligned} \int \overset{\uparrow}{\sin} x \cdot e^{-2x} \, dx &= -\cos x e^{-2x} - 2 \int \overset{\uparrow}{\cos} x \cdot e^{-2x} dx \\ &= -\cos x e^{-2x} - 2 \sin x e^{-2x} - 4 \int \sin x e^{-2x} dx \end{aligned}$$

Nun ist das gesuchte Integral I wieder aufgetaucht ,und zwar mit dem Faktor 4. Damit erhalten wir durch Auflösung nach I

$$I = -\frac{1}{5} \left(2 \sin x + \cos x\right) e^{-2x} \, .$$

(5) $\int \sqrt{x^2 + 1} \, dx = ?$

Dieses Integral wurde schon im vorherigen Abschnitt mittels Substitution behandelt. Es geht aber auch anders:

$$\int 1 \cdot \sqrt{x^2 + 1} \, dx = x \sqrt{x^2 + 1} - \int x \frac{x}{\sqrt{x^2 + 1}} \, dx \, .$$

Nun formen wir algebraisch um:

$$\frac{x^2}{\sqrt{x^2 + 1}} = \frac{x^2 + 1}{\sqrt{x^2 + 1}} - \frac{1}{\sqrt{x^2 + 1}} = \sqrt{x^2 + 1} - \frac{1}{\sqrt{x^2 + 1}} \, .$$

Damit erhalten wir

$$\int \sqrt{x^2 + 1} \, dx = x \sqrt{x^2 + 1} - \int \sqrt{x^2 + 1} \, dx + \int \frac{dx}{\sqrt{x^2 + 1}} \, .$$

Das letzte Integral rechts ist aber ein Grundintegral ($\operatorname{arsinh} x$), und die Auflösung ergibt

$$\int \sqrt{x^2+1} = \tfrac{1}{2}\left(x\sqrt{x^2+1} + \operatorname{arsinh} x\right) .$$

(6) $\displaystyle\int_0^{\pi/2} \cos^{2n} x \, dx = ?, \ n \in \mathbb{N} .$

Wir bezeichnen das unbekannte Integral mit $I(n)$. Dann können wir so vorgehen:

$$\begin{aligned} I(n) = \int_0^{\pi/2} \cos^{2n} x \, dx = \int_0^{\pi/2} \cos^{2n-1} x \cdot \overset{\uparrow}{\cos}\ x \, dx &= \sin x \cdot \cos^{2n-1} x \Big|_0^{\pi/2} \\ &+ (2n-1) \int_0^{\pi/2} \cdot \sin^2 x \, \cos^{2n-2} x \, dx \\ &= 0 + (2n-1) \int_0^{\pi/2} (1-\cos^2 x) \cos^{2n-2} x \, dx \\ &= (2n-1)\, I(n-1) - (2n-1)\, I(n) . \end{aligned}$$

Also

$$I(n) = \frac{2n-1}{2n} \cdot I(n-1) : \quad \text{Rekursiosformel für } I(n) .$$

Es ist

$$I(0) = \frac{\pi}{2} ,$$

somit

$$\begin{aligned} I(n) = \frac{2n-1}{2n} \cdot I(n-1) &= \frac{2n-1}{2n} \cdot \frac{2n-3}{2n-2}\, I(n-2) \\ &= \frac{2n-1}{2n} \cdot \frac{2n-3}{2n-2} \cdot \frac{2n-5}{2n-4} \cdot \dots \cdot \tfrac{1}{2} \underbrace{I(0)}_{\frac{\pi}{2}} . \end{aligned}$$

Man kann die Formel noch kompakter schreiben:

$$\begin{aligned} \frac{(2n-1)(2n-3)(2n-5)\cdot \dots \cdot 1}{(2n)(2n-2)(2n-4)\cdot \dots \cdot 2} &= \frac{2n(2n-1)(2n-2)(2n-3)(2n-4) \ \dots \ \cdot 1}{(2n)^2(2n-2)^2(2n-4)^2 \qquad \cdot 2} \\ &= \frac{(2n)!}{2^{2n} \cdot (n!)^2} . \end{aligned}$$

Damit lautet unser Schlussergebnis

$$\int_0^{\pi/2} \cos^{2n} x \, dx = \frac{(2n)!}{2^{2n}(n!)^2} \cdot \frac{\pi}{2} .$$

C. Partialbruchzerlegung

Die Methode der Partialbruchzerlegung werden wir später noch in ganz anderem Zusammenhang (Laplacetransformation) anwenden. Hier geht es zunächst um einen in Anwendungen recht häufig auftretenden Typus von Funktionen von der Form

$$f(x) = \frac{P_n(x)}{Q_m(x)} ,$$

wobei $P_n(x)$, $Q_m(x)$ Polynome mit Graden $m > n$ sind. Weiter sollen die Nullstellen von $Q_m(x)$ bekannt und gemeinsame Nullstellen bereits gekürzt sein. Es seien nun $x_1, \ldots, x_m$ die Nullstellen von Q_m und nach Voraussetzung also $P_n(x_i) \neq 0$ für $i = 1, \ldots, m$.

Der Einfachheit halber nehmen wir an, dass Q_m nur einfache Nullstellen hat. Es wird jetzt folgender Ansatz gemacht:

$$(*) \qquad \frac{P_n(x)}{Q_m(x)} = \frac{A_1}{x - x_1} + \frac{A_2}{x - x_2} + \frac{A_3}{x - x_3} + \cdots + \frac{A_m}{x - x_m}$$

Für jede Nullstelle x_i erscheint auf der rechten Seite ein Term mit einem unbekannten Koeffizienten A_i, der zu berechnen ist. Es müssen also genau m Terme rechts stehen.

Die Grundlage dieses Verfahrens ist natürlich der berühmte, von C.F. Gauss in seiner Dissertation bewiesene FUNDAMENTALSATZ DER ALGEBRA

Ein Polynom vom Grade m hat in $\mathbb{C}$ genau m Nullstellen, falls man sie mit ihrer Vielfachheit zählt.

Dies erlaubt $Q_m(x)$ in Produktform zu schreiben als

$$Q_m(x) = c \cdot (x - x_1)(x - x_2) \ldots (x - x_m) ,$$

wobei also jede Nullstelle ihrer Vielfachheit entsprechend auftritt. Wir können dabei den Faktor c als 1 wählen durch entsprechende Definition von $P_n(x)$.

Wenn wir beide Seiten in der Ansatzgleichung (*) mit $Q_m(x)$ multiplizieren, steht auf beiden Seiten ein Polynom:

$$P_n(x) = A_1(x - x_2)(x - x_3)\dots(x - x_n) + A_2() + \dots .$$

Die beiden Polynome müssen nun übereinstimmen, und dies ermöglicht die Berechnung der Partialbruchkoeffizienten. Besonders einfach gestaltet sich die Rechnung, falls eine Nullstelle, z.B. x_1, einfach ist. Wir schreiben

$$P_n(x) = A_1 \cdot \frac{Q_m(x)}{x - x_1} + \text{Terme ohne } x - x_1 \text{ im Nenner}.$$

Da $Q_m(x_1) = 0$, gilt

$$P_n(x) = A_1 \cdot \frac{Q_m(x) - Q_m(x_1)}{x - x_1} + \text{restliche Terme}.$$

Falls wir jetzt den Grenzübergang $x \to x_1$ durchführen, ergibt sich

$$P_n(x_1) = A_1 \cdot Q'_m(x_1),$$

da alle anderen Terme bei $x = x_1$ verschwinden. Es gilt also für eine einfache Nullstelle

$$A_1 = \frac{P_n(x_1)}{Q'_m(x_1)} .$$

Falls die Nullstelle x_2 mehrfach ist, können wir eine ähnliche Formel für die Partialbruchkoeffizienten herleiten. Wir machen in diesem Fall folgenden Ansatz:

$$(**) \quad \frac{P_n(x)}{Q_m(x)} = \frac{A_1}{x - x_1} + \frac{B_1}{x - x_2} + \frac{B_2}{(x - x_2)^2} + \dots \frac{B_m}{(x - x_2)^m} + \frac{C_1}{x - x_3} + \dots$$

Wir multiplizieren die Ansatzgleichung (**) wieder mit $Q_m(x)$ und schreiben das Ergebnis in der Form

$$(***) \quad \begin{cases} P_n(x) = & R_\ell(x)\{B_1(x - x_2)^{\ell-1} + \dots + B_{\ell-1}(x - x_2) + B_\ell\} \\ & + \text{restliche Terme} \quad . \end{cases}$$

Dabei ist

$$R_\ell(x) = \prod_{s=\ell+1}^{m} (x - x_s) ,$$

wobei $\prod$ das Produktsymbol ist, also z.B. $\prod_{s=1}^{3} a_s = a_1 \cdot a_2 \cdot a_3$.

Es sollen nun die Koeffizienten B_1 bis B_ℓ berechnet werden. Es ist bequem, gerade mit B_ℓ zu beginnen.

Falls wir auf beiden Seiten in (***) für x die Nullstelle x_2 einsetzen, verschwinden rechts alle Terme bis auf $B_\ell \cdot R_\ell(x_2)$, da auch die restlichen Terme den Faktor $(x - x_2)^\ell$ enthalten. Es folgt

$$B_\ell = \frac{P_n(x_2)}{R_\ell(x_2)} .$$

Um $B_{\ell-1}$ zu berechnen, differenzieren wir (***) und setzen wieder $x = x_2$. Dann bleibt

$$P_n'(x_2) = R_\ell'(x_2) \cdot B_\ell + R_\ell(x_2) \cdot B_{\ell-1} .$$

Da B_ℓ schon berechnet wurde, ist jetzt $B_{\ell-1}$ bestimmt. Man kann jetzt fortfahren und die zweite Ableitung an der Stelle $x = x_2$ berechnen, womit dann die nächste Unbekannte $B_{\ell-2}$ berechnet werden kann. Die Formeln für die weiteren Terme werden natürlich immer komplizierter.

Es gibt eine andere Berechnungsvariante, die auf ein lineares Gleichungssystem führt: wir vergleichen die Potenzen von x auf beiden Seiten von (*). Dies ist der sogenannte Koeffizientenvergleich. Der Nachteil für dieses Verfahren ist, dass dann sämtliche Koeffizienten simultan auftreten. Am zweckmässigsten ist daher ein gemischtes Vorgehen.

BEISPIELE:

(1) $\frac{x}{(x-1)^2(x+1)} = ?$

Der Ansatz lautet also

$$\frac{x}{(x-1)^2(x+1)} = \frac{A_1}{x-1} + \frac{A_2}{(x-1)^2} + \frac{B}{x+1} .$$

Dann ist $P_1(x) = x$, $Q_3(x) = (x-1)^2(x+1)$, $R_1(x) = x+1$ und

$$B = \frac{P_1(-1)}{Q_3'(-1)} = \frac{-1}{4} ,$$

$$A_2 = \frac{P_1(1)}{R_1(1)} = \frac{1}{2} .$$

Wir bestimmen A_1 noch durch Koeffizientenvergleich. Die Gleichung (**) lautet jetzt

$$x = A_1(x-1)(x+1) + A_2(x+1) + B(x-1)^2 .$$

Wir vergleichen z.B. die Koeffizienten von x^0 links und rechts:

$$0 = -A_1 + A_2 + B\ .$$

Also $A_1 = A_2 + B = \frac{1}{4}$, und das Schlussergebnis ist

$$\frac{x}{(x-1)^2(x+1)} = \frac{1}{4}\,\frac{1}{x-1} + \frac{1}{2}\,\frac{1}{(x-1)^2} - \frac{1}{4}\,\frac{1}{x+1}\ .$$

Damit ist aber die Integration ebenfalls erledigt:

$$\int \frac{x}{(x-1)^2(x+1)}\,dx = \frac{1}{4}\,\ln|x-1| - \frac{1}{2}\,\frac{1}{x-1} - \frac{1}{4}\,\ln|x+1| + C\ .$$

(2) Es soll $\int \frac{x}{x^3-8}\,dx$ berechnet werden.

Man sieht sofort, dass $x_1 = 2$ eine Nullstelle des Nenners ist, die beiden anderen müssen in der komplexen Ebene auf dem Kreis mit Radius 2 um 0 liegen und mit x_1 zusammen ein gleichseitiges Dreieck bilden:

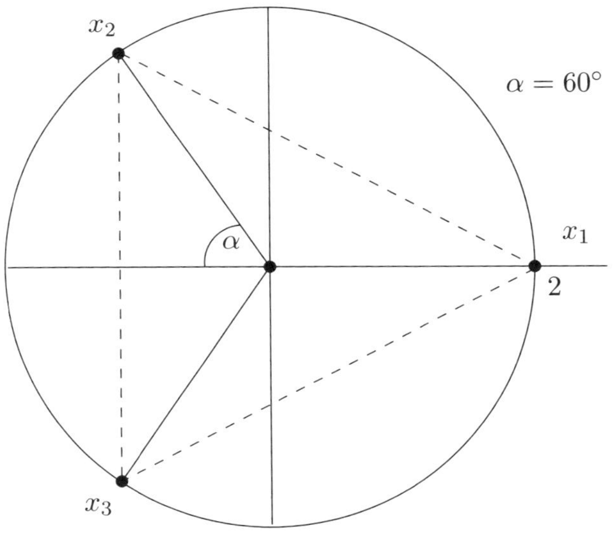

Also ist $x_2 = -1 + \sqrt{3}\,i$, $x_3 = -1 - \sqrt{3}\,i$.

Kontrolle:

$$(x-2)(x+1-\sqrt{3}\,i)(x+1+\sqrt{3}\,i) = (x-2)((x+1)^2+3) = x^3 - 8\ .$$

Wir haben also

$$\frac{x}{x^3-8} = \frac{A}{x-2} + \frac{B}{x+1-\sqrt{3}\,i} + \frac{C}{x+1+\sqrt{3}\,i}$$

$$A = \frac{2}{3\cdot 2^2} = \frac{1}{6},$$

$$B = \frac{-1+\sqrt{3}\,i}{3(-1+\sqrt{3}\,i)^2} = \frac{1}{3}\,\frac{1}{-1+\sqrt{3}\,i} = \frac{1}{3}\,\frac{-1-\sqrt{3}\,i}{4}$$

$$C = \frac{-1-\sqrt{3}\,i}{3(-1-\sqrt{3}\,i)^2} = \frac{1}{3}\,\frac{-1+\sqrt{3}\,i}{4}.$$

BEMERKUNG:

Es ist nicht schwierig zu sehen, dass bei komplexen Nullstellen, die ja immer als konjugierte Paare auftreten (bei Polynomen mit reellen Koeffizienten), auch die entsprechenden Partialbruchkoeffizienten immer zueinander konjugiert sind.

Zur Integration fassen wir die komplexen Terme wieder zusammen:

$$\frac{B}{x-x_2} + \frac{C}{x-x_3} = \frac{1}{3}\,\frac{1}{x_2(x-x_2)} + \frac{1}{3}\,\frac{1}{\bar{x}_2(x-\bar{x}_2)}$$

$$= \frac{1}{3}\,\frac{\overline{x_2(x-x_2)} + x_2(x-x_2)}{x_2\,\bar{x}_2\,(x-x_2)(\overline{x-x_2})} = \frac{2\,Re[x_2(x-x_2)]}{3|x_2|^2\,|x-x_2|^2}$$

$$= \frac{1}{6}\,\frac{Re[x_2(x-x_2)]}{(x+1)^2+3} = \frac{1}{6}\,\frac{2-x}{(x+1)^2+3}.$$

Wir formen wir noch algebraisch um:

$$2-x = 3-(x+1)\,, \quad \text{also bleibt zu berechnen}$$

$$\int \frac{3}{(x+1)^2+3}\,dx \quad \text{und} \quad \int \frac{x+1}{(x+1)^2+3}\,.$$

Aber nun ist die Aufgabe leicht:

$$\int \frac{3}{(x+1)^2+3}\,dx = \int \frac{dx}{\left(\frac{x+1}{\sqrt{3}}\right)^2+1} = \sqrt{3}\cdot \arctan\left(\frac{x+1}{\sqrt{3}}\right)$$

$$\int \frac{x+1}{(x+1)^2+3}\,dx = \int \frac{t}{t^2+3}\,dt \quad (t = x+1)$$

$$= \frac{1}{2}\int \frac{2t\,dt}{t^2+3} = \frac{1}{2}\ln(t^2+3) = \frac{1}{2}\ln((x+1)^2+3)\,.$$

Also heisst das Schlussergebnis

$$\int \frac{x\,dx}{x^3-8} = \frac{1}{6}\left[\ln(x-2) + \sqrt{3}\arctan\left(\frac{x+1}{\sqrt{3}}\right) - \frac{1}{2}\ln((x+1)^2+3)\right].$$

Im nächsten Abschnitt werden wir sehen, wie man dieses Ergebnis direkter bekommen kann.

(3) $\displaystyle\int \frac{dx}{x(x+2)^3} = ?$

ANSATZ:

$$\frac{1}{x(x+2)^3} = \frac{A}{x} + \frac{B_1}{x+2} + \frac{B_2}{(x+2)^2} + \frac{B_3}{(x+2)^3}$$

$$1 = A(x+2)^3 + B_1\,x(x+2)^2 + B_2\,x(x+2) + B_3\,x\,.$$

Wir setzen $x = 0$: dies ergibt $A = \frac{1}{8}$

$$x = -2 \Longrightarrow B_3 = -\frac{1}{2}\,.$$

Wir leiten einmal ab und setzen $x = -2$:

$$0 = -2B_2 + B_3 \Longrightarrow B_2 = -\frac{1}{4}\,.$$

Wir leiten zweimal ab und setzen $x = -2$:

$$0 = 2(-2)\cdot B_1 + 2B_2 \Longrightarrow B_1 = -\frac{1}{8}\,.$$

Damit erhalten wir

$$\int \frac{dx}{x(x+2)^3} = \frac{1}{8}\ \ln|x| - \frac{1}{8}\ \ln(x+2) + \frac{1}{4(x+2)} + \frac{1}{4}\ \frac{1}{(x+2)^2}\ .$$

D. Integration komplexwertiger Funktionen

Es sei t eine reelle Variable und

$$z(t) = x(t) + i \cdot y(t)\ .$$

Wir haben schon Funktionen mit komplexen Werten differenziert und gesehen, dass die üblichen Rechenregeln aus dem Reellen weiter ihre Gültigkeit behalten. Dies bleibt nun natürlich auch für die Umkehroperationen richtig.

Wir definieren also

$$\int z(t)\,dt = \int x(t)\,dt + i \int y(t)\,dt$$

und prüfen die Richtigkeit einer Formel jeweils durch Differentiation nach.

Ein wichtiger Trick ist nun, gewisse Integrale als Real- oder Imaginärteil eines komplexen Integrals zu interpretieren. Wir betrachten eine Anzahl Beispiele.

(1) $\int e^{at}dt = \frac{1}{a}\ e^{at}$, $a = \alpha + i\beta$: durch Ableiten verifizieren!

ANWENDUNG:

Es sei $\int e^{-2t} \cdot \sin t\, dt$ zu berechnen.

Da $e^{-2t} \cdot \sin t = Im\, e^{(-2+i)\,t}$, gilt nach der obigen Formel mit $a = -2 + i$,

$$\begin{aligned}\int e^{-2t} \cdot \sin t\, dt &= Im \left\{\frac{1}{-2+i}\ e^{(-2+i)\,t}\right\} \\ &= Im \left\{\frac{-2-i}{5}\ e^{-2t}\ (\cos t + i\ \sin\ t)\right\} \\ &= -\frac{1}{5}\ e^{-2t}(2\sin t + \cos t)\ .\end{aligned}$$

(2) $\displaystyle\int \frac{dt}{(t+a)^k} = \frac{1}{1-k}\,\frac{1}{(t+a)^{k-1}},\ a = \alpha + i\beta,\ k \neq 1\ .$

ANWENDUNG:

Bei mehrfachen komplexen Nullstellen kommen solche Integrale vor. Man hat dann Paare von der Form

$$\int \Big(\frac{A}{(x-x_1)^k} + \frac{\bar{A}}{(x-\bar{x}_1)^k}\Big)\,dx = \frac{1}{1-k}\,\Big[\frac{A}{(x-x_1)^{k-1}} + \frac{\bar{A}}{(x-\bar{x}_1)^{k-1}}\Big]$$

$$= \frac{1}{1-k}\,\frac{A(x-\bar{x}_1)^{k-1} + \bar{A}(x-x_1)^{k-1}}{[(x-x_1)(x-\bar{x}_1)]^{k-1}}\ .$$

Wir benützen die Regeln für das Rechnen mit Konjugierten und beachten, dass x reell ist. Dann ist

$$(x-x_1)(x-\bar{x}_1) = (x-x_1)(\overline{x-x_1}) = |x-x_1|^2\ .$$

Der Zähler hat die Form

$$A\cdot\bar{B} + \bar{A}\cdot B\,, \quad B = (x-x_1)^{k-1}\ .$$

Aber $A\cdot\bar{B}+\bar{A}\cdot B = ReA\cdot ReB + Im\,A\cdot Im\cdot B$, wobei ReB, $Im\,B$ Polynome in x sind. Also gilt

$$\int \Big(\frac{A}{(x-x_1)^k} + \frac{\bar{A}}{(x-\bar{x}_1)^k}\Big)\,dx = \frac{1}{1-k}\,\frac{ReA\cdot ReB + Im\,A\cdot Im\cdot B}{(|x-x_1|^2)^{k-1}}\ .$$

(3) $\displaystyle\int \frac{dt}{t+a} = \ln(t+a) = \ln|t+a| + i\cdot\arg(t+a)\ .$

ANWENDUNG:

Im Beispiel (2) von Abschnitt C hatten wir zu berechnen

$$\int \Big(\frac{A}{x-x_1} + \frac{\bar{A}}{x-\bar{x}_1}\Big)\,dx\ .$$

Nach unserer komplexen Formel haben wir $A\ln(x-x_1) + \bar{A}\ln(x-\bar{x}_1)$ auszuwerten. Aber $|x-x_1| = |x-\bar{x}_1|$ und $\arg(x-\bar{x}_1) = -\arg(x-x_1)$, und es war

$$x_1 = -1 + i\sqrt{3}, \quad A = \frac{1}{3}\,\frac{1}{-1+i\sqrt{3}} = \frac{1}{12}\,(-1-i\sqrt{3})\ .$$

Dann ist

$$\begin{aligned} A \cdot \ln(x - x_1) + \bar{A} \ln(x - \bar{x}_1) &= (A + \bar{A}) \ln |x - x_1| \\ &\quad + i(A - \bar{A}) \arg(x - x_1) \\ &= -\frac{1}{6} \ln \underbrace{|x - x_1|^2}_{(x+1)^2+3} + \frac{\sqrt{3}}{12} \arctan\left(\frac{x+1}{\sqrt{3}}\right) \end{aligned}$$

wie wir auf andere Weise gefunden haben.

(Man beachte, dass $\arg(x + 1 - i\sqrt{3}) = \operatorname{arc\,cot}(\frac{-\sqrt{3}}{x+1}) = -\arctan(\frac{x+1}{\sqrt{3}})$.

E. Integration durch Reihenentwicklung

Sie haben sicher schon festgestellt, dass es oft ein kleines Kunststück ist, von einer gegebenen Funktion eine Stammfunktion zu finden. Es gibt aber viele Fälle, in denen es überhaupt unmöglich ist, eine Stammfunktion mittels der bekannten Funktionen darzustellen. Hier muss man sich natürlich zuerst darüber klar werden, was man überhaupt erreichen will.

Nehmen wir zum Beispiel die uns bis jetzt zur Verfügung stehenden Funktionen: Polynome, trigonometrische Funktionen, hyperbolische Funktionen, Exponentialfunktion, Logarithmusfunktion. Dann können wir uns eine Menge M denken, die aus allen diesen Funktionen und deren Verknüpfungen besteht, also z.B. Summen, Produkte, Verkettung. Dann kann man von einfachen Funktionen aus M beweisen, dass ihre Stammfunktion nicht mehr in M enthalten ist. Wir betrachten zwei solche Beispiele.

(1) $\displaystyle\int_0^x e^{-t^2}\,dt$.

Dieses Integral taucht in sehr vielen Zusammenhängen auf und hat deshalb einen neuen Namen bekommen. Interessanterweise kann man zeigen, dass

$$\int_0^\infty e^{-t^2}\,dt = \frac{\sqrt{\pi}}{2},$$

obwohl man für andere obere Grenzen das Integral nicht durch Funktionen aus M ausdrücken kann.

Man definiert dann:

$$\boxed{\mathit{erf}\; x := \frac{2}{\sqrt{\pi}} \int_0^x e^{-t^2}\,dt\,.}$$

Bild:

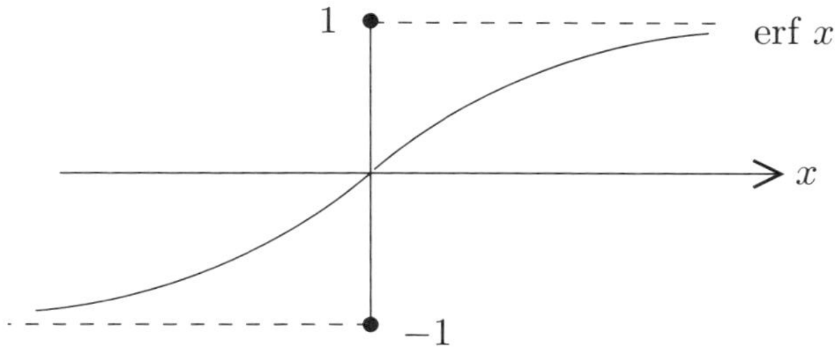

erf = "error function", da diese Funktion unter anderem in der Statistik eine wichtige Rolle spielt. Wir können jetzt aber eine Reihenentwicklung herleiten. Für beliebige $t > 0$ gilt ja

$$e^{-t^2} = 1 - t^2 + \frac{t^4}{2!} - \frac{t^6}{3!} + \dots .$$

Wir integrieren nun gliedweise

$$\int_0^x e^{-t^2}\,dt = x - \frac{1}{3}\,x^3 + \frac{x^5}{5 \cdot 2!} - \frac{x^7}{7 \cdot 3!} + \dots$$

$$= \sum_{k=0}^{\infty} (-1)^k \frac{1}{(2k+1)k!}\,x^{2k+1} .$$

Also haben wir die Darstellung

$$erf\,x = \frac{2}{\sqrt{\pi}} \sum_{k=0}^{\infty} (-1)^k \frac{1}{(2k+1)k!}\,x^{2k+1} , \; -\infty < x < \infty .$$

Die Reihe konvergiert sehr schnell, wie man sich leicht überzeugen kann.

(2) $\displaystyle\int_0^x \frac{\sin t}{t}\,dt$.

Auch dieses Integral lässt sich nicht elementar ausdrücken und hat wieder einen speziellen Namen erhalten, weil es in verschiedenen Anwendungen eine Rolle spielt, $Si(x)$ ("Integralsinus"). Wieder ist es nicht schwierig, eine Reihenentwicklung anzugeben, ausgehend von der Taylorreihe für $\sin t$. Nach einfacher Rechnung erhält man

$$Si(x) = \sum_{k=0}^{\infty} (-1)^k \, \frac{x^{2k+1}}{(2k+1)(2k+1)!} \; .$$

Man kann zeigen, dass $\lim_{x\to\infty} Si(x) = \frac{\pi}{2}$, und erhält folgendes Bild:

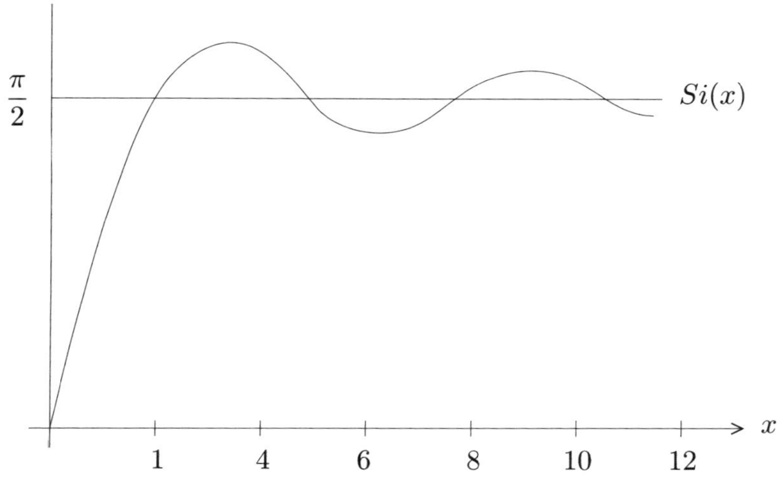

Wir werden später bei der Berechnung des Ellipsenumfanges noch eine andere Variante der Reihenentwicklung kennenlernen.

Übungsaufgaben zu Kapitel 3.2

1 Diese Integrale können mit Hilfe einer Substitution berechnet werden:

a) $\displaystyle\int_0^1 \frac{x^2}{\sqrt{2x^3+5}}\,dx$ b) $\displaystyle\int_1^{10} \frac{(\ln x)^2}{x}\,dx$ c) $\displaystyle\int_0^1 \frac{dx}{x^2+3x+5}$

d) $\displaystyle\int_0^{\pi} \sin(2x)\,e^{1+\cos x}\,dx$ e) $\displaystyle\int_0^{\pi/4} \tan x\,dx$

2 Berechnen Sie die folgenden Integrale:

a) $\int (2x+1)\, e^{-x} dx$ b) $\int x^3 \cdot \ln x \, dx$ c) $\int_0^\infty \cos(2t)\, e^{-\frac{t}{2}}\, dt$

d) $\int x^2 \cdot \sin x \, dx$ e) $\int \arctan x \, dx$ f) $\int_0^1 x^2 \sqrt{1-x^2}\, dx$

3 Berechnen Sie durch Partialbruchzerlegung:

a) $\int_0^1 \frac{dx}{x^4+1}$ b) $\int \frac{x^2}{(x^2+4)(x^2-1)}\, dx$

c) $\int \frac{x}{(x-1)^3}\, dx$ d) $\int_0^1 \frac{x+1}{(x^2+1)^2}\, dx$

4 Geben Sie eine Reihenentwicklung für die Funktion

$$f(x) = \int_0^x \sin(t^2)\, dt \, .$$

3.3 Anwendungen

A. Flächenberechnung

Wir haben schon am Anfang dieses Kapitels den Begriff des Integrals im Zusammenhang mit der Berechnung der Fläche unter einer Kurve $y = f(x)$ kennengelernt. Jetzt betrachten wir das Problem der Flächenberechnung nochmals in Fällen, wo die Randkurve der Fläche in anderer Form gegeben ist. Als erstes nehmen wir an, dass die Fläche F des gezeichneten Sektors zu berechnen sei, wobei der krummlinige Teil des Randes gegeben ist in Parameterform

$$\vec{r} = \vec{r}\,(t) = (x(t),\, y(t))$$

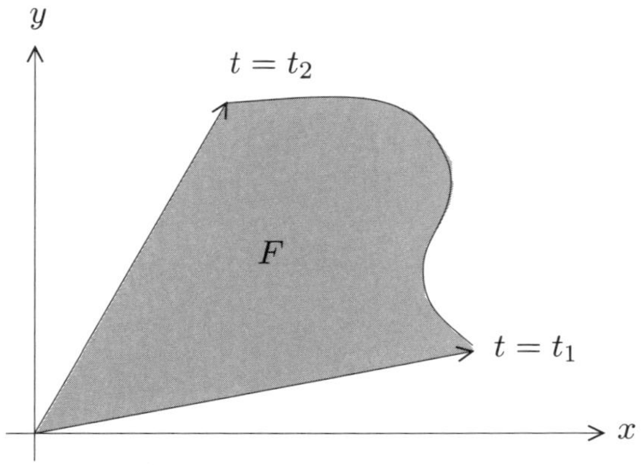

Als Flächenelement dF nehmen wir ein Dreieck:

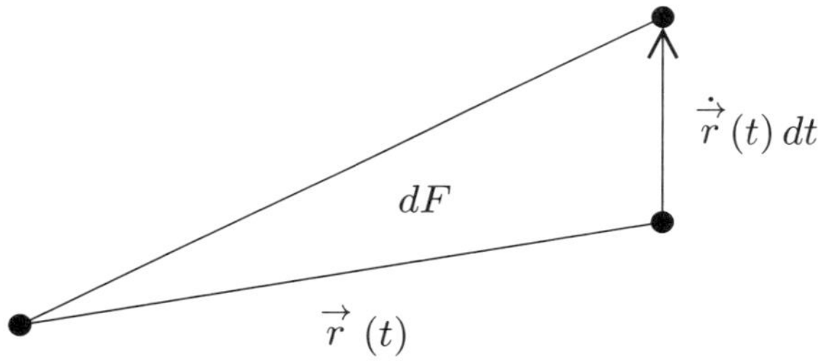

Nach den Regeln der Vektorrechnung ist $2 \cdot dF$ gleich der z-Komponente des Vektorproduktes $\vec{r} \times \dot{\vec{r}}\; dt$. Also ergibt sich

$$\boxed{F = \frac{1}{2} \int_{t_1}^{t_2} (x\dot{y} - \dot{x}y)\, dt\,.}$$

Man beachte, dass hier die Fläche ein Vorzeichen erhält, das auch davon abhängt, wie man die Kurve durchläuft. Ein wichtiger Fall ist der, dass die Kurve geschlossen ist.

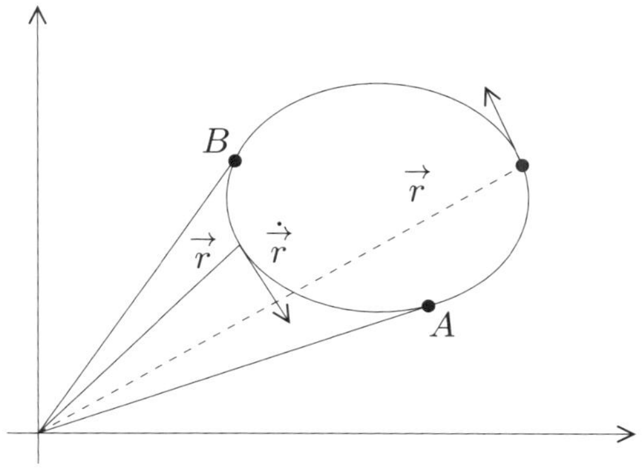

Auf dem Kurvenstück von A nach B werden die Flächenelemente positiv gezählt, während auf dem Teil von B nach A das Vorzeichen negativ ist. Die Situation kann graphisch so dargestellt werden:

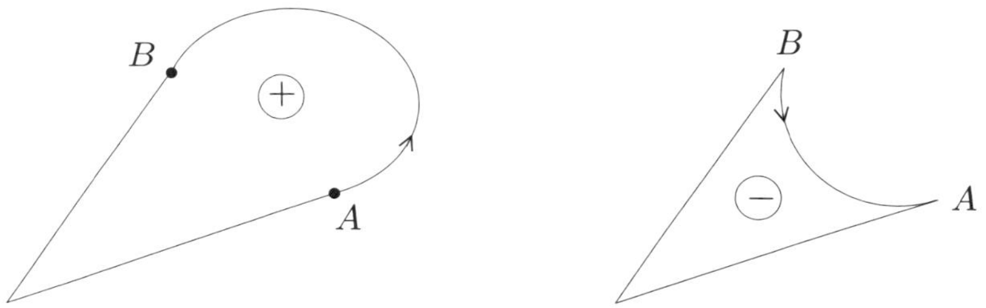

Also bleibt in unserem Fall genau die von der Kurve berandete Fläche übrig. Man kann sich nun natürlich noch viele andere, kompliziertere Situationen ausmalen. In jedem Falle muss man sich dann eben genau Rechenschaft ablegen, wie die Vorzeichen jeweils sind.

BEISPIELE:

(1) *Ellipse*

$x = a\cos t, \quad y = b\sin t$.

Für einen ganzen Umlauf muss t von 0 bis 2π variieren. Also ist

$$F = \frac{1}{2}\int_0^{2\pi}(x\dot{y} - \dot{x}y)dt = \frac{1}{2}\int_0^{2\pi} ab(\underbrace{\cos^2 t + \sin^2 t}_{1})\,dt = ab\pi\ .$$

(2) *Zykloide*

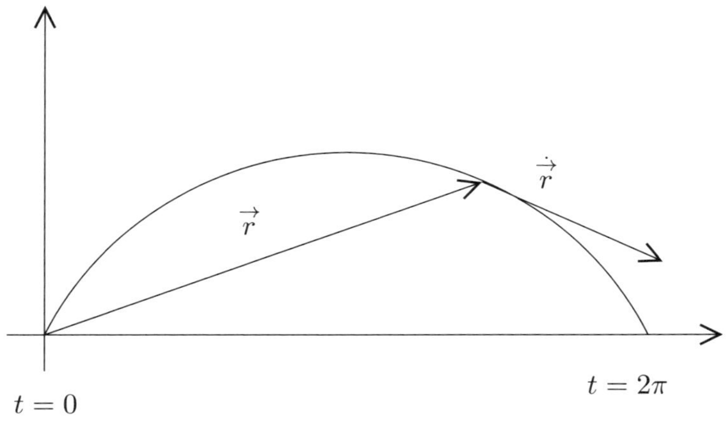

$$x = R(t - \sin t) \qquad y = R(1 - \cos t)$$
$$\dot{x} = R(1 - \cos t) \qquad \dot{y} = R \sin t \; .$$

Man beachte, dass beim Durchlaufen von $t = 0$ bis 2π die Flächenelemente negatives Vorzeichen erhalten. Also ist

$$\begin{aligned} F &= -\frac{R^2}{2} \int_0^{2\pi} [(t - \sin t) \, \sin t - (1 - \cos t)^2] \, dt \\ &= -\frac{R^2}{2} \int_0^{2\pi} [t \cdot \sin t + 2 \cos t - 2] \, dt \; . \end{aligned}$$

Nach kurzer Routinerechnung erhält man

$$F = 3R^2 \pi \; .$$

Manchmal ist es bequem, Kurven mit Hilfe von Polarkoordinaten darzustellen, indem man den Abstand r vom Ursprung als Funktion des Winkels φ vorgibt:

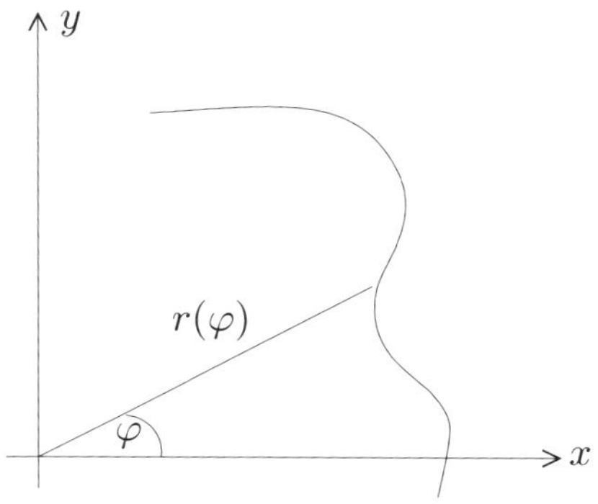

Wir können diese Darstellung sofort zurückführen, indem wir schreiben

$$\vec{r} = (\underbrace{r(\varphi)\cos\varphi}_{x(\varphi)},\ \underbrace{r(\varphi)\sin\varphi}_{y(\varphi)}) \,.$$

Dann findet man nach Vereinfachung

$$dF = \frac{1}{2}\,(x\dot{y} - \dot{x}y)\,d\varphi = \frac{1}{2}\,r^2(\varphi)\,d\varphi$$

$$= \text{Fläche eines Kreissektors mit Radius } r(\varphi), \text{ Winkel } d\varphi \,.$$

Beispiel: Spirale $r(\varphi) = e^{-a\varphi}$, $a > 0$

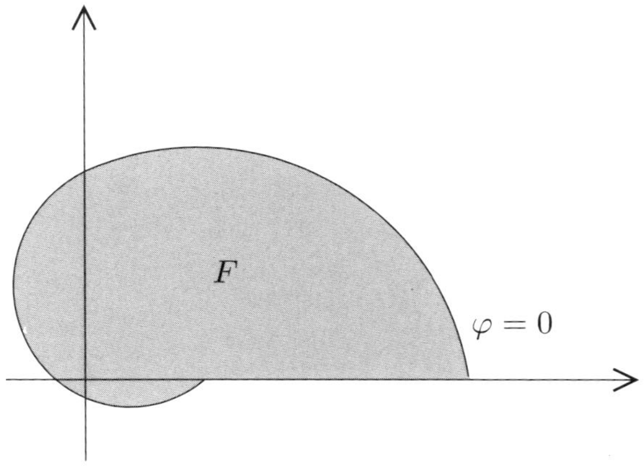

$$F = \frac{1}{2}\int_0^{2\pi} e^{-2a\varphi}\,d\varphi = \frac{1}{4a}\,(1 - e^{-4\pi a})\,.$$

B. Bogenlänge

Zunächst gehen wir aus von einer expliziten Darstellung $y = y(x)$ einer Kurve. Das Differential ds der Bogenlänge approximieren wir durch eine Hypothenuse eines rechtwinkligen Dreiecks mit den Katheten dx, dy:

$$ds = \sqrt{(dx)^2 + (dy)^2}\,.$$

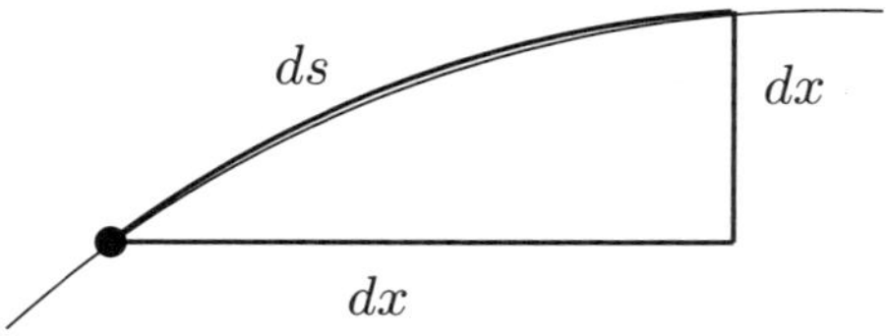

Da diese Approximation geometrisch wieder einleuchtend ist, sei hier wieder auf eine genauere Untersuchung verzichtet.

Falls die Kurve in der Form $y = y(x)$ gegeben ist, können wir verwenden, dass

$$dy = y'dx\,,$$

womit wir

$$ds = \sqrt{1 + y'^2}dx$$

erhalten und die Länge eines Kurvenbogens berechnet sich dann als

$$\boxed{L = \int_a^b \sqrt{1 + y'^2}\,dx\,.}$$

Falls die Kurve in Parameterdarstellung $x = x(t)$, $y = y(t)$ gegeben ist, wird daraus

$$\boxed{L = \int_{t_0}^{t_1} \sqrt{\dot{x}^2 + \dot{y}^2}\,dt\,.}$$

BEISPIELE:

(1) *Zykloide*

$$\begin{cases} x = R(t - \sin t) \\ y = R(1 - \cos t) \end{cases}$$

$$\dot{x}^2 + \dot{y}^2 = R^2\{(1 - \cos t)^2 + \sin^2 t\} = R^2\{2 - 2\cos t\}\,.$$

Wir verwenden die Halbwinkelformel

$$\sin\frac{t}{2} = \sqrt{\frac{1-\cos t}{2}}\,, \quad 0 \le t \le \pi\,.$$

Dann hat ein Zykloidenbogen die Länge

$$L = 2\int_0^\pi R\sqrt{2-2\cos t}\,dt = 4R\int_0^\pi \sqrt{\frac{1-\cos t}{2}}\,dt = 4R\int_0^\pi \sin\frac{t}{2}\,dt = 8R\,.$$

(2) *Ellipse*

$x = a\cos t, \quad y = b\sin t\,.$

Hier ist die Berechnung des Umfanges L um einiges aufwendiger. Zunächst gilt

$$L = \int_0^{2\pi} \sqrt{a^2\sin^2 t + b^2\cos t}\,dt = 4\int_0^{\frac{\pi}{2}} \sqrt{a^2\sin^2 t + b^2\cos^2 t}\,dt\,.$$

Das Integral lässt sich aber nicht auf bekannte Funktionen zurückführen und wird nach der geometrischen Interpretation als "elliptisches Integral" bezeichnet. Wir gehen nun wie folgt vor:

Zuerst ersetzen wir $\sin^2 t$ durch $1-\cos^2 t$ und schreiben

$$a^2\sin^2 t + b^2\cos^2 t = a^2 - (a^2-b^2)\cos^2 t = a^2\Big(1 - \frac{a^2-b^2}{a^2}\cos^2 t\Big)\,.$$

Man bezeichnet dann

$$\epsilon = \frac{\sqrt{a^2-b^2}}{a}$$

als "numerische Exzentrizität" der Ellipse. Damit können wir schreiben

$$L = 4a\int_0^{\pi/2} \sqrt{1-\epsilon^2\cos^2 t}\,dt = 4a\cdot K(\epsilon)\,,$$

womit wir die "elliptische Funktion" $K(\epsilon)$ definiert haben. Wir entwickeln nun $K(\epsilon)$ in eine Taylorreihe, indem wir den Integranden entwickeln und dann gliedweise integrieren.

Zuerst gilt nach der Binomialreihe

$$(1-\epsilon^2\cos^2 t)^{1/2} = \sum_{k=0}^{\infty} \binom{1/2}{k} (-1)^k\,\epsilon^{2k}\cos^{2k} t\,.$$

Weiter haben wir in 3.2 gefunden, dass

$$\int_0^{\frac{\pi}{2}} \cos^{2k} dt = \frac{(2k)!}{2^{2k}(k!)^2} \cdot \frac{\pi}{2} .$$

Damit erhalten wir

$$\int_0^{\frac{\pi}{2}} \sqrt{1-\epsilon^2 \cos^2 t}\, dt = \frac{\pi}{2} \sum_{k=0}^{\infty} \binom{1/2}{k} (-1)^k \epsilon^{2k} \cdot \frac{(2k)!}{2^{2k}(k!)^2} .$$

Nach ein wenig Vereinfachung können wir das Schlussresultat in folgender Form schreiben:

$$L = 2a\pi \Big[1 - \Big(\frac{1}{2}\Big)^2 \cdot \epsilon^2 - \Big(\frac{1}{2}\cdot\frac{3}{4}\Big)^2 \cdot \frac{\epsilon^4}{3} - \Big(\frac{1\cdot 3\cdot 5}{2\cdot 4\cdot 6}\Big)^2 \cdot \frac{\epsilon^6}{5} - \dots \Big\} .$$

(3) *Bogenlänge der Spirale* $r = e^{-a\varphi}, a > 0.$

Wir schreiben zuerst allgemein

$$x(\varphi) = r(\varphi)\cos\varphi,\ y(\varphi) = r(\varphi)\sin\varphi .$$

Dann ist

$$\begin{aligned} ds = [\dot{x}^2(\varphi) + \dot{y}^2(\varphi)]^{1/2}\, d\varphi &= [(-r\sin\varphi + \dot{r}\cdot\cos\varphi)^2 \\ &+ \ (r\cos\varphi + \dot{r}\sin\varphi)^2]^{1/2}\, d\varphi \\ &= [r^2 + \dot{r}^2]^{1/2}\, d\varphi . \end{aligned}$$

Für die gesamte Länge L_∞ ist dann

$$\begin{aligned} L_\infty = \int_0^\infty \Big[e^{-2a\varphi} + a^2 e^{-2a\varphi}\Big]^{1/2} d\varphi &= \sqrt{1+a^2} \int_0^\infty e^{-a\varphi} d\varphi \\ &= \frac{\sqrt{1+a^2}}{a} = \sqrt{1+\frac{1}{a^2}} . \end{aligned}$$

C. Volumina von Rotationskörpern

Ein Kurvenstück $y = f(x)$, $a \le x \le b$ rotiere um die x-Achse. Es entsteht dann ein Rotationskörper, dessen Volumen wir berechnen wollen.

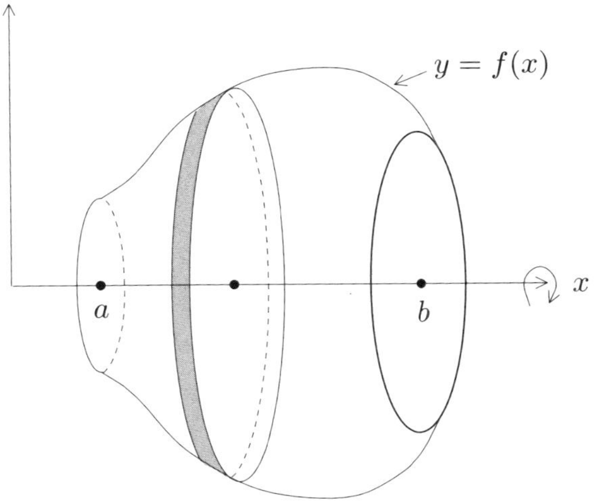

Als Volumenelement dV_x nehmen wir natürlich eine Kreisscheibe der Dicke dx und Radius $y = f(x)$. Damit finden wir

$$\boxed{V_x = \pi \int_a^b y^2\,dx = \pi \int_a^b f^2(x)\,dx\,.}$$

Falls das Kurvenstück in Parameterform gegeben ist, wird daraus

$$V_x = \pi \int_{t_1}^{t_2} y^2(t)\,\dot{x}(t)\,dt\,.$$

Falls dasselbe Kurvenstück um die y-Achse rotiert, betrachten wir als Volumenelemente Hohlzylinder mit Wanddicke dx und Höhe y:

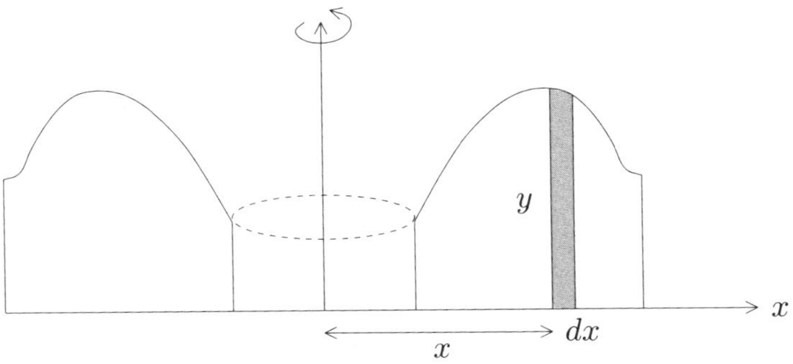

Falls wir einen solchen Hohlzylinder aufschneiden und ausrollen, entsteht eine dünne Platte mit Höhe y, Breite $2\pi \cdot x$ und Dicke dx. Also ist $dV_y = 2\pi\, xy\, dx$ und dementsprechend

$$\boxed{V_y = 2\pi \int_a^b x f(x)\, dx = 2\pi \int_{t_1}^{t_2} x(t)\, y(t)\, \dot{x}(t)\, dt\,.}$$

BEISPIELE:

(1) *Rotationsellipsoid*

Die Ellipse $x = a\cos t$, $y = b\sin t$ rotiere um die x-Achse. Dann ist

$$\frac{1}{4}\, V_x = \pi \int_{\frac{\pi}{2}}^{0} b^2 \sin^2 t(-a\cos t)\, dt = \pi\, ab^2 \int_0^{\frac{\pi}{2}} \sin^2 t \cos t\, dt\ .$$

Die Variablensubstitution $s = \sin t$ ergibt sofort

$$\frac{1}{4}\, V_x = \pi\, ab^2 \int_0^1 s^2\, ds = \frac{\pi}{3}\, ab^2\ .$$

Das Gesamtvolumen is also

$$V_x = \frac{4\pi}{3}\, ab^2\ .$$

BEMERKUNG:

Falls die Ellipse um die y-Achse rotiert, muss man nicht die ganze Rechnung neu durchführen: in diesem Fall vertauschen einfach a und b die Rollen, d.h.

$$V_y = \frac{4\pi}{3}\, a^2 b\ .$$

(2) Die Kurve $y = \frac{1}{x^\alpha}$, $\alpha > 0$, $0 < a \le x < \infty$ rotiere um die x-Achse. Für welche Werte von α bleibt das eingeschlossene Volumen endlich?

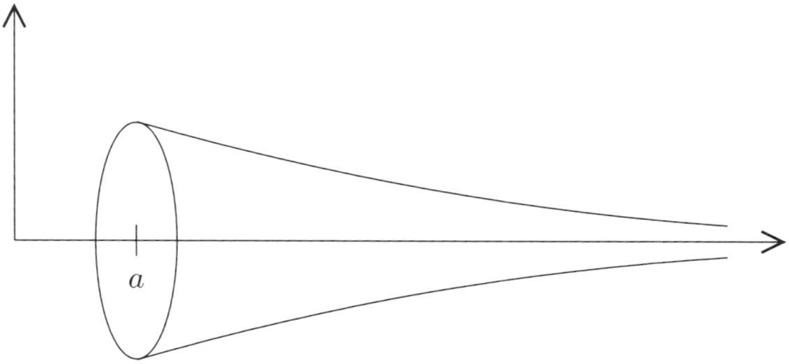

Es ist

$$V_x = \pi \int_a^\infty \frac{dx}{x^{2\alpha}} = \pi \cdot \lim_{N\to\infty} \int_a^N \frac{dx}{x^{2\alpha}} ,$$

also muss

$$\lim_{N\to\infty} N^{1-2\alpha}$$

endlich bleiben. Das ist genau dann der Fall, wenn $\alpha > \frac{1}{2}$ ist, und dann ist

$$V_x = \frac{\pi \cdot a^{1-2\alpha}}{1-2\alpha} , \quad a > 0 .$$

Falls andererseits die Fläche zwischen Kurve und x-Achse endlich bleiben soll, muss gelten $\alpha > 1$, wie man sich leicht überzeugt. Man hat also für $\frac{1}{2} < \alpha \leq 1$ den interessanten Tatbestand, dass die Fläche zwischen Kurve und x-Achse unendlich wird, das aus Rotation dieser Fläche entstandene Volumen aber endlich ist!

D. Oberfläche von Rotationskörpern

Wir betrachten die gleiche Situation wie in Abschnitt C, interessieren uns jetzt aber für die entstehende Rotationsfläche.

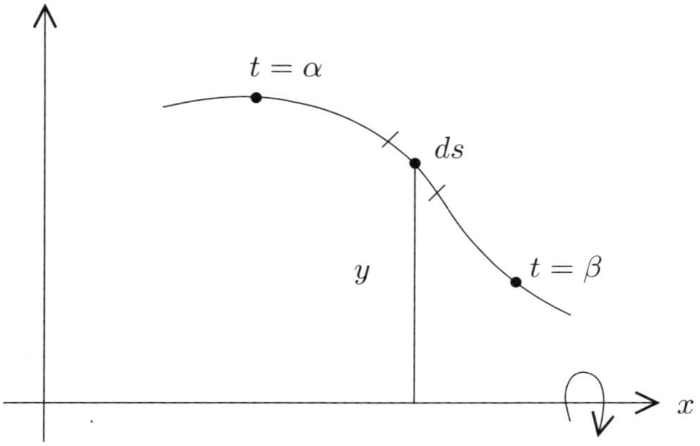

Als Differential der Oberfläche O nehmen wir jetzt einen Streifen der Breite ds und der Länge $2\pi y$. Also hat man

$$dO_x = 2\pi\, y\, ds$$

bei Rotation um die x-Achse, oder

$$dO_y = 2\pi\, x ds$$

bei Rotation um die y-Achse.

Die Oberfläche berechnet sich somit nach den Formeln

$$\boxed{O_x = 2\pi \int_\alpha^\beta y(t)\sqrt{\dot{x}^2 + \dot{y}^2}\, dt}$$

respektive

$$\boxed{O_y = 2\pi \int_\alpha^\beta x(t)\sqrt{\dot{x}^2 + \dot{y}^2}\, dt\,.}$$

BEMERKUNG:

Die explizite Darstellung $y = y(x)$ oder $x = x(y)$ ist als Spezialfall in obiger Formel enthalten: man hat einfach $(x, y(x))$ oder $(x(y), y)$ mit $t = x$ oder $t = y$.

BEISPIEL: *Rotationsellipsoid*

Hier ist

$$O_y = 2 \cdot 2\pi \int_0^{\pi/2} a \cos t \underbrace{\sqrt{a^2 \sin^2 t + b^2 \cos^2 t, dt}}_{(a^2-b^2)\sin^2 t + b^2} .$$

Wir wählen zunächst als neue Variable $u = \sin t$. Dann ist

$$O_y = 4\pi a \int_0^1 \sqrt{(a^2-b^2)\,u^2 + b^2}\; du = 4\pi\, ab \int_0^1 \sqrt{\frac{a^2-b^2}{b^2}\; u^2 + 1}\; du .$$

Wir setzen noch $\delta = \sqrt{\dfrac{a^2-b^2}{b^2}}$ und ändern nochmals die Variable: $\delta \cdot u = \sinh v$.

Dann ist $du = \frac{1}{\delta} \cosh y\, dv$ und die neuen Grenzen sind

$$\begin{aligned} v &= 0 , \\ v &= Ar \sinh\,(\delta) =: v_1 , \\ O_y &= 4\pi\, ab \int_0^{v_1} \sqrt{\sinh^2 v + 1}\; \frac{1}{\delta} \cosh v\, dv = \frac{4\pi\, ab}{\delta} \int_0^{v_1} \cosh^2 v\, dv . \end{aligned}$$

Aber $\cosh^2 v = \frac{1}{2}\,(\cosh(2v) + 1)$, d.h.

$$O_y = \frac{4\pi\, ab}{\delta} \left[\frac{1}{4} \sinh(2v) + \frac{1}{2}\, v\right] \Big|_0^{v_1} = \frac{4\pi\, ab}{\delta} \left[\frac{1}{4} \sinh(2v_1) + \frac{1}{2}\, v_1\right] .$$

Nun ist weiter

$$\sinh 2v = 2 \sinh v \cdot \cosh v = 2 \sinh v \sqrt{\sinh^2 v + 1} ,$$

und für $v_1 = \operatorname{arsinh} \delta$ entsteht also

$$\sinh 2v_1 = 2\delta \sqrt{\delta^2 + 1} ,$$

womit das Schlussergebnis geschrieben werden kann als

$$O_y = \frac{2\pi\, ab}{\delta} \,[\delta \sqrt{1 + \delta^2} + Ar \sinh \delta] .$$

BEMERKUNG:

Für die Kugeloberfläche muss man den Grenzwert für $\delta \to 0$ berechnen. Man findet leicht

$$\lim_{\delta \to 0} \frac{Ar \sinh \delta}{\delta} = 1$$

und damit die bekannte Formel ($a = b = r$)

$$O_y = 4\pi\, r^2 \; .$$

Die Berechnung von Oberflächen und Bogenlängen führt fast auschliesslich auf schwierige Integrale, die meistens nicht mit Hilfe einfacher Funktionen auszuwerten sind.

E. Schwerpunkte

Schwerpunkt einer Fläche

Wir denken uns eine dünne Platte (= Fläche), auf die die Schwerkraft wirke. Sie soll entlang einer Linie $x = x_s$ unterstützt werden, die so gewählt ist, dass die Platte im Gleichgewicht bleibt.

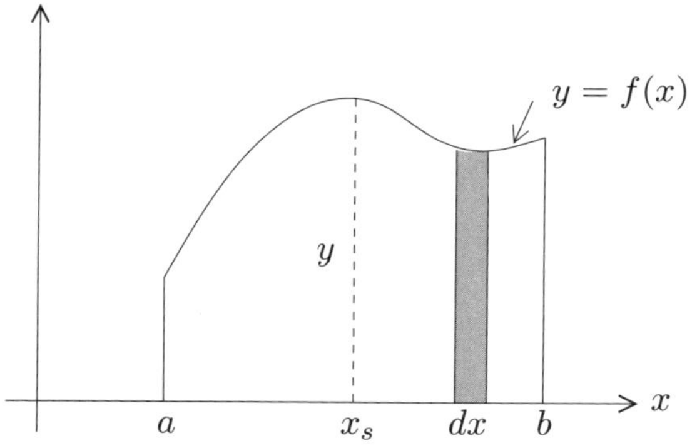

Die Gleichgewichtsbedingung besagt, dass das Gesamtmoment der Fläche bezüglich $x = x_s$ Null sein muss. Das Momemt M ist dabei definiert (denken Sie an eine Kinderschaukel!) als

$$M = \text{Abstand von der Drehachse} \times \text{Gewicht} \; .$$

In unserem Fall für einen Streifen der Breite dx:

$$dM_{x_s} = (x - x_s) \underbrace{ydx}_{\text{Masse: proportional zum Gewicht}}$$

Der Abstand ist dabei mit Vorzeichen behaftet.

Die Gleichgewichtsbedingung hat damit die Form

$$\int_a^b (x - x_s)\, y dx = 0 ,$$

woraus folgt

$$\boxed{x_s = \frac{\displaystyle\int_a^b xydx}{\displaystyle\int_a^b ydx\,.}}$$

Wir können noch allgemeiner annehmen, dass die Platte eine inhomogene Dichte $\rho(x)$ hat und setzen

$$\begin{aligned} M &= \int_a^b y\rho(x)\, dx \quad \text{(Masse)} \\ D_y &= \int_a^b xy\rho(x)\, dx \quad \text{(Drehmoment bezüglich } y\text{-Achse)}\ . \end{aligned}$$

Dann ist

$$x_s = \frac{D_y}{M}\ .$$

BEMERKUNG:

In praktischen Fällen kommt es oft vor, dass eine gegebene Fläche aus mehreren Teilflächen zusammengesetzt ist, deren Schwerpunkte und Massen man kennt. Wie bekommt man dann den Schwerpunkt des Gesamtsystems? Wir überlegen uns die Sache an einem einfachen Fall:

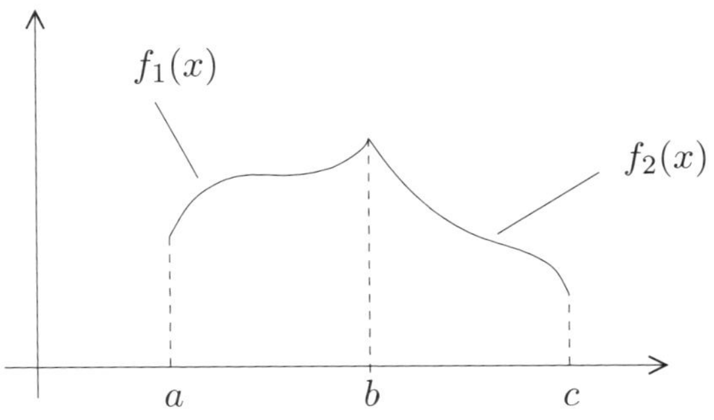

Es ist

$$x_s = \frac{\displaystyle\int_a^b x f_1(x)\,dx + \int_b^c x f_2(x)\,dx}{\displaystyle\int_a^b f_1(x)\,dx + \int_a^c f_2(x)\,dx} = \frac{D_1 + D_2}{M_1 + M_2}$$

$$= \frac{D_1}{M_1} \cdot \frac{M_1}{M_1 + M_2} + \frac{D_2}{M_2} \cdot \frac{M_2}{M_1 + M_2}$$

$$x_s = x_s^{(1)} \cdot \frac{M_1}{M_1 + M_2} + x_s^{(2)} \cdot \frac{M_2}{M_1 + M_2} \,.$$

Hier sind natürlich $x_s^{(1)}$, $x_s^{(2)}$ die Schwerpunktsabszissen der einzelnen Flächen. Die Formel lässt sich unmittelbar verallgemeinern auf n Teilflächen:

$$x_s = \sum_{i=1}^{n} x_s^{(i)} \, \frac{M_i}{M} = \frac{1}{M} \sum_{i=1}^{n} x_s^{(i)} \cdot M_i \,, \quad M = \text{Gesamtmasse} \,.$$

Wir können diese Formel auch verwenden, um die y-Koordinate des Schwerpunktes unserer anfangs betrachteten Fläche zu berechnen. Wir denken uns die Fläche in n Rechtecksstreifen zerlegt.

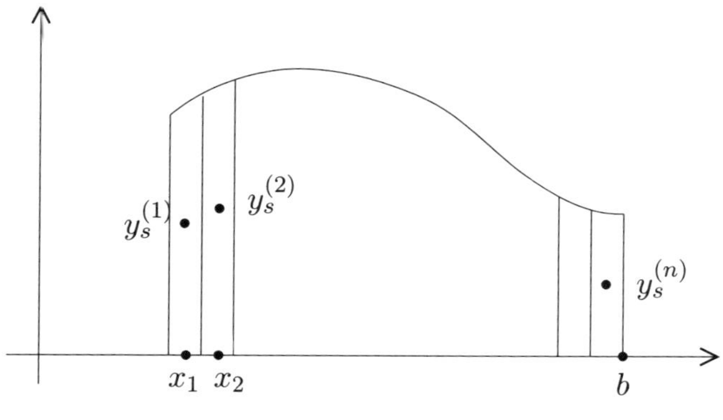

Falls die Streifen dünn sind gilt

$$y_s^{(1)} \cong \frac{1}{2}\, y(x_i), \; M_i \cong y(x_i)\,\Delta x_i, \; \Delta x_i = x_{i+1} - x_i \,.$$

Weiter ist $M = \int_a^b y(x)\,dx$ (Dichte $\rho = 1$). Also gilt

$$y_s \cong \frac{1}{M} \sum_{i=1}^{n} \frac{1}{2}\,(y(x_i))^2 \cdot \Delta x_i\ ,$$

und falls $n \to \infty$ und $\Delta x_i \to 0$ ergibt sich

$$\boxed{y_s = \frac{\frac{1}{2}\int_a^b y^2(x)\,dx}{\int_a^b y(x)\,dx}\ .}$$

BEISPIELE:

(1) *Schwerpunkt eines Ellipsenviertels*

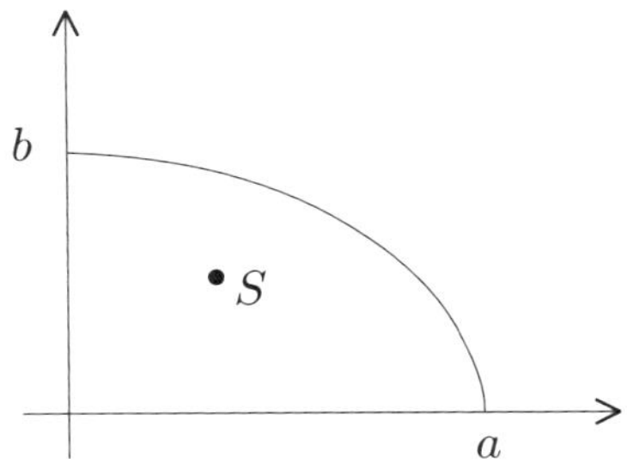

Wir kennen schon die Fläche: $\frac{\pi}{4}\,ab$.

Wir nehmen z.B. die explizite Darstellung $y = \frac{b}{a}\,\sqrt{a^2 - x^2}$ und benützen die Formel für y_s. Es ist dann noch zu berechnen:

$$\frac{1}{2}\int_0^a y^2(x)\,dx = \frac{b^2}{2a^2}\int_0^a (a^2 - x^2)\,dx = \frac{b^2}{2a^2}\left(a^3 - \frac{a^3}{3}\right) = \frac{ab^2}{3}\ .$$

Also ist

$$y_s = \frac{\frac{ab^2}{3}}{\frac{\pi}{4}\,ab} = \frac{4b}{3\pi}\ ,$$

und durch Vertauschung von a und b

$$x_s = \frac{4a}{3\pi}\ .$$

(2) *Schwerpunkt folgender Figur*

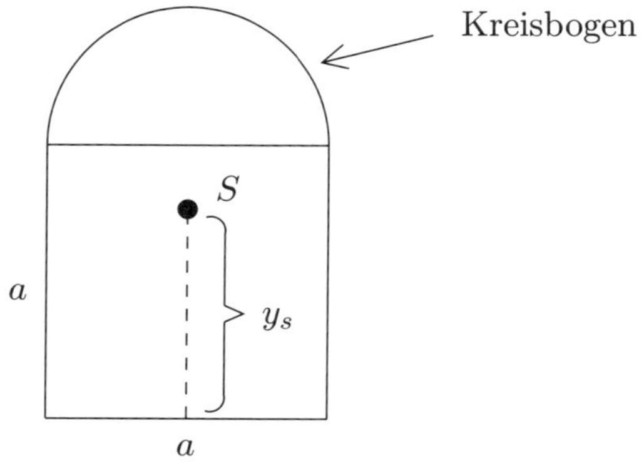

Wegen der Achsensymmetric ist also nur die Höhe y_s noch zu berechnen. Es ist für das Quadrat

$$y_s^{(1)} = \frac{a}{2}, \; M_1 = a^2 .$$

Für den Halbkreis nach Beispiel (1):

$$y_s^{(2)} = \frac{4 \cdot \frac{a}{2}}{3\pi}, \quad M_2 = \frac{a^2\pi}{8},$$

und somit

$$y_s^{(2)} = \frac{1}{a^2(1+\frac{\pi}{8})} \left(\frac{a}{2} \cdot a^2 + \left(a + \frac{2a}{3\pi} \right) \cdot \frac{a^2\pi}{8} \right) \cong 0.70 \cdot a .$$

Schwerpunkt einer Kurve

Physikalisch können wir uns einen dünnen Draht vorstellen, den wir mathematisch als Kurve behandeln. Als Massenelemente nehmen wir Bogenelemente ds, eventuell noch mit variabler Dichte $\rho(t)$.

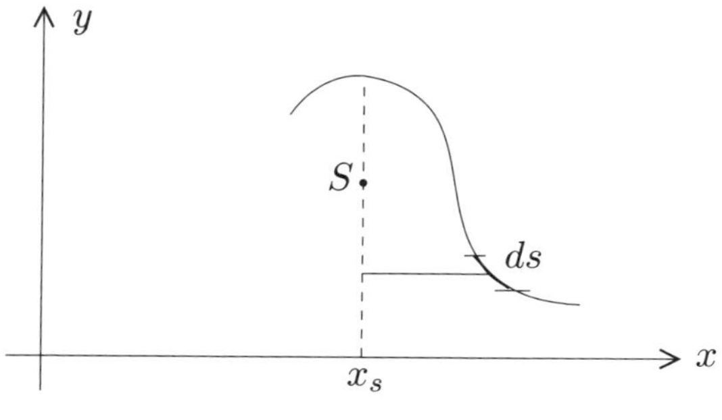

Wir wählen die Kurve in Parameterform. Dann ist das Gesamtmoment bezüglich der Schwerpunktsabszisse

$$D_{x_s} = \int_{t_1}^{t_2} (x(t) - x_s) \underbrace{\sqrt{\dot{x}^2 + \dot{y}^2}\, \rho(t)\, dt}_{dm} = 0$$

und daraus

$$\boxed{x_s = \frac{\displaystyle\int_{t_1}^{t_2} x(t) \sqrt{\dot{x}^2 + \dot{y}^2}\, \rho(t)\, dt}{\displaystyle\int_{t_1}^{t_2} \sqrt{\dot{x}^2 + \dot{y}^2}\, \rho(t)\, dt}}$$

und analog

$$\boxed{y_s = \frac{\displaystyle\int_{t_1}^{t_2} y(t) \sqrt{\dot{x}^2 + \dot{y}^2}\, \rho(t)\, dt}{\displaystyle\int_{t_1}^{t_2} \sqrt{\dot{x}^2 + \dot{y}^2}\, \rho(t)\, dt\,.}}$$

BEISPIELE

(1) Viertelskreis ("Draht"), $\rho = 1$

$$\begin{cases} x = R\cos t \\ y = R\sin t \end{cases}$$

$$y_s = \frac{\displaystyle\int_0^{\pi/2} R\sin t \cdot R\, dt}{\frac{\pi}{2}\, R} = \frac{2}{\pi}\, R = x_s \cong 0.637 \cdot R\,.$$

Man beachte, dass der Schwerpunkt der Viertelkreisfläche an einer anderen Stelle liegt: $\left(\frac{4R}{3\pi}, \frac{4R}{3\pi}\right) \cong (0.424,\, 0.424) \cdot R$.

(2) Ein zusammengesetztes Drahtgebilde:

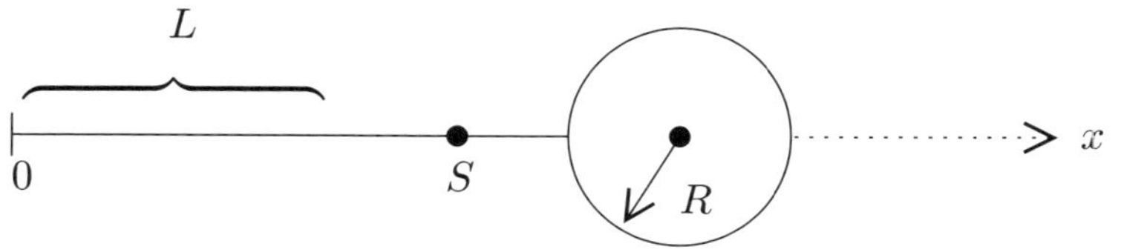

In Analogie zum Fall von zusammengesetzten Flächen ist hier

$$x_S = \frac{\left(\frac{L}{2} \cdot L + (L+R) \cdot 2\pi R\right)}{L + 2\pi R} \,.$$

Guldin'sche Regeln

Wir vergleichen die Formeln für Rotationskörper und deren Oberflächen mit den Formeln für Schwerpunkte der sie erzeugenden Flächen und Kurven. Wir hatten in Abschnitt C gefunden:

$$V_x = \pi \int_a^b y^2 \, dx$$

und der Abstand y_s von der Drehachse ergab sich als

$$y_s = \frac{\frac{1}{2} \int_a^b y^2 \, dx}{\int_a^b y \, dx} \,.$$

Also gilt

(1. Guldin'sche Regel)

$$\boxed{V_x = 2\pi \, y_s \cdot F}$$

V_x = Volumen bei Rotation der Fläche F. Genau gleich findet man

(2. Guldin'sche Regel)

$$\boxed{O_x = 2\pi \, y_s \cdot L}$$

O_x = Oberfläche, L = Länge des Kurvenstücks.

ANWENDUNG:

Volumen und Oberfläche eines Torus ("Veloschlauch")

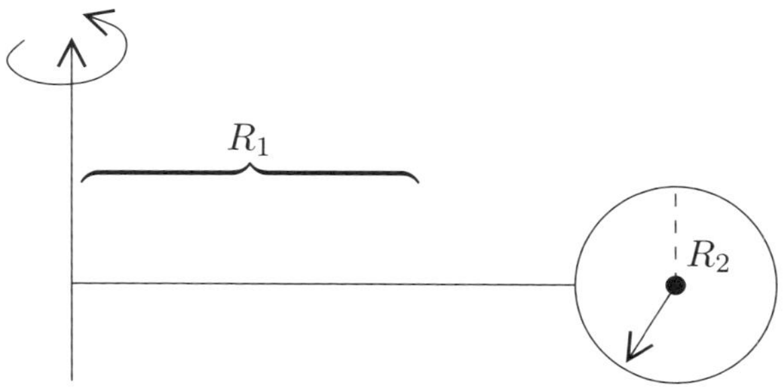

Das Volumen ist demnach

$$V = 2\pi R_1 \cdot \pi R_2^2 = 2\pi^2 R_1 R_2^2 ,$$

und die Oberfläche

$$O = 2\pi R_1 \cdot 2\pi R_2 = 4\pi^2 R_1 R_2 .$$

F. Trägheitsmomente

Wir betrachten zunächst n Punktmassen m_i mit Abständen r_i von einer gemeinsamen Drehachse a. Dann ist eine wichtige physikalische Grösse die kinetische Energie E_{kin} dieses rotierenden Systems (Winkelgeschwindigkeit ω). Es ist

$$E_{\text{kin}} = \frac{1}{2} \sum_{i=1}^{n} m_i v_i^2 = \frac{1}{2} \sum_{i=1}^{n} m_i r_i^2 w^2 = \frac{1}{2} I_a \cdot \omega^2 .$$

Man nennt dann

$$I_a = \sum_{i=1}^{n} m_i r_i^2$$

das Trägheitsmoment dieses Systems bezüglich der Achse a. Im folgenden berechnen wir in ein paar wichtigen Spezialfällen ein entsprechendes Trägheitsmoment. Als erstes nehmen wir eine dünne Platte (= Fläche) die um die y-Achse rotiert.

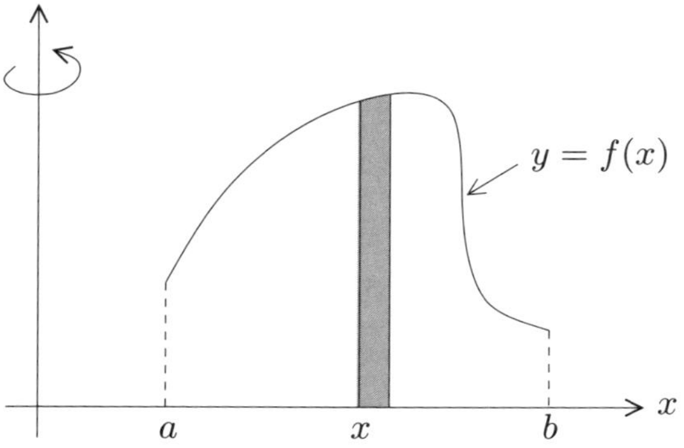

Wir fassen wieder Massenelemente mit demselben Abstand x von der Drehachse zusammen und erhalten so

$$\boxed{I_y = \int_a^b x^2 \underbrace{y\,\rho(x)\,dx}_{dm} \,.}$$

Falls die Rotation um die x-Achse erfolgt, müssen wir anders vorgehen. Wir betrachten zuerst ein dünnes Stäbchen (= Strecke) der Länge y und der Breite dx. Dann ist das zugehörige Trägheitsmoment

$$dI_x = \int_0^y h^2\,dh \cdot \rho(x)\,dx = \frac{1}{3}\,y^3\,\rho(x)\,dx \,.$$

Durch Aufsummieren, d.h. Integration, erhalten wir dann

$$\boxed{I_x = \frac{1}{3}\int_a^b y^3\,\rho(x)\,dx \,.}$$

Ein dritter wichtiger Fall ist der, dass die Rotationsachse senkrecht zur Ebene steht (= z-Achse)

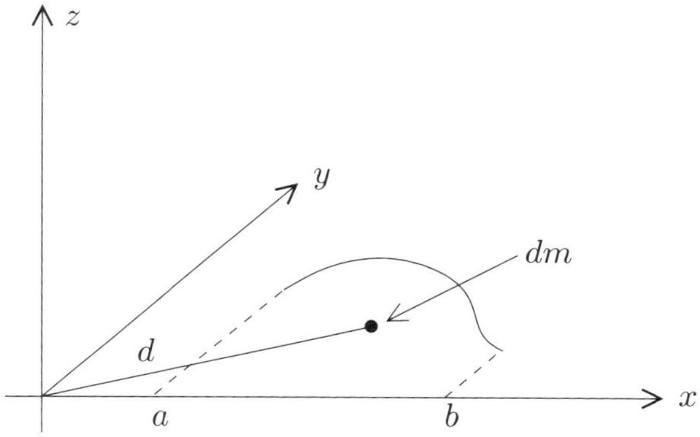

Wir schreiben

$$I_z = \int (x^2 + y^2)\, dm \ ,$$

wobei zunächst das Integralzeichen einfach die Summation aller Massenelemente beinhalten soll. Da wir diese Summation aber aufspalten, erhalten wir

$$I_z = \int x^2 dm + \int y^2 dm \ ,$$

und es ergibt sich sofort

$$I_z = I_x + I_y \ .$$

BEMERKUNG:

> I_z wird meistens als "polares Trägheitsmoment" bezeichnet.
> BEISPIELE

(1) *Ellipse* ($\rho = 1$)

Wir benützen die Parameterdarstellung der Ellipse und schreiben zunächst I_x allgemein um in

$$I_x = \frac{1}{3} \int_{t_1}^{t_2} y^3(t)\ \dot{x}(t)\, dt \ .$$

In unserem Fall können wir nehmen:

$$I_x = 4 \cdot \frac{1}{3} \int_0^{\frac{\pi}{2}} b^3\, a \sin^4 t\, dt \ .$$

Wir können das Integral zum Beispiel mit partieller Integration berechnen:

$$\int_0^{\frac{\pi}{2}} \sin^4 t\,dt = \int_0^{\frac{\pi}{2}} \sin^3 t \cdot \sin t\,dt = -\sin^3 t \cos t\Big|_0^{\frac{\pi}{2}} + 3\int_0^{\frac{\pi}{2}} \sin^2 t \cos^2 t\,dt$$

$$= \frac{3}{4}\int_0^{\frac{\pi}{2}} \sin^2 2t\,dt\ ,$$

$$\text{da}\ \sin 2t = 2\sin t \cos t\ .$$

Wir nützen aus, dass

$$\int_0^{\frac{\pi}{2}} \sin^2 2t\,dt = \int_0^{\frac{\pi}{2}} \cos^2 2t\,dt\ ,$$

was man anhand einer Skizze der entsprechenden Funktionsgraphen sofort feststellt.

Weiter ist ja $\sin^2(\alpha t) + \cos^2(\alpha t) = 1$ für beliebiges α. Also ist

$$\int_0^{\frac{\pi}{2}} \sin^2 2t\,dt\,dt = \frac{1}{2}\int_0^{\frac{\pi}{2}} 1\,dt = \frac{\pi}{4}\ ,$$

und unser Ergebnis lautet demnach

$$I_x = \frac{\pi}{4}\,ab^3 = \frac{1}{4}\,M \cdot b^2\ ,$$

wobei wir die Fläche $ab\pi$ der Ellipse als Masse auffassen. Wenn wir noch die Bedeutung von a und b vertauschen, erhalten wir weiter

$$I_y = \frac{1}{4}\,M \cdot a^2$$

und

$$I_z = \frac{1}{4}\,M(a^2 + b^2)\ .$$

Insbesondere für einen Kreis mit Radius R erhalten wir

$$I_z = \frac{1}{2}\,M \cdot R^2\ .$$

(2) *Dreieck mit variabler Dichte:* $\rho = 1$ auf der Grundlinie a, ρ nehme linear zur Spitze zu auf den Wert $\rho = 2$.

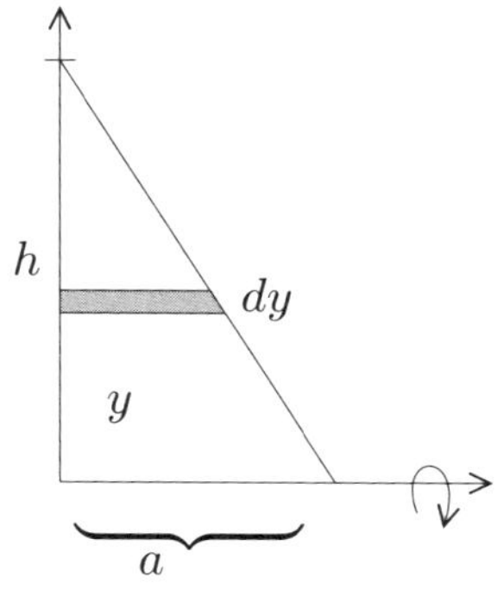

Dann ist also $\rho(y) = 1 + \frac{y}{h}$ und

$$I_x = \int_0^h y^2 \underbrace{\rho(y)\, a(1 - \frac{y}{h})dy}_{dm} = a \int_a^h y^2(1 - \frac{y^2}{h^2})\, dy = ah^3(\frac{1}{3} - \frac{1}{5}) = \frac{2}{15}\, ah^3 \, .$$

Als letzte Variante berechnen wir noch das Trägheitsmoment eines Rotationskörpers bezüglich seiner Achse:

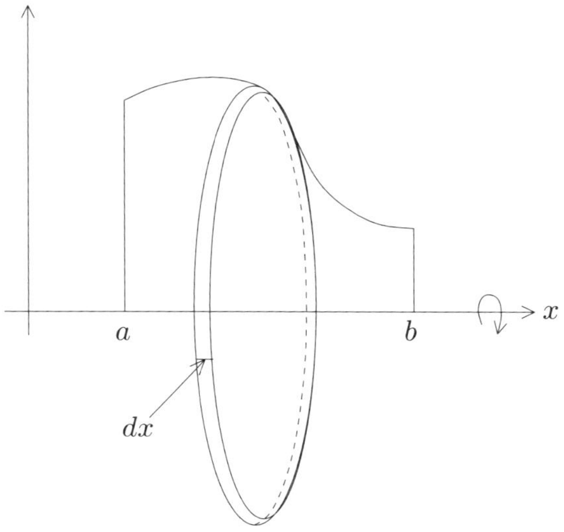

Wir setzen das Trägheitsmoment des Körpers zusammen aus den Trägheitsmomenten von Kreisscheiben mit Radius y und Dicke dx. Nach Beispiel ① dieses Abschnittes hat man

$$dI_x = \frac{1}{2}\, M \cdot R^2 = \frac{1}{2}\, y^2\, \pi dx \cdot y^2 \,,$$

somit

$$\boxed{I_x = \frac{\pi}{2} \int_a^b y^4\, dx\,.}$$

Bei der Rotation derselben Fläche um die y-Achse sind die Massenelemente mit selbem Abstand von der Drehachse Zylinderringe mit Dicke dx, Radius x und Höhe y. Also gilt dann

$$dI_y = x^2 \cdot \underbrace{2\pi\, xy\, dx}_{dm}\,, \text{ d.h.}$$

$$\boxed{I_y = 2\pi \int_a^b x^3\, y\, dx\,.}$$

BEISPIELE UND ANWENDUNGEN

① *Kugel, Rotation um Achse durch Zentrum*

Wir nehmen $y = \sqrt{R^2 - x^2}$, (obere Hälfte) also ist

$$\frac{1}{2}\, I_x = \frac{\pi}{2} \int_0^R (R^2 - x^2)^2 dx = \frac{\pi}{2}\, R^5 (1 - \frac{2}{3} + \frac{1}{5}) = \pi\, \frac{4}{15}\, R^5\,.$$

Da $M = \frac{4}{3}\, \pi R^3$ können wir schreiben

$$I_x (= I_y) = \frac{2}{5}\, M \cdot R^2\,.$$

② *Die Kurve* $y = \frac{1}{x^\alpha}$, $x \geq 1$ *rotiert um die* x*-Achse*

Für welche Werte von α bleibt das Trägheitsmoment des entstehenden Rotationskörpers endlich?

Es gilt

$$I_x = \frac{\pi}{2} \int_1^\infty \frac{dx}{x^{4\alpha}} .$$

I_x bleibt also endlich, falls $\alpha > \frac{1}{4}$.

Wir haben in Abschnitt D gefunden, dass das zugehörige Volumen endlich bleibt, falls $\alpha > \frac{1}{2}$.

Man hat also wieder die Situation, dass z.B. für $\frac{1}{4} < \alpha \leq \frac{1}{2}$ das Volumen unendlich wird, das Trägheitsmoment aber endlich bleibt.

(3) Eine Walze der Masse M rollt reibungsfrei aus der Höhe h auf eine Ebene. Welche Geschwindigkeit erreicht sie dort?

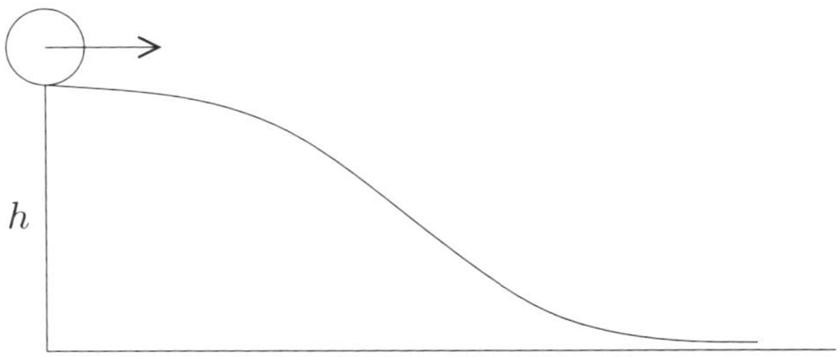

Wir benützen den Energiesatz: beim Start hat die Walze die potentielle Energie $E_{pot} = Mgh$ ($g \cong 9.81 \frac{m}{s^2}$) wie man sich leicht überlegt. (Jedes Massenelement der Walze muss um die Höhe h gehoben werden). In der Ebene angekommen, setzt sich die kinetische Energie zusammen aus

Translationsenergie	$\frac{1}{2} M \cdot v^2$
Rotationsenergie	$\frac{1}{2} I \cdot \omega^2$.

Aber $v = R\omega$, und wir haben in Beispiel (1) für eine Kreisscheibe $I_z = \frac{1}{2} M \cdot R^2$ gefunden. Natürlich gilt das auch für eine Walze, d.h. die Rotationsenergie ist

$$\frac{1}{2} \left(\frac{1}{2} M \cdot R^2 \cdot \omega^2 \right) = \frac{1}{4} M \cdot v^2 .$$

Da die Gesamtenergie erhalten bleibt, muss gelten

$$\frac{3}{4}\,M \cdot v^2 = Mgh\ ,$$

d.h.

$$v = \sqrt{\frac{4}{3}\,gh}\ .$$

BEMERKUNG:

Falls die Walze nur reibungsfrei rutschen würde, wäre die Geschwindigkeit grösser, nämlich $\sqrt{2gh}$.

(4) Ein Gummiball wird mit der Geschwindigkeit v_0 auf eine Ebene geworfen, wo er ohne zu gleiten weiterrollt. Wie schnell rollt er?

Wir betrachten wieder die kinetische Energie.

Vor der Bodenberührung, ohne Rotation: $E_{\text{kin}} = \frac{1}{2}\,M \cdot v_0^2$.

Nach der Landung, mit Rotation: $E_{\text{kin}} = \frac{1}{2}\,Mv^2 + \frac{1}{2}\,I \cdot \omega^2$.

Wir haben in Beispiel (1) $I = \frac{2}{5}\,M \cdot R^2$ gefunden, also ist $E_{\text{kin}} = \frac{1}{2}\,Mv^2 + \frac{1}{5}\,Mv^2 = \frac{1}{2}\,Mv_0^2$, d.h.

$$v = \sqrt{\frac{5}{7}}\,v_0\ .$$

Übungsaufgaben zu Kapitel 3.3

[1] Gegeben die Kurve $\vec{r}\,(t) = (\sin t, \sin 2t)$, $0 \le t \le 2\pi$. Skizzieren Sie die Kurve und berechnen Sie die eingeschlossene Fläche.

[2] Berechnen Sie die Länge des Parabelbogens der Parabel $y = x^2 - a^2$, $0 \le x \le a$.

[3] Eine Blumenvase entsteht durch Rotation der Kurve C um die y-Achse. Berechnen Sie das Volumen.

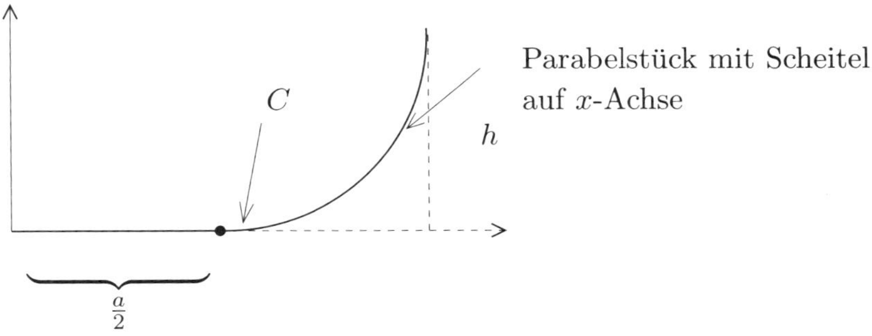

4 Die Kurve $y = \frac{1}{x^\alpha}$, $0 < x \leq 1$ rotiert um die y-Achse.

Für welche Werte von α ist die zwischen Kurve und den Koordinatenachsen liegende Fläche unendlich, während das Volumen des Rotationskörpers endlich bleibt?

5 Der in Aufgabe 2 betrachtete Parabelbogen rotiere um die y-Achse. Welche Oberfläche hat er?

6

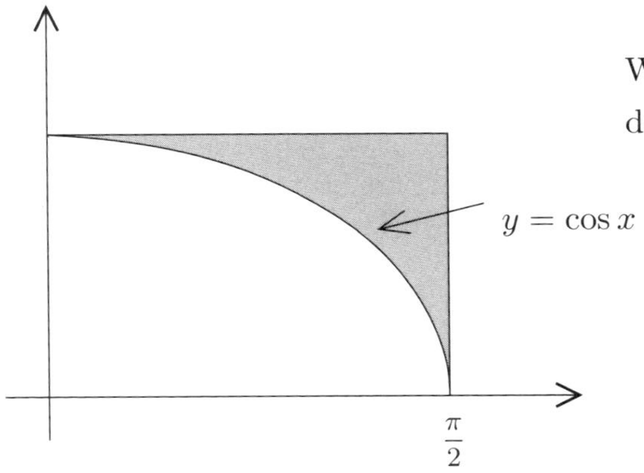

Wo liegt der Schwerpunkt der schraffierten Fläche?

7 Eine Fläche F setzt sich zusammen aus einem Halbkreis und einem gleichseitigen Dreieck gemäss Zeichnung. Welches Volumen und welche Oberfläche hat der Rotationskörper, der durch Rotation von F um die Achse a entsteht?

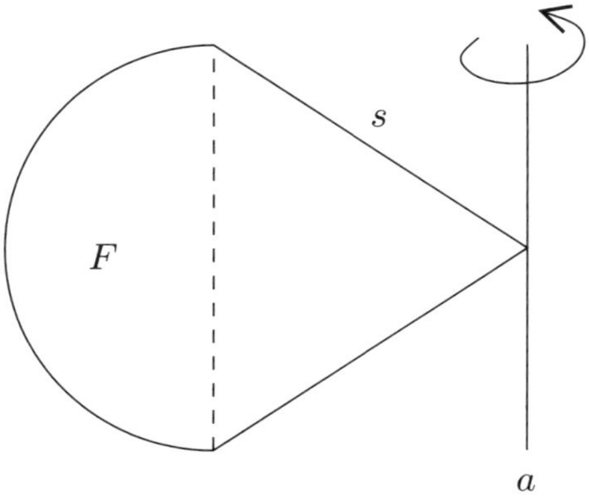

8 Eine dünne Platte von der Form eines gleichschenkligen Dreiecks (Höhe h, Grundlinie a) rotiert um eine Achse senkrecht zur Platte durch ihren Schwerpunkt.

a) Wie gross ist das zugehörige Trägheitsmoment?

b) Wie gross ist das Trägheitsmoment, falls die Achse die selbe Richtung hat, aber durch eine Ecke des Dreiecks geht? (beide Varianten)

9 Eine Kugel mit Radius R rollt reibungsfrei aus der Höhe h auf eine Ebene. Wie schnell rollt sie in der Ebene?

4 Gewöhnliche Differentialgleichungen

Allgemeines

Eine Differentialgleichung nennt man eine Gleichung, in der eine unbekannte Funktion $u(x)$ gesucht wird, von der man eine Beziehung der Form

$$F(x, u(x), u'(x), \dots, u^{(n)}(x)) = 0$$

kennt. Die Ordnung der höchsten vorkommenden Ableitung nennt man auch die Ordnung der Differentialgleichung. Die Differentialgleichung heisst "gewöhnlich", falls eine Funktion einer Variablen gesucht wird. Bei mehreren Variablen heisst die Differentialgleichung "partiell".

Differentialgleichungen spielen eine zentrale Rolle in den Naturwissenschaften, vor allem aber in der Physik. In den letzten Jahren sind sie aber in immer mehr Anwendungen auch in vielen neuen Gebieten aufgetaucht, wie Medizin, Ökonomie, Pharmakologie etc.

Im Vordergrund stehen nun Lösungsmethoden, die zu expliziten Ausdrücken für die Lösung führen, und nicht etwa eine allgemeine abstrakte Existenztheorie. Gerade für Ingenieure sind solche expliziten Formeln wichtig, weil sie oft in typischen Situationen zeigen, was für Phänomene zu erwarten sind.

4.1 Differentialgleichungen 1. Ordnung

Wir betrachten zunächst die allgemeine Differentialgleichung 1. Ordnung in der Form

$$y' = f(x, y) ,$$

wobei $y = y(x)$ gesucht ist. In diesem Fall kann die Situation einfach geometrisch veranschaulicht werden. Wir denken uns in jedem Punkt der (x, y)-Ebene einen Richtungspfeil angeheftet, der durch die Differential-gleichung bestimmt wird. Damit wird ein ganzes **Richtungsfeld** definiert.

Einer Lösung entspricht dann eine Kurve $y = y(x)$, die in jedem Punkt den Richtungspfeil als Tangente hat. Schon aus dieser nachfolgenden geometrischen Interpretation ist ersichtlich, dass im allgemeinen eine ganze Schar von Lösungen existiert, und dass eine bestimmte Kurve ausgewählt wird, indem ein Punkt (z.B. Anfangspunkt) der Lösungskurve spezifiziert wird.

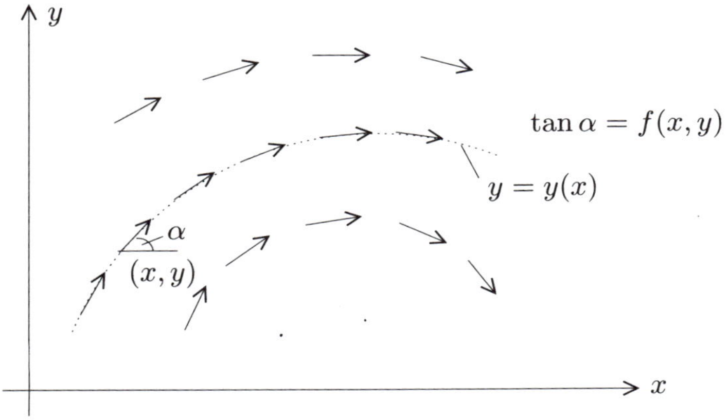

Wir befassen uns zunächst mit den einfachsten Typen und vor allem mit Beispielen, die illustrieren, wie vielfältig die Anwendungsmöglichkeiten sind.

A. Separierbare Differentialgleichungen

$$\text{Typus:} \quad y' = g(x) \cdot f(y)\,.$$

Wir leiten die Lösung zunächst formal her und bestätigen die Gültigkeit nachträglich. Wir schreiben

$$y' = \frac{dy}{dx} = g(x)\; f(y)$$

Falls $y(x) = c$ eine Nullstelle der Funktion f ist, so ist $y(x) = c$ eine konstante Lösung der Differentialgleichung. O.b.d.A. nehmen wir ab jetzt an, dass $f(y) \neq 0$ und definieren die neue Funktion $h(y) = \frac{1}{f(y)}$ und separieren dann

$$h(y)\; dy = g(x)\; dx\,.$$

Durch Integration erhalten wir daraus

$$\int h(y)\, dy = \int g(x)\, dx\;,$$

d.h. um die Lösung explizit hinschreiben zu können, müssen wir die beiden Integrale berechnen und dann nach $y = y(x)$ auflösen. Dies wird natürlich nur in genügend einfachen Fällen möglich sein. Jetzt weisen wir aber noch nach, dass die Lösung tatsächlich so erhalten werden kann. Es seien $H(y)$ eine Stammfunktion von $h(y)$ und $G(x)$ eine von $g(x)$. Wenn jetzt $y = y(x)$ gesetzt wird und für alle x in einem Intervall (a, b)

$$H(y(x)) = G(x)$$

gelten soll, dann muss auch die Ableitung nach x übereinstimmen. Nach der Kettenregel folgt dann aber

$$\frac{dH}{dy} \cdot \frac{dy}{dx} = \frac{dG}{dx} ,$$

d.h.

$$h(y) \cdot y' = g(x) ,$$

was äquivalent zu unserer Differentialgleichung ist.

Falls wir jetzt noch vorschreiben, dass der Wert von $y(x)$ an der Stelle x_0 gleich y_0 ist, können wir also zusammenfassen.

Die Lösung des "Anfangswertproblems"

$$\begin{cases} y' &= g(x)\, f(y) \\ y(x_0) &= y_0 \end{cases}$$

ist gegeben durch

$$\int_{y_0}^{y(x)} \frac{ds}{f(s)} = \int_{x_0}^{x} g(t)\, dt .$$

Angewandte Beispiele:

(1) *Chemische Reaktion*

Es sei $m(t)$ die Menge einer chemischen Substanz zu Zeit t. Viele in der Chemie wichtigen Reaktionen führen dann auf eine Differentialgleichung der Form

$$\frac{dm}{dt} = \pm\, k \cdot m^p$$

("Reaktion p-ter Ordnung"), wo bei k die sogenannte Geschwindigkeitskonstante, eine substanztypische Grösse, ist, und p eine beliebige reelle Zahl sein kann, die von der Art des Reaktionsschemas abhängt. Diese Zusammenhänge sind im allgemeinen nicht einfach. Das Vorzeichen hängt davon ab, ob die Substanz durch die Reaktion entsteht oder abgebaut wird, wobei natürlich z.B. das Vorzeichen $\ominus$ für Abbau steht. Ein besonders einfacher, aber praktisch wichtiger Fall ist $p = 1$ und $\ominus$, was z.B. bei radioaktivem Zerfall zutrifft.

Wir beschränken uns auf zwei Fälle:

a) $p > 1, \ominus$

Nach unserer allgemeinen Formel ist die Lösung für den Fall, dass zur Zeit $t = 0$ die Menge $m_0 > 0$ vorhanden ist, gegeben durch

$$\int_{m_0}^{m(t)} \frac{dm}{m^p} = -\int_0^t k d\tau = -k \cdot t \, ,$$

d.h.

$$\frac{1}{1-p}\left((m(t))^{1-p} - m_0^{1-p}\right) = -k\, t$$

und nach Auflösung

$$m(t) = \left(m_0^{p-1} + (p-1)\, kt\right)^{\frac{1}{1-p}} \, ,$$

für $p = 2$ haben wir also beispielsweise die einfache Lösung

$$m(t) = \frac{1}{m_0 + kt} \, .$$

Im speziellen Fall $p = 1$ brauchen wir einen anderen Lösungsweg. Mit einer einfachen Rechnung, sieht man leicht, dass $m(t) = m_0\, e^{-kt}$ die Lösung ist der Differentialgleichung

$$\frac{dm}{dt} = \pm k \cdot m.$$

b) $p > 1, \oplus$

Die Rechnung verläuft völlig analog und man erhält

$$m(t) = \left(m_0^{p-1} - (p-1)\, kt\right)^{\frac{-1}{p-1}} \, .$$

Hier stellen wir folgendes fest: falls $t \to T$, wobei

$$(p-1) \cdot kT = m_0^{p-1} \; ,$$

dann gilt

$$\lim_{t \to T} m(t) = \infty! \text{ ("Explosion")} \; .$$

Es gilt also: falls irgend ein Prozess zu einer Wachstumsrate mit einer Potenz $p > 1$ der aktuellen Menge führt, so muss es zu einer Explosion in endlicher Zeit kommen. Solche Phänomene sind in den letzten Jahren in grösserem Zusammenhang untersucht worden. Der hier betrachtete Fall ist das einfachste Beispiel dazu.

(2) *Ausfliessende Flüssigkeit (Torricelli)*

Wir betrachten ein Gefäss mit Querschnittsfläche $q(h)$, $h =$ Höhe über dem Boden. Im Boden befinde sich ein kleines Loch mit Querschnitt q_0. Wie lange dauert die Entleerung des Gefässes, unter Einfluss der Schwerkraft und Vernachlässigung der inneren Reibung (Viskosität) der Flüssigkeit?

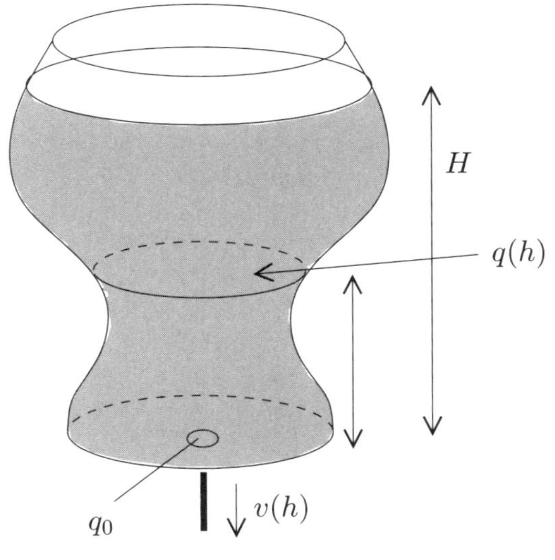

Es sei $v(h)$ die Ausflussgeschwindigkeit, die es zuerst zu bestimmen gilt. Dazu benützen wir den Energiesatz: ein Flüssigkeitselement dm, das sich auf der Höhe h befindet, hat dort die potentielle Energie

$$E_{\text{pot}} = dm \cdot g \cdot h \; .$$

Dieselbe Menge hat beim Ausfliessen auf der Höhe $h = 0$ nur noch kinetische Energie

$$E_{\text{kin}} = \frac{1}{2}\, dm \cdot v^2(h) \; .$$

Die langsame Absinkgeschwindigkeit (falls das Loch q_0 klein ist) wird dabei vernachlässigt.

Also gilt nach dem Energiesatz

$$g \cdot h = \frac{1}{2}\, v^2(h) \; ,$$

d.h.

$$v(h) = \sqrt{2gh} \;\; (= \text{Fallgeschwindigkeit}) \; .$$

BEMERKUNG:

Eine genauere Analyse unter Berücksichtigung der Viskosität führt z.B. für Wasser auf die kleinere Geschwindigkeit

$$v(h) = 0.61\sqrt{2gh}\, .$$

Nun müssen wir nur noch eine Bilanz betrachten: Falls sich auf der Höhe h das Niveau um dh gesenkt hat, muss unten dieselbe Menge ausgeflossen sein, d.h.

$$|q(h)\, dh| = |q_0 \cdot v(h)\, dt| \; ,$$

wobei $v(h)\, dt$ = Länge des "Wasserzylinders" beim Ausfluss. Da das Niveau h gesenkt wird, gilt also die Differentialgleichung

$$-q(h)\frac{dh}{dt} = q_0 \cdot v(h) \; ,$$

also z.B. für Wasser:

$$-q(h)\frac{dh}{dt} = q_0 \cdot 0.61\sqrt{2gh}\, .$$

Für die Ausflusszeit T ergibt Separation die Beziehung

$$\boxed{\int_0^H \frac{q(h)}{\sqrt{2gh}}\, dh = \int_0^T q_0 \cdot 0.61\, dt = q_0 \cdot 0.61\, T\, .}$$

Beachte dabei, dass man eigentlich dass Integral $\int_H^0$ braucht, aber dass auch gilt $\int_H^0 = -\int_0^H$.

BEISPIEL:

Für einen Zylinder mit Querschnitt $Q >> q_0$ (">>" = "viel grösser") ergibt die Integration

$$T = \frac{Q}{0.61 \cdot q_0} \sqrt{\frac{2H}{g}}\,.$$

③ *Rakete*

Eine Rakete habe die Gesamtmasse $M(t)$ (t = Zeit) und die Momentangeschwindigkeit $v(t)$. Der Brennstoff wird als heisses Gas mit der konstanten Geschwindigkeit u ausgestossen.

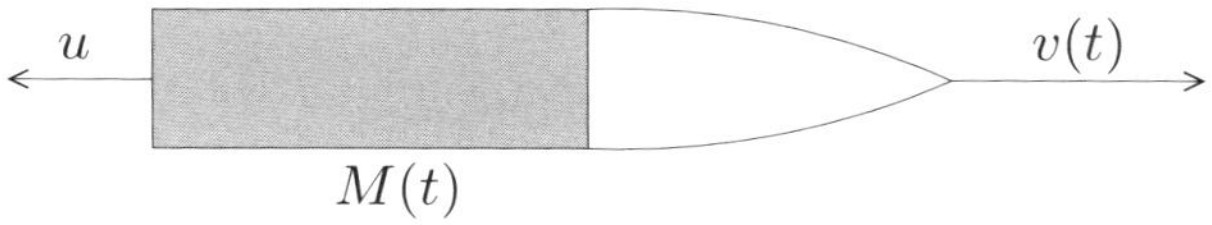

Das entscheidende Gesetz hier ist der Impulssatz, der besagt, das der Gesamtimpuls konstant bleiben muss. Wir betrachten ein Element ΔM und die zugehörige Geschwindigkeitsänderung Δv des Raketenkörpers. Dann muss also gelten

$$M \cdot v = \underbrace{(M - \Delta M)(v + \Delta v)}_{\text{Impuls des Raketenkörpers}} \quad + \quad \underbrace{(v - u)\Delta M}_{\text{Impuls der ausgestossenen Masse}}$$

Nach Vereinfachung ergibt sich

$$0 = M\Delta v - \Delta M \cdot \Delta v - u\Delta M$$

oder zunächst

$$M = u \cdot \frac{\Delta M}{\Delta v} + \Delta M\,.$$

Falls wir zu Differentialen übergehen: wenn $\Delta v \to 0$ wird auch $\Delta M \to 0$ gelten. Weiter beachten wir, dass dv negativ ist, wenn dM positiv ist.

Damit ergibt sich aus unserer letzten Beziehung die einfache Differentialgleichung

$$-u\,\frac{dM}{dv} = M\,.$$

Wir nehmen an, dass beim Start ($v = 0$) die Gesamtmasse $M(0) = M_R + M_B$ (Rakete + Brennstoff) ist, die Endgeschwindigkeit v_E ist dann erreicht, wenn $M = M_R$. Somit ergibt sich nach Separation und Integration aus der Differentialgleichung

$$-\int_{M_0}^{M_R} \frac{dM}{M} = \frac{1}{u}\int_0^{v_E} dv = \frac{v_E}{u}\,,$$

und nach Ausführung der Integration

$$\ln\left(\frac{M_R + M_B}{M_R}\right) = \frac{v_E}{u}$$

d.h.

("Raketengleichung")

$$\boxed{v_E = u\cdot\ln\left(1 + \frac{M_B}{M_R}\right)\,.}$$

BEMERKUNG:

Falls die Rakete einen Satelliten in eine Umlaufbahn bringen soll, ist die Endgeschwindigkeit v_E vorgegeben. Die Ausstossgeschwindigkeit u ist ebenfalls durch den benützten Treibstoff bestimmt. Es ergibt sich dann, dass eine einstufige Rakete viel zu gross sein müsste. Man muss sie deshalb in mehrere Stufen zerlegen, um das Verhältnis M_B/M_R möglichst gross zu machen. Mathematisch bedeutet das, dass wir die Differentialgleichung

$$-u\,\frac{dM}{dv} = M$$

mit einer Anfangsbedingung $M(0) = M_0 = M_B^1 + M_R^1$, $V_0 = 0$, zuerst lösen, bis die Endgeschwindigkeit

$$v_E^1 = u\cdot\ln\left(1 + \frac{M_B^1}{M_R^1}\right)$$

erreicht. Dann startet man mit M_B^2, M_R^2 und $v_0 = v_E^1$ neu, bis auch diese Stufe ausgebrannt ist, usw.

(4) *Logistisches Wachstum*

Es sei $p(t)$ die Anzahl Spezies irgendeiner Population. Biologisch ist es nun fast immer sinnvoll, anzunehmen, dass, falls die Anzahl nicht zu gross ist, die Wachstumsrate proportional zur Anzahl $p(t)$ ist. Falls die Anzahl weiter zunimmt, werden immer mehr limitierende Faktoren eine Rolle spielen, die ein ungehemmtes Wachstum verunmöglichen. Als einfache Annahme betrachtet man deshalb Wachstumsraten $\frac{dp}{dt} = f(p)$ mit den Eigenschaften:

a) $f(p) \sim \alpha \cdot p$, falls p klein ($\alpha = \text{const.}$) .

b) $f(p) < 0$ für $p > p^*$.

Bild:

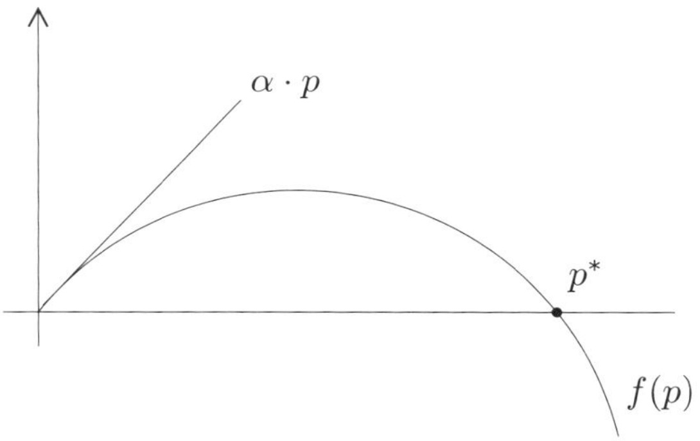

Als einfache Variante bietet sich an:

$$f(p) = \alpha\Big(p - \frac{p^2}{p^*}\Big) , \quad (= \text{“logistisches Wachstum”}) .$$

Die Differentialgleichung lautet also:

$$\frac{dp}{dt} = \alpha\Big(p - \frac{p^2}{p^*}\Big) ,$$

mit der Anfangsbedingung $p(0) = p_0$.

Nach Separation erhält man

$$\int_{p_0}^{p(t)} \frac{dp}{p - \frac{p^2}{p^*}} = \alpha \cdot t .$$

Wir integrieren durch Partialbruchzerlegung:

$$\frac{1}{p(1-\frac{p}{p^*})} = \left(\frac{1}{p^*-p} + \frac{1}{p}\right).$$

Also ist das Integral

$$[\ln(p) - \ln(p^*-p)]\Big|_{p_0}^{p(t)} = \ln\left(\frac{p}{p^*-p}\right)\Big|_{p_0}^{p(t)}$$

$$= \ln \frac{\frac{p(t)}{p^*-p(t)}}{\frac{p_0}{(p^*-p_0)}}.$$

Umformung durch Entlogarithmieren führt dann zu

$$\frac{p(t)}{p^*-p(t)} = \frac{p_0}{p^*-p_0}\, e^{\alpha t},$$

und Auflösung dieser Gleichung nach $p(t)$ ergibt

$$\boxed{p(t) = \frac{p_0 \cdot p^*}{p_0 - (p_0 - p^*)\, e^{-\alpha t}}.}$$

Die "Geschichte" der Population ist nun leicht zu verfolgen:

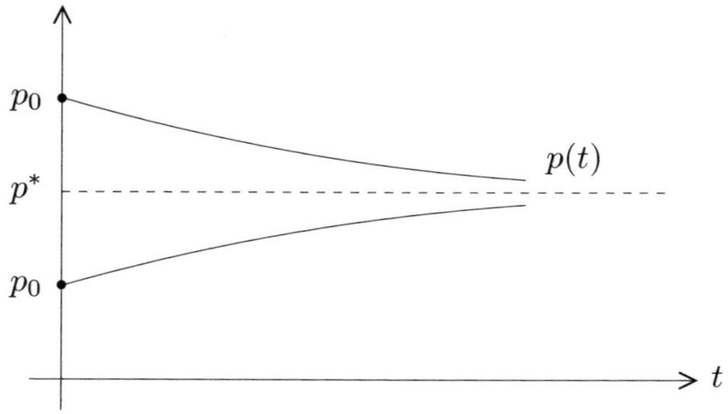

Die Zahl $p(t)$ nähert sich immer dem Gleichgewichtswert p^*.

Nach diesem Ausflug, der schon einen Eindruck von der Vielfalt der Anwendungen der Differentialgleichungen gibt, kehren wir zurück zur rein mathematischen Theorie und betrachten noch 3 Typen, die sich sofort auf separierbare Differentialgleichungen zurückführen lassen.

A. $y' = f(ax + by + c)$.

Der naheliegende Ansatz ist, die neue unbekannte Funktion

$$u(x) = ax + by(x) + c$$

einzuführen. Dann gilt

$$u' = a + b \cdot y' ,$$

d.h.

$$y' = \frac{u' - a}{b} ,$$

und die Differentialgleichung kann umgeschrieben werden auf u und ist somit separierbar:

$$\frac{u' - a}{b} = f(u) \iff u' = a + b \cdot f(u) .$$

Also gilt

$$\int \frac{du}{a + b \cdot f(u)} = x .$$

Falls sich dieses Integral berechnen lässt ($= I(u)$), muss noch die Gleichung

$$(*) \qquad I(ax + by + c) = x$$

nach y aufgelöst werden können, was natürlich meistens einiges Glück braucht. Für viele Überlegungen genügt aber die sogenannte implizite Form (*) schon.

B. $y' = f\left(\frac{y}{x}\right)$.

Auch hier wählt man eine neue unbekannte Funktion

$$u = \frac{y(x)}{x} .$$

Dann ist

$$y' = (u \cdot x)' = u' \cdot x + u ,$$

und die Differentialgleichung lautet für u

$$u' \cdot x + u = f(u) \iff u' = \frac{f(u) - u}{x} \,,$$

woraus folgt

$$\underbrace{\int \frac{du}{f(u) - u}}_{I(u)} = \int \frac{dx}{x} = \ln|x| + \text{const.} = \ln(c \cdot |x|) \,.$$

In günstigen Fällen kann man die Gleichung

$$(**) \qquad I\Big(\frac{y}{x}\Big) = \ln(c \cdot |x|)$$

wieder nach y auflösen, ansonsten hat man die Lösung mindestens in der impliziten Form $(**)$.

C. Lineare Differentialgleichung 1. Ordnung oder Variation der Konstanten
$y' + p(x)\, y = q(x)$.

Wir betrachten zuerst den Spezialfall $q(x) = 0$ ("homogenes Problem"), d.h.

$$y_h' + p(x)\, y_h = 0 \,,$$

welche separierbar ist:

$$\frac{dy_h}{y_h} = -p(x)\, dx \,.$$

Wir setzen

$$P(x) = \int_{x_0}^{x} p(s)\, ds \quad x_0 \text{ wählbar} \,,$$

dann lässt sich $y_h(x)$ schreiben als

$$y_h(x) = C \cdot e^{-P(x)} \,.$$

Als nächstes machen wir folgende Überlegung, die wir in abgewandelter Form noch mehrmals anstellen werden:

Es seien y_1, y_2 zwei beliebige Lösungen der Ausgangsgleichung, also

$$y_1' + p(x)\, y_1 = q(x)$$
$$y_2' + p(x)\, y_2 = q(x) \,.$$

Nach Subtraktion folgt wegen der Linearität der Ableitung

$$(y_1 - y_2)' + p(x)(y_1 - y_2) = 0 \ .$$

Also gilt: die Differenz zweier beliebiger Lösungen des inhomogenen Problems ist eine Lösung des homogenen Problems.

Wir formulieren diesen Zusammenhang so:

Um die allgemeine Lösung des inhomogenen Problems zu erhalten, genügt es, die allgemeine Lösung des homogenen Problems zu kennen, plus eine spezielle Lösung des inhomogenen Problems.

Hier heisst "allgemeine Lösung": eine Lösung, die eine freie Konstante c enthält, so, dass eine beliebige "Anfangsbedingung" $y(x_0) = y_0$ erfüllt werden kann.

"Spezielle Lösung": eine Lösung, die mit einem besonderen Ansatz oder durch schlichtes Erraten gefunden wurde.

Eine solche spezielle Lösung y_p nennt man eine partikuläre Lösung und konstruieren wir nun noch durch den Ansatz ("Variation der Konstanten")

$$y_p = C(x)\, e^{-P(x)} \ .$$

Wir setzen in der Differentialgleichung ein:

$$y_p' + p(x)\, y_p = C'(x)\, e^{-P(x)} - p(x)\, C(x) e^{-P(x)} + p(x)\, C(x) e^{-P(x)} = q(x) \ .$$

Also muss gelten

$$C'(x) = q(x)\, e^{P(x)} \, ,$$

d.h.

$$C(x) = \int q(x)\, e^{P(x)} dx \ .$$

Damit können wir die allgemeine Lösung schreiben in der Form

$$y = C \cdot e^{-P(x)} + e^{-P(x)} \int_{x_0}^{x} q(s)\, e^{P(s)}\, ds \ .$$

Wir fassen zusammen im

SATZ:

Die Lösung des Anfangswertproblems

$$y' + p(x)y = q(x)$$
$$y(x_0) = y_0$$

ist gegeben durch

$$y(x) = y_0\, e^{-P(x)} + e^{-P(x)} \int_{x_0}^{x} q(s)\, e^{P(s)} ds, \; P(x) = \int_{x_0}^{x} p(t)\, dt\,.$$

BEISPIEL:
Betrachte die untenstehende Figur. Gesucht ist die Kurve C, so dass die Fläche des Halbkreises $H+$ die Fläche des Dreiecks OAB gleich gross ist wie die Fläche zwischen der Kurve C und der x-Achse.

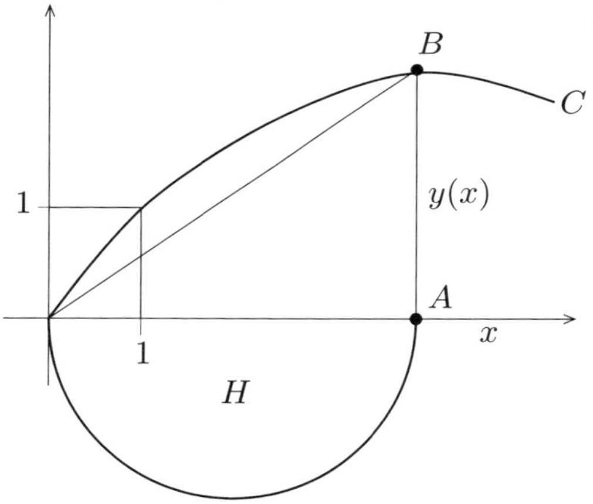

Nehmen wir an, dass die Kurve C beschrieben wird durch die Funktion $y = y(x)$, so gilt für $y(x)$ folgende Integralgleichung:

$$\int_0^x y(t)\, dt = \frac{1}{2} x \cdot y(x) + \frac{1}{2} \cdot \pi \cdot \left(\frac{x}{2}\right)^2$$

Leiten wir beide Seiten dieser Gleichung nach x ab, so erhalten wir die folgende Differentialgleichung

$$y(x) = \frac{1}{2} y(x) + \frac{1}{2} x \cdot y'(x) + \frac{\pi}{4} x.$$

Nach Umformen und zusammen mit der Anfangsbedingung $y(0)$ haben wir nun folgendes Anfangswertproblem:

$$y' - \frac{y}{x} = -\frac{\pi}{2}$$
$$y(0) = 0$$

Durch einsetzen in die Lösungsformel erhalten wir nun:

$$y(x) = x - \frac{\pi}{2} x \ln x$$

Man beantworte noch folgende Fragen:

- $\lim\limits_{x \to 0} y(x) = ?$
- Wann wird $y(x)$ negativ ?
- Wann wird die Gesamtfläche negativ?

Übungsaufgaben zu Kapitel 4.1

1 Finde eine Differentialgleichung, in der sowohl $y(x)$ als auch eine der ersten beiden Ableitungen $y'(x)$ bzw. $y''(x)$ vorkommen, so dass die jeweils gegebene Funktion y eine Lösung dieser Differentialgleichung ist:

a) $y(x) = x^\alpha, \quad \alpha \neq 0$
b) $y(x) = e^{\lambda x}$
c) $y(x) = \tan(x)$

2 Wir betrachten die beiden Differentialgleichungen:

(i) $y'(x) = \frac{y(x)-2}{x-1}, \qquad y(2) = \frac{3}{2}$

(ii) $y'(x) = y(x)\cos(x), \quad y(-\frac{\pi}{2}) = \frac{1}{4}$

a) Zeichnen Sie die Richtungsfelder für:

(i) $(x,y) \in [2,4] \times [0,3]$ bzw. (ii) $(x,y) \in [-\frac{\pi}{2}, \frac{3\pi}{2}] \times [-2,2]$

b) Lösen Sie die beiden Differentialgleichungen (i) und (ii).

c) Zeichnen Sie die gefundenen Lösungen in die Skizze aus Teil **a)** ein.

3 Gewisse chemische Reaktionen führen auf die Differentialgleichung

$$\frac{dm}{dt} = -ke^{\alpha m} ,$$

wobei k, α positive Konstanten sind und $m(t)$ die Substanzmenge zur Zeit t angibt.

a) Geben Sie die Lösung, die $m(0) = m_0 > 0$ erfüllt.

b) Nach welcher Zeit ist noch die Hälfte der Anfangsmenge vorhanden?

4 Berechnen Sie die Lösung des Anfangswertproblems

$$\begin{cases} y' + y = 1 + x \, , \ x > 0 \\ y(0) = 2 \, . \end{cases}$$

5 $y' = \dfrac{1}{x + y + 1}$.

Welche Lösung geht durch den Punkt $(1, 0)$?

Hinweis: Die Lösung kann in der Form $x = f(y)$ berechnet werden.

4.2 Lineare Differentialgleichungen n-ter Ordnung mit konstanten Koeffizienten

A. Allgemeines

Zuerst verallgemeinern wir den Zusammenhang zwischen homogenem und inhomogenem Problem auf die allgemeine lineare Differentialgleichung n-ter Ordnung

$$(L) \qquad x^{(n)}(t) + a_{n-1}(t) \cdot x^{(n-1)}(t) + \cdots + a_1(t)\,\dot{x}(t) + a_0(t)\,x(t) = r(t) ,$$

wobei wir im Moment die Variable als t gewählt haben, da in vielen Anwendungen t die Zeit ist.

Als **allgemeine Lösung** von (L) bezeichnen wir eine Lösung, die n freie Konstanten enthält, so dass sich damit n Bedingungen erfüllen lassen. Genauer wird sich das etwas später noch formulieren lassen. Die Koeffizientenfunktionen $a_0(t), a_1(t), \ldots, a_{n-1}(t)$ sind dabei gegebene Funktionen, von denen wir voraussetzen, dass sie im gesamten betrachteten t-Bereich mindestens stetig sind.

Für die folgenden Überlegungen führen wir noch die Abkürzung ein:

$$A[x(t)] = \frac{d^n x}{dt^n} + a_{n-1}(t)\,\frac{d^{n-1}x}{dt^{n-1}} + \cdots + a_1(t)\,\frac{dx}{dt} + a_0(t)\,x(t)\ .$$

Man kann nun noch den "Operator" A separat definieren als

$$A = \frac{d^n}{dt^n} + a_{n-1}(t)\,\frac{d^{n-1}}{dt^{n-1}} + \cdots + a_1(t)\,\frac{d}{dt} + a_0(t)\cdot I\ ,$$

wobei $I =$ "Identität". Am besten liest man A als Operationsbefehl: "Berechne die n-te Ableitung, addiere $a_{n-1}(t)$ mal die $(n-1)$-te Ableitung, plus $a_{n-2}(t)$ mal die $(n-2)$-te Ableitung usw., bis zu $a_1(t)$ mal die erste Ableitung, plus $a_0(t)$ mal die Funktion selbst". Für viele Überlegungen ist es eben wichtig, den Operationsbefehl an sich zu studieren! Für uns ist es im Moment vor allem eine bequeme Abkürzung. Man liest $A[x(t)]$ dann als: "Operator (oder Operationsbefehl) angewendet auf die Funktion $x(t)$".

Nach diesen Vorbereitungen können wir nun einige Eigenschaften eleganter formulieren und beweisen.

a) *A ist ein "linearer Operator":*

$$A[c_1\,x_1(t) + c_2\,x_2(t)] = c_1\,A[x_1(t)] + c_2\,A[x_2(t)]\ ,$$

c_1, c_2 beliebige Konstanten.

Dies ist natürlich eine unmittelbare Konsequenz der Ableitungsregeln (überlegen Sie die genauen Details selbst!).

b) *Prinzip der Superposition:*

Falls $r(t)$ in (L) von der Form

$$r(t) = \sum_{k=1}^{n} c_k \cdot r_k(t)$$

ist, dann kann die zugehörige Lösung $x(t)$ geschrieben werden als

$$x(t) = \sum_{k=1}^{n} c_k \cdot x_k(t) \ ,$$

wobei $x_k(t)$ eine Lösung ist von

$$A[x_k(t)] = r_k(t) \ .$$

Dies ist wieder eine Folge der Linearität von A, denn

$$A\Big[\sum_{k=1}^{n} c_k\, x_k(t)\Big] = \sum_{k=1}^{n} c_k\, A[x_k(t)] = \sum_{k=1}^{n} c_k \cdot r_k(t) = r(t) \ .$$

Man kann auch so formulieren: Anwendung eines linearen Operators und Linearkombination von Funktionen (wichtig: Linearkombination mit konstanten Faktoren!) dürfen miteinander vertauscht werden.

c)

Allgemeine Lösung des inhomogenen Problems = allgemeine Lösung des homogenen Problems + spezielle Lösung des inhomogenen Problems.

Diese Überlegung ist auch eine Folge der Linearität von A. Es gelte für zwei beliebige Lösungen $x_1(t)$, $x_2(t)$:

$$A[x_1(t)] = r(t)$$
$$A[x_2(t)] = r(t) \ .$$

Dann ist nach b)

$$A[x_1(t) - x_2(t)] = 0 \ ,$$

d.h. $x_1(t) - x_2(t)$ ist eine Lösung des homogenen Problems. Also hat man mit der allgemeinen Lösung des homogenen Problems, die also n freie Konstanten enthält, auch die allgemeine Lösung des inhomogenen Problems, sofern es uns gelingt, irgend eine einzige Lösung des inhomogenen Problems zu bekommen.

d) *Komplexwertige Lösungen*

Für eine komplexwertige Funktion

$$z(t) = x(t) + i \cdot y(t)$$

wurde die Ableitung ja ebenfalls definiert als

$$\dot{z}(t) = \dot{x}(t) + i \cdot \dot{y}(t) \ ,$$

und allgemeiner können wir definieren

$$A[z(t)] = A[x(t)] + iA[y(t)] \ ,$$

wobei natürlich vorausgesetzt ist, dass alle Koeffizientenfunktionen $a_k(t)$ von A reell sind. Es ist nun oft so, dass es bequemer ist, zuerst eine komplexwertige Lösung zu finden und von dieser aus dann die eigentliche gesuchte reelle Lösung zu bestimmen. Dazu werden wir folgenden Sachverhalt benützen:

Falls

$$A[z(t)] = \alpha(t) + i\beta(t) \ ,$$

dann gilt

$$A[x(t)] = \alpha(t)$$
$$A[y(t)] = \beta(t) \ .$$

Insbesondere gilt: Falls $A[z(t)] = 0$, dann sind auch der Real- und der Imaginärteil Lösungen des homogenen Problems.

B. Die homogene lineare Differentialgleichung n-ter Ordnung mit konstanten Koeffizienten

Ein einfacher, aber wichtiger Spezialfall der Differentialgleichung (L) ist natürlich $a_k(t) = a_k = \text{const}$, $k = 0, ..., n$, $r(t) = 0$.

Wir suchen jetzt also die allgemeine Lösung von

$$(H) \qquad x^{(n)} + a_{n-1}\, x^{(n-1)} + \cdots + a_1\, \dot{x} + a_0\, x = 0 \ .$$

Der folgende Ansatz liegt dann nahe:

$$x(t) = e^{\lambda t}, \ \lambda \text{ zu bestimmen}.$$

Einsetzen in der Differentialgleichung ergibt

$$e^{\lambda t}\,\underbrace{\{\lambda^n + a_{n-1}\cdot\lambda^{n-1} + \cdots + a_1\lambda + a_0\}}_{Q(\lambda)} = 0\,.$$

$Q(\lambda)$ heisst dann das "charakteristische Polynom", dessen Bildung man sich leicht merken kann: einer k-ten Ableitung entspricht eine Potenz λ^k. Nun müssen wir ein paar Fallunterscheidungen vornehmen.

a) *$Q(\lambda)$ hat n verschiedene reelle Nullstellen λ_k.*

Dann hat man n verschiedene Lösungen der Form $e^{\lambda_k t}$ und nach dem Superpositionsprinzip ist

$$x(t) = \sum_{k=1}^{n} c_k \cdot e^{\lambda_k t}$$

auch eine Lösung von (H). Diese Lösung enthält n freie Konstanten c_k. Da die λ_k alle verschieden sind, ist es weiter nicht möglich, eine Kombination von Konstanten c_k zu finden, so dass

$$\sum_{k=1}^{n} c_k\, e^{\lambda_k t} = 0 \text{ für alle } t\,.$$

Wir können insbesondere n Anfangsbedingungen von der Form

$$\begin{cases} x(0) &= x_0 \\ \dot{x}(0) &= x_1 \\ \vdots & \\ x^{(n-1)}(0) &= x_{n-1} \end{cases}$$

durch passende Wahl der c_k erfüllen.

Dies könnte man an dieser Stelle mit den Methoden der Linearen Algebra allgemein beweisen. Wir werden dies später in praktischen Beispielen verifizieren.

Wir haben also die allgemeine Lösung im vorliegenden Falle gefunden.

b) *Mehrfache reelle Nullstellen*

Wir beginnen mit einer doppelten Nullstelle: Dazu lässt man zwei benachbarte einfache Nullstellen zusammenrücken:

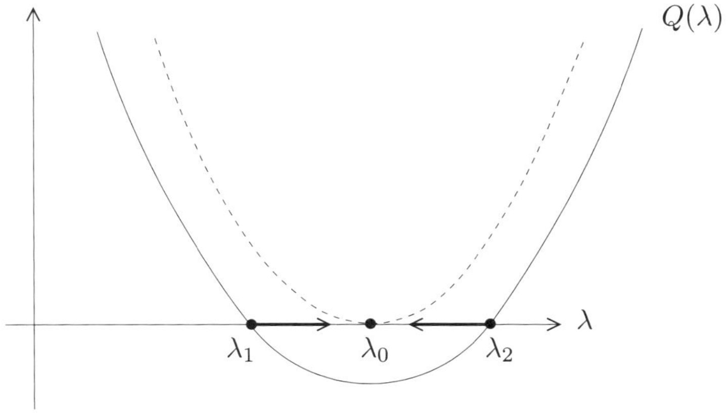

Es gilt jetzt also $Q(\lambda_0) = 0$, $Q'(\lambda_0) = 0$. Nun hätte man nicht mehr n-Terme der Form $e^{\lambda_k t}$. Man muss jetzt also eine weitere Lösung bestimmen. Dazu kann man die folgende heuristische Überlegung machen ("heuristisch" von "heureka" ($\epsilon\upsilon\rho\eta\kappa\alpha$), griechisch: "ich hab's (gefunden)"):

Sei $\lambda_1 = \lambda_0$, $\lambda_2 = \lambda_0 + \epsilon$, ϵ klein. Dann ist

$$\frac{e^{(\lambda_0+\epsilon)t} - e^{\lambda_0 t}}{\epsilon} = e^{\lambda_0 t}\,\frac{e^{\epsilon t} - 1}{\epsilon}$$

eine Lösung von (H). Wenn wir jetzt den Grenzwert $\epsilon \to 0$ durchführen, dann ist nach der Regel von Bernoulli:

$$\lim_{\epsilon\to 0} \frac{e^{\epsilon t} - 1}{\epsilon} = \lim_{\epsilon\to 0} \frac{t \cdot e^{\epsilon t}}{1} = t\,.$$

Wir haben also neben der Lösung $e^{\lambda_0 t}$ noch eine weitere mögliche Lösung $te^{\lambda_0 t}$ gefunden, was wir zu verifizieren haben. Es muss gelten:

$$A[te^{\lambda_0 t}] = (t \cdot e^{\lambda_0 t})^{(n)} + \cdots + (te^{\lambda_0 t})^{\cdot} \cdot a_1 + te^{\lambda_0 t} \cdot a_0 = 0\,.$$

Nach der Leibnizregel gilt aber für $k \geq 1$

$$(t \cdot e^{\lambda_0 t})^{(k)} = \sum_{\ell=0}^{k} \binom{k}{\ell} t^{(\ell)} \cdot (e^{\lambda_0 t})^{(k-\ell)}\,,$$

und weiter ist

$$t^{(\ell)} = 0 \ \text{ für } \ \ell > 1\,.$$

Also bleibt nur übrig

$$\begin{aligned}(t\cdot e^{\lambda_0 t})^{(k)} &= \binom{k}{0}\, t\cdot (e^{\lambda_0 t})^{(k)} + \binom{k}{1}\cdot (e^{\lambda_0 t})^{(k-1)}\\ &= t\cdot e^{\lambda_0 t}\cdot \lambda_0^k + k\cdot e^{\lambda_0 t}\cdot \lambda_0^{k-1}\,.\end{aligned}$$

Damit kann man schreiben

$$\begin{aligned}A[te^{\lambda_0 t}] &= t\cdot e^{\lambda_0 t}\{\lambda_0^n + a_{n-1}\,\lambda_0^{n-1} + \cdots + a_1\lambda_0 + a_0\}\\ &\quad + e^{\lambda_0 t}\{n\cdot \lambda_0^{n-1} + (n-1)a_{n-1}\cdot \lambda_0^{n-2} + \cdots + a_1\}\\ &= t\cdot e^{\lambda_0 t}\cdot Q(\lambda_0) + e^{\lambda_0 t}\cdot Q'(\lambda_0) = 0\,.\end{aligned}$$

Somit ist $te^{\lambda_0 t}$ in der Tat eine weitere Lösung falls $Q'(\lambda_0) = 0$.

Jetzt kann man erraten, wie es weitergeht, falls eine Nullstelle λ_0 p-fach ist: es gilt dann

$$Q(\lambda_0) = Q'(\lambda_0) = \cdots = Q^{(p-1)}(\lambda_0) = 0\,.$$

Der Ansatz für die weiteren Lösungen von (H) nebst $e^{\lambda_0 t}$ heisst dann entsprechend

$$te^{\lambda_0 t},\ t^2 e^{\lambda_0 t}, \ldots, t^{p-1}e^{\lambda_0 t}\,.$$

Wir führen die Rechnung noch durch für den Term $t^2 e^{\lambda_0 t}$. Nach der Leibnizformel ist

$$\begin{aligned}(t^2\, e^{\lambda_0 t})^{(k)} = t^2\cdot e^{\lambda_0 t}\cdot \lambda_0^k + \binom{k}{1}\, 2te^{\lambda_0 t}\cdot \lambda_0^{k-1}\\ + \binom{k}{2}\, 2e^{\lambda_0 t}\cdot \lambda_0^{k-2}\,.\end{aligned}$$

Damit erhält man jetzt

$$\begin{aligned}A[t^2 e^{\lambda_0 t}] &= t^2 e^{\lambda_0 t}\cdot Q(\lambda_0)\ +\ 2te^{\lambda_0 t} Q'(\lambda_0) +\\ &\qquad e^{\lambda_0 t}\,\underbrace{\{n(n-1)\,\lambda_0^{n-2} + \cdots + 3\cdot 2\cdot \lambda_0\, a_3 + 2a_2\}}_{Q''(\lambda_0)}\,,\end{aligned}$$

d.h. $A[t^2 e^{\lambda_0 t}] = 0$, da ja $Q(\lambda_0) = Q'(\lambda_0) = Q''(\lambda_0) = 0$. Die Rechnung verläuft analog für die restlichen Terme.

Also haben wir gefunden:

> Zu einer p-fachen Nullstelle gehören die p Lösungen
>
> $$e^{\lambda_0 t},\ te^{\lambda_0 t}, \ldots, t^{p-1}e^{\lambda_0 t}\,.$$

c) *Komplexe Nullstellen*

Da die Koeffizienten a_k von $Q(\lambda)$ nach Voraussetzung alle reell sind, wissen wir, dass komplexe Nullstellen immer konjugiert auftreten. Sei jetzt

$$\lambda_1 = \alpha + i\beta, \quad \bar{\lambda}_1 = \alpha - i\beta$$

ein solches Paar. Die zugehörigen Lösungen von (H) sind dann

$$e^{\alpha t} \cdot e^{i\beta t},\ e^{\alpha t} \cdot e^{-i\beta t}\ .$$

Um reelle Lösungen zu finden, benutzen wir das nach dem Superpositionsprinzip

$$e^{\alpha t} \underbrace{\left(e^{i\beta t} + e^{-i\beta t}\right)}_{2\cos\beta t}, \quad \frac{1}{i}\, e^{\alpha t} \underbrace{\left(e^{i\beta t} - e^{-i\beta t}\right)}_{2i \cdot \sin\beta t}$$

auch wieder Lösungen sind. Damit erhalten wir das Resultat:

> Zu den einfachen komplexen Nullstellen $\lambda = \alpha \pm i\beta$ gehören die **reellen** Lösungen
>
> $$e^{\alpha t} \cdot \cos\beta t, \quad e^{\alpha t} \cdot \sin\beta t\,.$$

Völlig analog sieht die Sache für mehrfache komplexe Nullstellen aus:

$$e^{\alpha t} \cdot \cos\beta t,\ te^{\alpha t} \cdot \cos\beta t, \ldots, t^{p-1}e^{\alpha t} \cdot \cos\beta t$$
$$e^{\alpha t} \cdot \sin\beta t,\ te^{\alpha t} \cdot \sin\beta t, \ldots, t^{p-1}e^{\alpha t} \cdot \sin\beta t$$

ist dann die Liste der reellen Lösungen. Dieselbe Antwort hätten wir auch erhalten, indem wir ausnützen, dass mit einer komplexen Lösung $z(t)$ von (H) auch Real- und Imaginärteil von $z(t)$ Lösungen sind.

C. Inhomogene Gleichung

Für die inhomogene Differentialgleichung

$$(I) \qquad x^{(n)} + a_{n-1}\, x^{(n-1)} + \cdots + a_1\, \dot{x} + a_0\, x = r(t)$$

werden wir in diesem Abschnitt spezielle Lösungen finden, falls $r(t)$ aus Summen und Produkten von Termen t^k, e^{at}, $\cos\omega t$, $\sin\omega t$ besteht. Wir unterteilen in verschiedene Fälle:

a) $r(t) = e^{at}$, *a reell oder komplex*

Es liegt nahe, die Lösung $x(t)$ selbst von dieser Form anzusetzen:

$$x = c \cdot e^{at}, \quad c \text{ zu bestimmen} .$$

Eingesetzt in (I) führt dieser Ansatz zu

$$ce^{at} \cdot Q(a) = e^{at} ,$$

d.h., falls $Q(a) \neq 0$, ist eine spezielle Lösung von (I)

$$\boxed{x(t) = \frac{1}{Q(a)}\, e^{at} .}$$

Falls $Q(a) = 0$, ist e^{at} selbst eine Lösung der zugehörigen homogenen Gleichung. In Analogie zum Abschnitt B machen wir den Ansatz

$$x(t) = c\, t^p\, e^{at} ,$$

falls a eine p-fache Nullstelle ist.

Wir führen die Rechnung zuerst für $p = 1$ durch und benützen die Überlegung von Abschnitt B. Dort haben wir gefunden

$$A[te^{at}] = te^{at} \cdot \underbrace{Q(a)}_{0} + e^{at} \cdot \underbrace{Q'(a)}_{\neq 0} \overset{\text{soll}}{=} e^{at} .$$

Wir erhalten also

$$x(t) = \frac{1}{Q'(a)}\, te^{at} , \qquad \text{falls } Q(a) = 0,\ Q'(a) \neq 0$$

und analog

$$\boxed{x(t) = \frac{1}{Q^{(p)}(a)}\, t^p\, e^{at}} , \quad \text{falls } a = p\text{-fache Nullstelle von } Q.$$

b) $r(t) = e^{\alpha t}\begin{cases} \sin \omega t \\ \cos \omega t \end{cases}$

Diesen Fall können wir direkt auf den vorherigen zurückführen, indem wir ausnützen, dass

$$e^{\alpha t} \cdot \sin \omega t = Im\, e^{(\alpha + i\omega)t}, \; e^{\alpha t} \cdot \cos \omega t = Re\, e^{(\alpha + i\omega)t} \; .$$

Also bestimmen wir zuerst eine komplexwertige Lösung $z(t)$ von

$$A[z(t)] = e^{(\alpha + i\omega)t}$$

nach Fall a) und berechnen dann Real- oder Imaginärteil. Es gilt also z.B.

$$x(t) = t^p \cdot Im\Big\{ \frac{1}{Q^{(p)}(\alpha + i\omega)} \, e^{(\alpha + i\omega)t} \Big\} \, ,$$

falls $\alpha + i\omega$ eine p-fache Nullstelle von Q ist und $r(t) = e^{\alpha t} \cdot \sin \omega t$.

c) $r(t) =$ *Polynom* $R_m(t)$

Wenn man beachtet, dass der Operator A ein Polynom in ein Polynom überführt, ist es evident, dass man als spezielle Lösung von (I) dann wieder ein Polynom $P_m(t)$ wählen kann. Es ist noch zu beachten, dass der Grad von $A[P_m(t)] = m$, falls $a_0 \neq 0$, und allgemein der Grad von $A[P_m(t)] = m - q - 1$, falls $a_0 = a_1 = \cdots = a_q = 0$, $a_{q+1} \neq 0$.

Damit ergibt sich der Ansatz

$$x(t) = P_{m+q+1}(t) = b_{m+1} t^{m+q+1} + \cdots + b_1 t^{1+q} + b_0 t^q \, ,$$

falls $a_0 = 0, \; a_1 = 0, \ldots, a_q = 0$.

Die Unbekannten $b_0, \ldots, b_m$ bestimmen sich durch Koeffizientenvergleich der entsprechenden Potenzen von t aus der Relation

$$A[P_{m+q+1}(t)] = R_m(t) \, .$$

Dies führt zu einem linearen Gleichungssystem.

d) $r(t) = R_m(t)\, e^{at}$

Man muss sich wiederum nur überlegen, dass $A[R_m(t)\, e^{at}]$ wieder von der Form $\widetilde{R}_m(t)\, e^{at}$ ist. Falls aber a eine p-fache Nullstelle von Q ist, sind Terme der Form $t^q\, e^{at}$ Lösungen der homogenen Gleichung für $0 \leq q \leq p-1$. Also heisst der richtige Ansatz

$$\boxed{x(t) = P_m(t) \cdot t^p e^{at}} \,, \quad \text{falls } a = p\text{-fache Nullstelle von } Q \,.$$

$P_m(t)$ erhält man dann durch Koeffizientenvergleich.

BEISPIELE ZU B UND C:

(1) $\ddot{x} + 4x = \sin 2t + t^2$: *allgemeine Lösung?*

Zuerst bestimmen wir die allgemeine Lösung der homogenen Gleichung:

$$Q(\lambda) = \lambda^2 + 4 \,.$$

Die Nullstellen sind $\lambda_{1,2} = \pm\, 2i$, d.h., die komplexe Form der Lösung ist $c_1\, e^{2it} + c_2\, e^{-2it}$ und die reelle Form $a \sin 2t + b \cos 2t$, a, b reelle Konstanten. Da $r(t) = \sin 2t + t^2$ eine Summe ist, betrachten wir nach dem Superpositionsprinzip gesondert die Gleichungen

$$\ddot{x} + 4x = \sin 2t \tag{1}$$

und

$$\ddot{x} + 4x = t^2 \,. \tag{2}$$

Für (1) erhalten wir nach b), Abschnitt C, mit $\alpha = 0$, $\omega = 2$, da hier $Q(2i) = 0$

$$x(t) = t \cdot Im\Big\{\frac{1}{Q'(2i)}\; e^{2it}\Big\} = \; t \cdot Im\Big\{\frac{1}{4i}\; e^{2it}\Big\} = -\frac{t}{4}\; \cos 2t \,.$$

Für (2) machen wir den Ansatz

$$P_m(t) = P_2(t) = b_0 + b_1\, t + b_2\, t^2 \,.$$

Einsetzen in (2):

$$2b_2 + 4(b_0 + b_1\, t + b_2\, t^2) = t^2 \,.$$

Also muss gelten:

$$b_2 = \frac{1}{4} \,, \quad b_1 = 0 \,, \quad b_0 = -\frac{1}{8} \,.$$

Zusammenfassend ist damit die allgemeine Lösung

$$x(t) = a \sin 2t + b \cos 2t - \frac{t}{4} \cos 2t + \frac{1}{4} t^2 - \frac{1}{8} \, .$$

(2) *Lösung des Anfangswertproblems*

$$\begin{cases} \dddot{x} \; -2\dot{x} = te^{-t} \\ x(0) = 1, \; \dot{x}(0) = 0, \; \ddot{x}(0) = 0 \end{cases}$$

Wir benötigen zuerst die allgemeine Lösung der Differentialgleichung. Hier ist

$$Q(\lambda) = \lambda^3 - 2\lambda = \lambda(\lambda^2 - 2) \, ,$$

mit den Nullstellen $0, \sqrt{2}, -\sqrt{2}$. Damit ist die allgemeine Lösung $x_h(t)$ der homogenen Gleichung

$$x_h(t) = a + be^{\sqrt{2}\,t} + ce^{-\sqrt{2}\,t} \, .$$

Für die Lösung $x_i(t)$ des inhomogenen Problems lautet hier der Ansatz

$$x_i(t) = (b_0 + b_1 t)\, e^{-t} \, .$$

Eingesetzt in der Differentialgleichung folgt

$$-e^{-t}(b_0 + b_1 t) + 3e^{-t} \cdot b_1 - 2[-e^{-t}(b_0 + b_1 t) + b_1\, e^{-t}] = te^{-t} \, .$$

Also muss gelten

$$\begin{cases} -b_0 + 3b_1 + 2b_0 - 2b_1 = 0 \\ \qquad\qquad\quad -b_1 + 2b_1 = 1 \, , \end{cases}$$

d.h., $b_1 = 1$, $b_0 = -1$; damit ist die allgemeine Lösung der Differentialgleichung

$$x(t) = a + be^{\sqrt{2}\,t} + ce^{-\sqrt{2}\,t} + (t-1)\, e^{-t} \, .$$

Die Anfangsbedingungen verlangen jetzt

$$x(0) = a + b + c - 1 = 1$$

$$\dot{x}(0) = \sqrt{2}\, b - \sqrt{2} c + 2 = 0$$

$$\ddot{x}(0) = 2b + 2c - 3 = 0 \, ,$$

woraus sich ergibt:

$$a = \frac{1}{2}, \quad b = \frac{3-\sqrt{8}}{4}, \quad c = \frac{3+\sqrt{8}}{4}.$$

ANGEWANDTE BEISPIELE:

1. Anfangswertprobleme

Wir betrachten hier Probleme aus der Physik, die auf den in diesem Abschnitt besprochenen Typus von Differentialgleichung führt, wobei die unabhängige Variable die Zeit t ist. Die gesuchte Funktion, also z.B. $x(t)$, muss dabei eine oder mehrere Anfangsbedingungen für $t = 0$ erfüllen. Diese Bedingungen ergeben sich aus physikalischen Überlegungen, aber es zeigt sich, dass sie genau richtig sind. Anders gesagt: sie sind so beschaffen, dass die Lösung der Differentialgleichung plus Anfangsbedingungen dadurch eindeutig bestimmt ist.

(1) *Federschwingung*

Dieses klassische Beispiel aus der Mechanik kann man sich zum Beispiel auf folgende Weise realisiert denken.Eine Masse m ist an einer Feder befestigt und kann in einer Führung auf- und abschwingen.

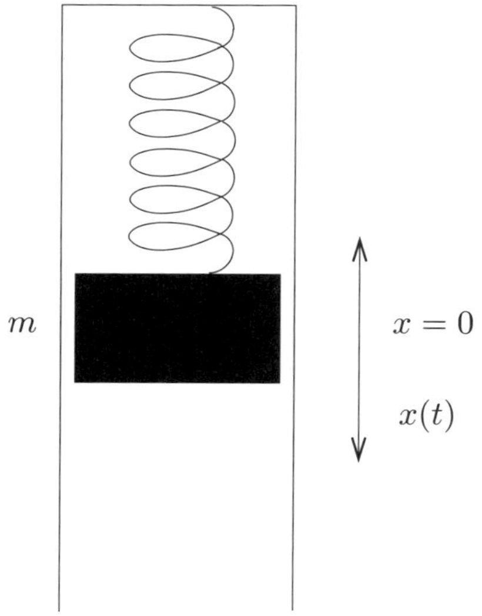

Wir nehmen an, die Gleichgewichtslage $x = 0$ sei so, dass dann die Feder ungespannt ist. Weiter soll die Feder einer Streckung oder Kompression eine Kraft entgegensetzen, die proportional zur Verschiebung aus der Ruhelage ist .

Wir denken uns die Feder z.B. nach unten verlängert, d.h. die Masse habe den Schwerpunkt bei $x(t)$.

Dann wirkt die Federkraft $F = -f \cdot x$, wobei die Konstante f angibt, wie stark die Feder ist. Nach dem Newton'schen Grundgesetz ergibt sich dann

$$m\,\ddot{x} = -fx\ .$$

Wir nehmen noch an, dass die Masse aus der Position x_0 losgelassen wird, d.h. ohne eine Anfangsgeschwindigkeit. Dies bedeutet, dass wir

$$x(0) = x_0,\ \dot{x}(0) = 0$$

verlangen. Wir setzen noch $\omega^2 = \frac{f}{m}$ und erhalten ohne grosse Anstrengung, dass die Lösung unseres Federproblems gegeben ist durch

$$x(t) = x_0 \cdot \cos(\omega t) \quad \text{(Federschwingung)}\ .$$

(2) *Federschwingung mit Reibung*

Wir gehen von der selben Situation aus wie im Beispiel (1), nehmen aber an, dass ein Reibungswiderstand proportional zur Geschwindigkeit vorliegt. Dies trifft näherungsweise zu, z.B. falls sich die Masse mit kleiner Geschwindigkeit in einer Flüssigkeit bewegt. Jetzt gilt also

$$m\ddot{x} = \underbrace{-fx}_{\text{Feder}} - \underbrace{\gamma\dot{x}}_{\text{Reibung}}\ .$$

Wir schreiben um:

$$\ddot{x} + \alpha\dot{x} + \omega^2 x = 0\ ,$$

wobei

$$\alpha = \frac{\gamma}{m}\ ,\ \omega^2 = \frac{f}{m}\ .$$

Das charakteristische Polynom $Q(\lambda) = \lambda^2 + \alpha\lambda + \omega^2$ hat dann die Nullstellen

$$\lambda_{1,2} = \frac{1}{2}\left(-\alpha \pm \sqrt{\alpha^2 - 4\omega^2}\right)\ .$$

Wir können damit drei Fälle unterscheiden:

a) $\alpha < 2\omega$ *(schwache Dämpfung)*

Die Nullstellen von $Q(\lambda)$ sind jetzt konjugiert komplex, d.h. die Lösung hat die Form

$$x(t) = e^{-\frac{\alpha}{2}t}(a\cos(\nu t) + b\cdot\sin(\nu t)),\ \nu = \sqrt{\omega^2 - \frac{\alpha^2}{4}}\,,$$

was eine gedämpfte Schwingung beschreibt.

Mögliches Bild:

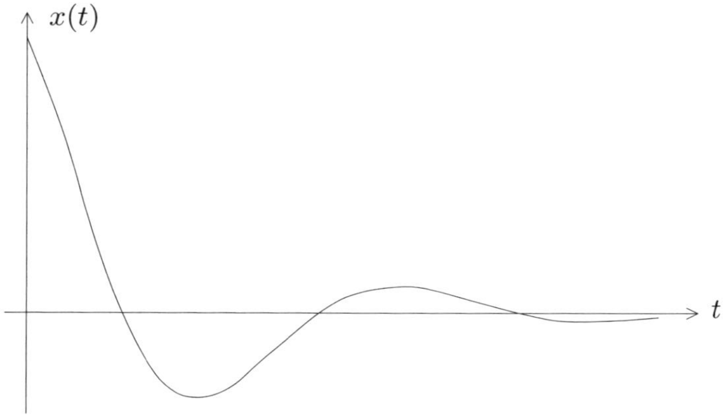

b) $\alpha > 2\omega$ *(starke Dämpfung)*

Die Nullstellen von $Q(\lambda)$ sind damit reell und beide negativ, die Lösung hat die Form

$$x(t) = a\cdot e^{-\beta_1 t} + be^{-\beta_2 t}\,,$$

wobei $\beta_1 = \frac{1}{2}\,(\alpha + \sqrt{\alpha^2 - 4\omega^2}),\ \beta_2 = \frac{1}{2}\,(\alpha - \sqrt{\alpha^2 - 4\omega^2})$.

Wir zeigen noch, dass die Schwingung höchstens einmal über die Ruhelage hinausschwingen kann. Es gilt

$$x(t) = a\cdot e^{-\beta_1 t} + be^{-\beta_2 t} = e^{-\beta_2 t}[ae^{-(\beta_1-\beta_2)t} + b]\,.$$

Die Gleichung $x(t) = 0$ hat aber genau eine Lösung (für $t < \infty$), falls a und b verschiedenes Vorzeichen haben. Eine einfache Rechnung ergibt, dass falls $x(0) = x_0 > 0,\ \dot{x}(0) = v_0$, dann ist

$$a = \frac{-1}{\beta_1 - \beta_2}\,(x_0\beta_2 + v_0),\ b = \frac{1}{\beta_1 - \beta_2}\,(x_0\beta_1 + v_0)\,.$$

Falls also $x_0\beta_2 + v_0 > 0$ gibt es ein $t_0 > 0$, sodass $\dot{x}(t_0) = 0$ und $x(t_0) < 0$.

Mögliche Bilder:

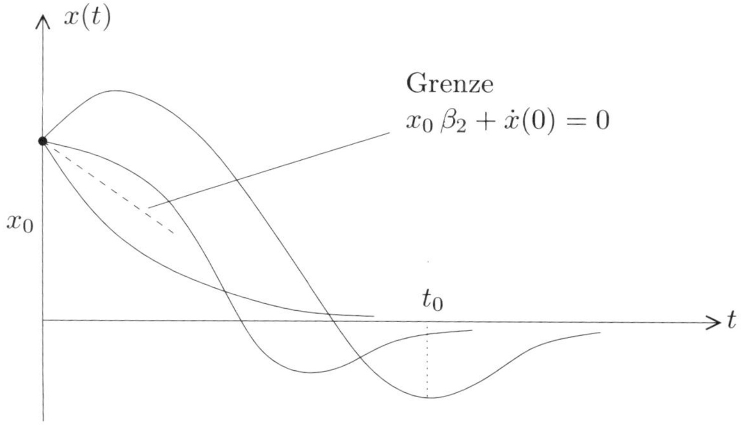

c) $\alpha = 2\omega$ (*"aperiodischer Grenzfall"*)

$Q(\lambda)$ hat eine doppelte reelle Nullstelle und die Lösung hat damit die Form

$$x(t) = e^{-\frac{\alpha}{2}\,t}(a + bt) \; .$$

Einsetzen der Anfangsbedingungen ergibt jetzt

$$x(t) = e^{-\frac{\alpha}{2}\,t}(x_0 + (v_0 + \frac{\alpha}{2}\,x_0)t) \; .$$

Falls $x_0 > 0$ gibt es wieder ein negatives Minimum für $x(t)$ falls

$$v_0 + \frac{\alpha}{2}\,x_0 < 0 \; .$$

Die möglichen Bilder sind also analog zum Fall b).

(3) *Schwingung mit periodischer Anregung*

Wir können uns immer noch eine Feder vorstellen, jedoch muss man sich im Klaren sein, dass viele andere Schwingungsphänomene auf dieselbe Differentialgleichung führen können, z.B. ein elektrischer Schwingkreis, wie er in vielen Formen in einem Radio oder Fernsehapparat zu finden ist.[1]

[1]Literatur: M. Braun, Differentialgleichungen und ihre Anwendungen, Springer Hochschultext (1979).

Anstatt Auslenkungen, Federkräfte und Reibungen hat man dann Ladungen, Kapazitäten, elektrische Widerstände und Induktionsspulen. Wir gehen aus von der Differentialgleichung

$$\ddot{x} + \alpha\dot{x} + \omega^2 x = \sin(\nu t) \; .$$

Der inhomogene Term $\sin(\nu t)$ repräsentiert die äussere Anregung (z.B. Radiosignal). Wir unterscheiden wieder verschiedene Fälle.

a) $\alpha = 0,\; \omega \neq \nu$ *(reibungsfrei, ohne Resonanz)*

Wir können also mit dem komplexwertigen Fall beginnen:

$$\ddot{\hat{x}} + \omega^2 \hat{x} = e^{i\nu t} \; .$$

Eine spezielle Lösung der inhomogenen Gleichung ist

$$\hat{x}(t) = \frac{1}{Q(i\nu)}\; e^{i\nu t} = \frac{1}{-\nu^2 + \omega^2}\; e^{i\nu t} \; .$$

Damit ist aber die allgemeine Lösung

$$x(t) = a\cos\omega t + b\sin\omega t + Im\,\hat{x}(t) \; ,$$

d.h.

$$x(t) = a\cos\omega t + b\sin\omega t + \frac{1}{\omega^2 - \nu^2}\; \sin\nu t \; .$$

b) $\alpha = 0,\; \omega = \nu$ *(reibungsfrei, Resonanz)*

In diesem Fall ändert sich nur die spezielle Lösung der inhomogenen Gleichung. Jetzt ist

$$\hat{x}(t) = \frac{t}{Q'(i\omega)}\; e^{i\omega t} = \frac{t}{2i\omega}\; e^{i\omega t} \; ,$$

und damit wird

$$x(t) = a\cos\omega t + b\sin\omega t - \frac{t}{2\omega}\; \cos\omega t \; .$$

Der Term $t\cos\omega t$ hat nun entscheidende Bedeutung: die Amplituden (Ausschläge) wachsen mit der Zeit an.

Typisches Bild:

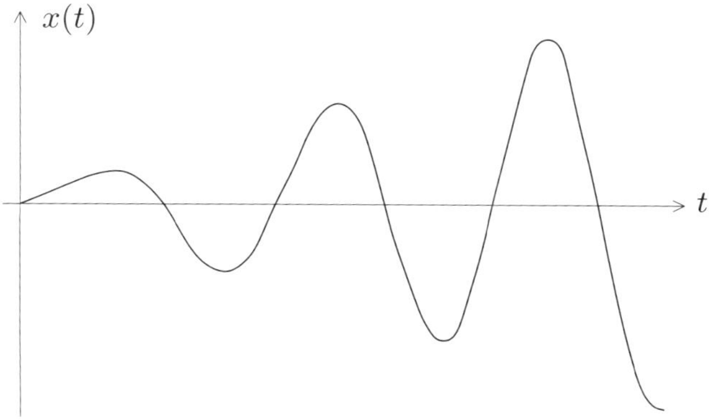

c) $0 < \alpha < 2\omega$ *(schwache Reibung)*

Das charakteristische Polynom $Q(\lambda) = \lambda^2 + \alpha\lambda + \omega^2$ hat im jetzigen Fall 2 komplexe Nullstellen $\lambda_{1,2} = \frac{1}{2}\left(-\alpha \pm i\sqrt{4\omega^2 - \alpha^2}\right)$. Also ist sicher $\nu \neq \lambda_{1,2}$, und die inhomogene Gleichung hat dann die spezielle Lösung

$$\hat{x}(t) = \frac{1}{Q(i\nu)}\, e^{i\nu t} \, .$$

Die Lösung $x(t)$ schreiben wir zunächst in der Form

$$x(t) = ae^{\lambda_1 t} + be^{\lambda_2 t} + Im\left(\frac{1}{Q(i\nu)}\, e^{i\nu t}\right) .$$

Jetzt beachten wir, dass die beiden Terme $e^{\lambda_1 t}, e^{\lambda_2 t}$ für grosses t verschwindend klein werden. Die Amplitude der Schwingung ist also für grosses t (das können in Wirklichkeit Bruchteile einer Sekunde sein!) dominiert vom Term

$$\frac{1}{|Q(i\nu)|} = \frac{1}{\sqrt{(\omega^2 - \nu^2)^2 + \alpha^2\nu^2}} = A(\omega) \, .$$

Die Funktion $A(\omega)$ hat nun folgendes Bild für $\omega = 5$, $\alpha = 0.6$:

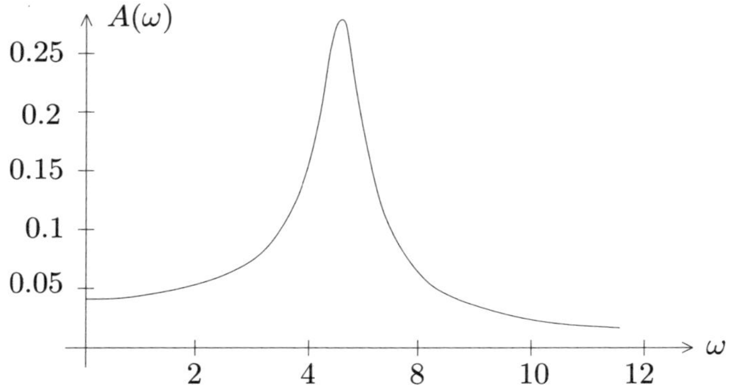

Die Amplitude, mit der die Schwingung auf die äussere Anregung reagiert, ist ein Maximum, falls $\omega = \nu$.

Falls nun die äussere Anregung aus einer Summe von periodischen Termen mit Frequenzen ν_k besteht, ist die Lösung nach dem Superpositionsprinzip von der selben Gestalt:

$$x(t) = ae^{\lambda_1 t} + be^{\lambda_2 t} + \sum_{k=1}^{n} Im\left(\frac{1}{Q(i\nu_k)}\, e^{i\nu_k t}\right) .$$

Die Amplitude hat jeweils ein Maximum, falls $\omega = \nu_k$. Der Wert ω kann zum Beispiel geändert werden durch Drehen des entsprechenden Knopfes am Radio, und damit wird dann der gewünschte Sender eingestellt.

Typisches Bild für $A(\omega)$ bei zwei Anregungsfrequenzen ν_1, ν_2:

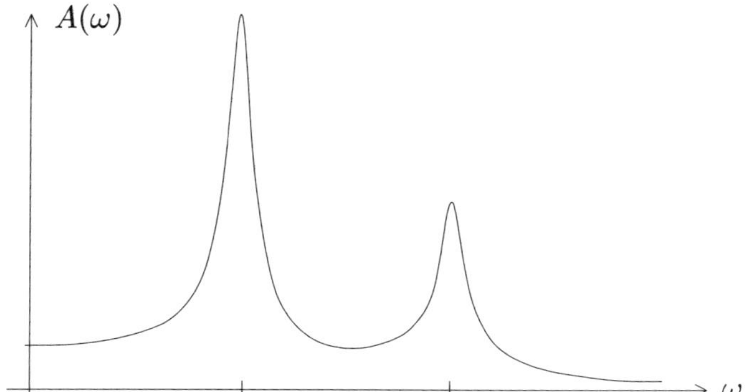

2. Randwertprobleme

Im Gegensatz zu Anfangswertproblemen, wo man Anfangsbedingungen zur Zeit $t = 0$ vorgibt, sind bei Randwertproblemen Bedingungen für die Lösung am Rande des Ortsintervalles vorgeschrieben. Am besten ist es, das Ganze anhand eines physikalisch wichtigen Beispiels zu illustrieren.

Temperaturverteilung in einem Draht

Wir nehmen an, dass ein homogener Draht der Länge L durch eine "Heizung" $q(x)$ auf zeitlich konstanter, aber örtlich variabler Temperatur $u(x)$ gehalten wird. Die Wärme könne sich dank Isolation nur in Drahtrichtung ausgleichen.

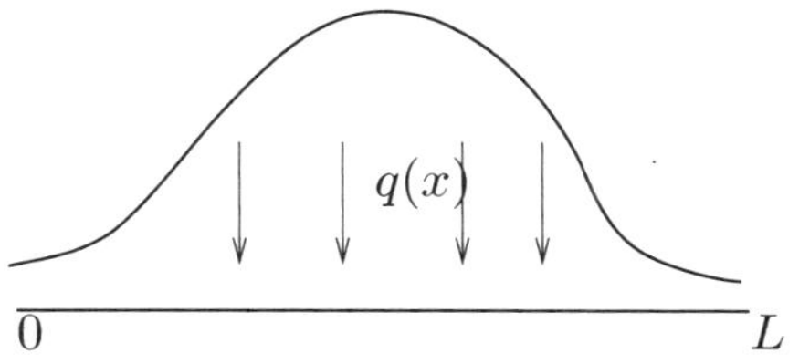

Es sei also $q(x)$ die Wärmemenge die pro Zeiteinheit und Längeneinheit in der Umgebung von x zugeführt wird. Um die Differentialgleichung für $u(x)$ herzuleiten, betrachten wir ein beliebiges Intervall $(a, a+\delta)$, auf dem dieser Heizprozess stattfindet. Dann betrachten wir eine Wärmebilanz.

$$\text{zugeführte Wärme:} \quad \int_a^{a+\delta} q(x)dx \ ,$$

$$\text{Wärmefluss:} \quad F(a+\delta) - F(a) \ ,$$

wobei hier $F(x)$ bedeutet: Wärmemenge, die pro Zeiteinheit in positiver x-Richtung fliesst.

Hier kommt nun ein physikalisches Gesetz ins Spiel, das in vielen Situationen experimentell überprüft wurde: Wir nehmen an, dass der Wärmefluss proportional zu den örtlichen Temperaturunterschieden und natürlich von höherer zu tieferer Temperatur gerichtet ist. Das können wir so formulieren (Fourier 1822, Fick 1855):

$$\boxed{F(x) = -k \, \frac{du}{dx} \, .}$$

Hier ist $k = D \cdot c$, wobei D der "Diffusionskoeffizient" für die Temperatur ist und c die Wärmekapazität des betreffenden Materials (also z.B. Eisen). Die Wärmeflussbilanz schreiben wir nun um:

$$F(a+\delta) - F(a) = -k \int_a^{a+\delta} \frac{d^2u}{dx^2}\, dx \; .$$

Jetzt muss also der Überschuss in den Wärmeflüssen der zugeführten Wärme durch die Heizung entsprechen, d.h. es muss gelten

$$-k \int_a^{a+\delta} \frac{d^2u}{dx^2}\, dx = \int_a^{a+\delta} q(x)\, dx \; ,$$

oder anders geschrieben:

$$\int_a^{a+\delta} \left(k\, \frac{d^2u}{dx^2} + q(x) \right) dx = 0 \; .$$

Nun müssen wir nur noch beachten, dass das Intervall $(a, a+\delta)$ aber beliebig ist! Dann muss aber der Integrand selbst verschwinden:

$$\boxed{k\, \frac{d^2u}{dx^2} + q(x) = 0 \, .}$$

Um die Situation vollständig zu beschreiben, müssen wir nun noch angeben, was an den Enden des Drahtes passiert. Hier sind vor allem drei Möglichkeiten von Bedeutung.

a) *Enden des Drahtes in Kontakt mit der Aussenwelt*

Das bedeutet, dass man die Randbedingung

$$u(0) = u_0, \quad u(L) = u_L$$

hat. Zusammen mit der Differentialgleichung ist dann der Temperaturverlauf im Innern des Drahtes eindeutig bestimmt, wie wir in Beispielen feststellen werden und was allgemein bewiesen werden kann.

b) *Isolierte Drahtenden*

Das bedeutet, dass kein Wärmefluss besteht, d.h. $\frac{du}{dx}$ verschwindet bei $x = 0$ und/oder bei $x = L$. Falls beide Enden isoliert sind, sagt uns schon die physikalische Intuition, dass dann $q(x) > 0$ auf $(0, L)$ unmöglich ist, da dann kein Gleichgewicht zwischen Heizung und Wärmeleitung möglich ist. In diesem Fall muss die Heizung auf Teilen des Intervalles $(0, L)$ negativ sein (Wärmeentzug = Kühlung), sodass

$$\int_0^L q(x)\,dx = F(L) - F(0) = k\left(\frac{du}{dx}\Big|_{x=L} - \frac{du}{dx}\Big|_{x=0}\right) = 0 \,.$$

c) *Wärmeabstrahlung in den Enden*

In den meisten praktischen Fällen wird eine teilweise Isolation bestehen, so dass die Wärme nach aussen nicht völlig frei abfliessen kann. Eine oft gemachte Annahme ist dann, dass der Wärmefluss nach aussen proportional zur Differenz zwischen Innen- und Aussentemperatur bei $x = 0$ oder $x = L$ ist, z.B. bei $x = L$ gilt

$$\frac{du}{dx}\Big|_{x=L} = \alpha(u(L) - u_a)\,, \quad u_a = \text{Aussentemperatur}\,.$$

Die Konstante α ist ein Mass für die Isolation, wobei $\alpha = 0$ vollständige Isolation und grosses α schlechte Isolation bedeutet.

d) *Wärmeabstrahlung des Drahtes*

Falls der Draht auch zwischen 0 und L nur teilweise isoliert ist, kann auch dieser Effekt berücksichtigt werden. Eine geläufige Annahme ist dann, dies wie eine Kühlung zu behandeln, die proportional ist zur Differenz zwischen lokaler Temperatur $u(x)$ und konstanter Aussentemperatur u_a. Wir setzen also eine zusätzliche "Heizung" $\hat{q}(x)$ an:

$$\hat{q}(x) = -\gamma(u(x) - u_a),\ \gamma = \text{"Isolationskonstante"}\,.$$

Falls insbesondere $u_a = 0$ gesetzt wird, ist also unser Heizungs-Abstrahlungs-Wärmeleitungsproblem beschrieben durch

(RWP)

$$k\frac{d^2u}{dx^2} - \gamma u(x) + q(x) = 0 \text{ in } (0, L)$$

+ Randbedingungen.

Es ist nun von grosser Bedeutung, dass eine grosse Zahl von ganz anderen Prozessen (z.B. Diffusions-Reaktionsprozesse in der Chemie) auf das selbe Problem (RWP = Randwertproblem) führen, wobei dann die Grössen u, k, γ, q eine ganz andere Interpretation haben können. Dem Problem (RWP) kommt eine universelle Bedeutung zu.

BEISPIELE:

(1) *Konstante Heizung mit Abstrahlung auf* $\left(-\frac{L}{2}, \frac{L}{2}\right)$

Es sei also $q(x) = q = \text{const.}$ und es bestehe keine Isolation in den Endpunkten des Drahtes. (RWP) wird dann zu

$$\begin{cases} ku'' - \gamma u + q = 0 \quad \text{in} \quad \left(-\frac{L}{2}, \frac{L}{2}\right) \\ u\left(-\frac{L}{2}\right) = u\left(\frac{L}{2}\right) = 0. \end{cases}$$

Die allgemeine Lösung der homogenen Gleichung kann geschrieben werden als

$$u_h(x) = a\cosh(\alpha x) + b\sinh(\alpha x), \quad \alpha = \sqrt{\frac{\gamma}{k}}.$$

Eine spezielle Lösung der inhomogenen Gleichung ist hier leicht zu erraten: $u_{inh} = \text{const.} = \frac{q}{\gamma}$. Da das Intervall symmetrisch zum Nullpunkt gewählt wurde und die Randbedingungen symmetrisch sind, ergibt sich $b = 0$ und man findet durch Bestimmung von a aus den Randbedingungen

$$u(x) = \frac{q}{\gamma}\left(1 - \frac{\cosh(\alpha x)}{\cosh(\alpha\frac{L}{2})}\right).$$

Die maximale Temperatur ist bei $x = 0$ und beträgt

$$u_{\max} = \frac{q}{\gamma}\left(1 - \frac{1}{\cosh(\alpha\,\frac{L}{2})}\right).$$

Typisches Bild:

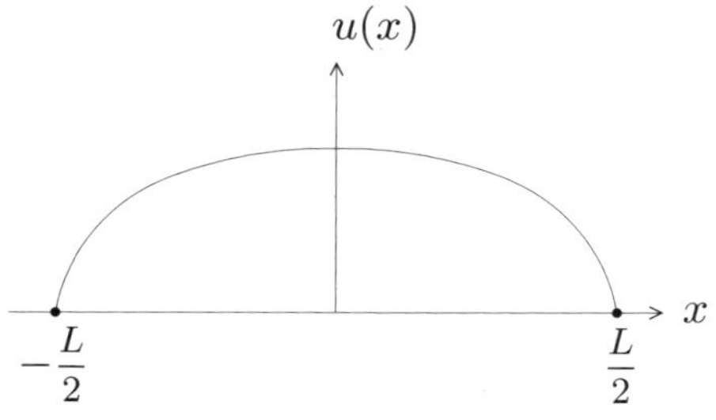

(2) *Reine Abstrahlung*

Wir nehmen an, dass die Endpunkte in Kontakt mit einem Wärmereservoir sind, das auf konstanter Temperatur $u_a > 0$ bleibt, während auf dem Intervall $(-\frac{L}{2}, \frac{L}{2})$ Abstrahlung in eine Umgebung der Temperatur 0 stattfindet. Dann wird (RWP) zu

$$\begin{cases} ku'' - \gamma u = 0 \quad \text{in } \left(-\frac{L}{2}, \frac{L}{2}\right) \\ u\left(-\frac{L}{2}\right) = u\left(\frac{L}{2}\right) = u_a . \end{cases}$$

Man findet jetzt die Lösung als

$$u = u_a \cdot \frac{\cosh(\alpha x)}{\cosh(\alpha \frac{L}{2})} .$$

Die tiefste Temperatur ist jetzt

$$u_{\min} = \frac{u_a}{\cosh(\alpha \frac{L}{2})} .$$

Typisches Bild:

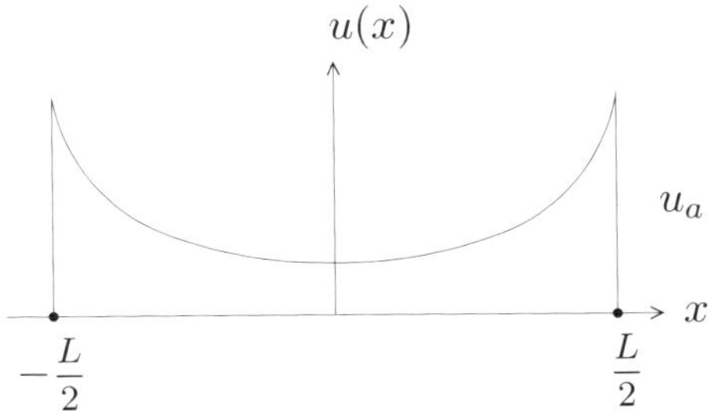

Weiter ist hier von Interesse die pro Zeiteinheit abgestrahlte Wärmemenge M. Diese muss aber dem entsprechen, was pro Zeiteinheit durch die Endpunkte einströmt:

$$M = 2k \cdot u'\left(\frac{L}{2}\right) = 2k\, u_a \cdot \alpha \cdot Th(\alpha \frac{L}{2}) = 2u_a \sqrt{\gamma k} \cdot Th\left(\sqrt{\frac{\gamma}{k}} \cdot \frac{L}{2}\right) .$$

(3) *Konstante Heizung mit Abstrahlung an den Endpunkten*

Die Aussentemperatur sei $u_a = 0$ und der Wärmefluss nach aussen sei proportional zum Temperaturunterschied zwischen Innen- und Aussentemperatur. Diese Situation wird also beschrieben durch das RWP

$$\begin{cases} ku'' + q = 0 & \text{in } \left(-\frac{L}{2}, \frac{L}{2}\right) \\ -ku' + hu = 0 & \text{für } x = -\frac{L}{2} \\ ku' + hu = 0 & \text{für } x = \frac{L}{2}\,. \end{cases}$$

Hier ist h eine Materialkonstante, die die Wärmeabstrahlung in den Endpunkten charakterisiert, wobei $h = 0$ völlige Isolierung und $h \to \infty$ verschwindende Isolierung beschreiben.

Die allgemeine Lösung der Differentialgleichung ist von der Form

$$u(x) = -\frac{q}{2k}\,x^2 + ax + b\,.$$

Aus den Randbedingungen erhält man dann $a = 0$, $b = q\left(\frac{L^2}{8k} + \frac{L}{2h}\right)$, d.h.

$$u(x) = q\left[\frac{L^2}{8k} + \frac{L}{2h} - \frac{x^2}{2k}\right]\,.$$

Die maximale Temperatur ist demnach

$$u_{\max} = q\left[\frac{L^2}{4k} + \frac{L}{h}\right]\,,$$

während die Temperatur u_R am Rande gegeben ist durch

$$u_R = q \cdot \frac{L}{h}\,.$$

3. Eigenwertprobleme: Schwingende Saite

Eigenwertprobleme treten in sehr vielen Zusammenhängen auf und spielen eine fundamentale Rolle. Wir gehen von einem physikalischen Hintergrund aus, der mindestens anschaulich leicht zu verstehen ist.

Eine Saite (z.B. von einer Gitarre) besteht aus einem elastischen Material. Man macht nun folgende Annahmen:

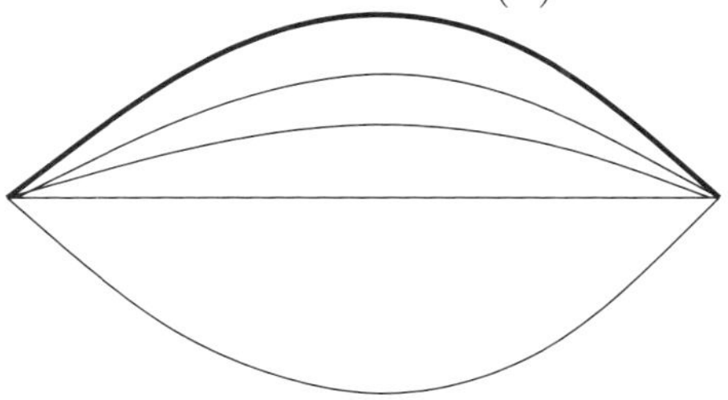

a) Die rücktreibende Kraft (in die Ruhelage) ist proportional der Verlängerung der Saite.

b) Die Auslenkung $u(x)$ sowie die Ableitung u' an der Stelle x ist klein.

c) Die Saite führt eine zeitlich periodische Bewegung aus, d.h. zur Zeit t ist die Auslenkung an der Stelle x gegeben durch

$$u(x) \cdot \sin \omega t \,,$$

wobei ω die noch unbekannte Schwingungsfrequenz ist.

Es würde leider den Rahmen dieses Buches sprengen, die genaue Herleitung der Differentialgleichung für $u(x)$ zu geben.[1]

Es ergibt sich für Saite der Länge L das Problem

$$\text{(EWP)} \begin{cases} (\sigma u')' + \nu\rho u = 0 \ \text{ in } (0, L) \\ \qquad\qquad u(0) = u(L) = 0 \,. \end{cases}$$

Hier beschreibt σ die Elastizität und Spannung der Saite, ρ ist die Dichte (σ und ρ dürfen ortsabhängig sein) und die unbekannte Grösse ν ist proportional zum Quadrat der Schwingungsfrequenz. Die Randbedingung bedeutet natürlich, dass die Enden der Saite festgehalten sind.

Wir nehmen nun der Einfachheit halber an, dass σ, ρ konstant sind und setzen

$$\lambda = \frac{\nu\rho}{\sigma} \,.$$

[1] Literatur: Courant-Hilbert, Methoden der mathematischen Physik, Band I, Springer Verlag

Dann lautet das Eigenwertproblem (EWP):

$$\begin{cases} u'' + \lambda u = 0 \quad \text{in } (0, L) \\ u(0) = u(L) = 0 \,. \end{cases}$$

Die allgemeine Lösung der Differentialgleichung ist

$$u(x) = a\cos(\sqrt{\lambda}x) + b\sin(\sqrt{\lambda}x) \,.$$

Aus den Randbedingungen folgt nun $a = 0$ und weiter muss gelten

$$\sin(\sqrt{\lambda} \cdot L) = 0 \,,$$

d.h.

$$\sqrt{\lambda} \cdot L = k \cdot \pi, \quad k = 1, 2, 3, \ldots \,.$$

Damit erhalten wir das wichtige Ergebnis:

> Es gibt unendlich viele "Eigenwerte" $\lambda_k = \left(\frac{k \cdot \pi}{L}\right)^2$
> und Eigenfunktionen $u_k(x) = b_k \cdot \sin\left(\frac{k \cdot \pi}{L}\, x\right)$,
> $k = 1, 2, 3, \ldots$, $b_k =$ beliebige Konstanten.

Dies ist die für Eigenwertprobleme typische Situation. Die Eigenfunktion $u_1(x)$ entspricht physikalisch der Grundschwingung (Grundton), die weiteren Eigenfunktionen beschreiben die Oberschwingungen.

Bild:

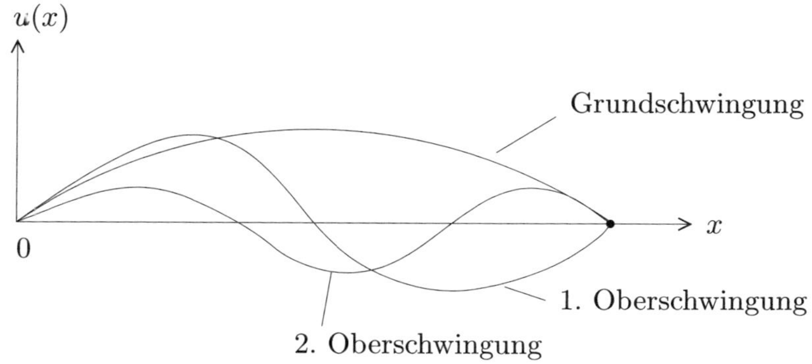

Die 1. Oberschwingung entspricht der Oktave, dann folgt die darüberliegende Quinte, dann die nächste Oktave usw. Man sieht also zum Beispiel, dass wenn man auf der Gitarre die Oktave zu einem Saitenton spielen will, die Saite genau in der Mitte des Steges gedrückt werden muss.

Es ist wieder die Universalität des Problems (EWP), die seine grosse Bedeutung ausmacht. Auf das selbe Problem führen auch ganz andere Vorgänge, die gar nichts mit Schwingungen zu tun haben. Dabei sind dann auch die beiden anderen Randbedingungen von Bedeutung, die wir bei den Randwertproblemen schon angetroffen haben.

Beispielsweise kann man die Randbedingung $u'(L) + hu(L) = 0$ interpretieren als elastische Bindung einer Saite im Endpunkt $x = L$:

Die Saite kann sich im Endpunkt auf und ab bewegen und ist nur durch eine Feder fixiert, wobei $h \to \infty$ einer völlig starren Fixierung entspricht, und $h \to 0$ einem frei gehaltenen Ende.

BEISPIEL:

$$\begin{cases} u'' + \lambda u = 0 \quad \text{in } (0, L) \\ u(0) = 0, \; u'(L) + hu(L) = 0. \end{cases}$$

Wegen der Randbedingung links müssen die Lösungen von der Form sein

$$u(x) = c \cdot \sin(\sqrt{\lambda} x) \; .$$

Aus der Randbedingung bei $x = L$ folgt

$$\sqrt{\lambda} \cos(\sqrt{\lambda} L) + h \sin(\sqrt{\lambda} L) = 0 \; .$$

Wir setzen $\sqrt{\lambda} L = s$ und schreiben die Randbedingung um zu

$$\tan s = -\frac{1}{L \cdot h} \, s \; .$$

Dies ist eine transzendente Gleichung zur Bestimmung der Eigenwerte. Die Eigenwerte sind dann gegeben durch

$$\lambda_k = \left(\frac{s_k}{L}\right)^2.$$

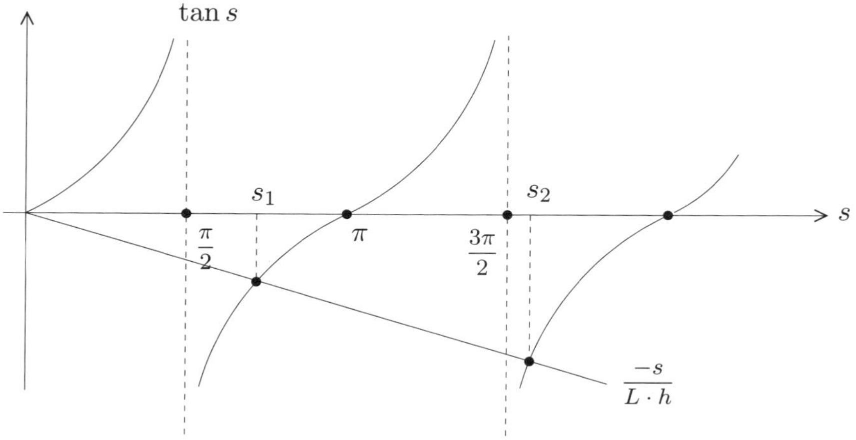

Die Lösungen s_k können zum Beispiel mit dem Newtonverfahren bestimmt werden. Man entnimmt dem Bild folgende Eigenschaften der s_k:

- falls k gross ist gilt $s_k \sim \frac{2k-1}{2}\,\pi$
- für h gross gilt $s_k \sim k \cdot \pi\,,\ k = 1, 2, 3, \ldots$
- für h klein gilt $s_k \sim \frac{2k-1}{2}\,\pi\,,\ k = 1, 2, 3, \ldots$

Übungsaufgaben zu Kapitel 4.2

1 Berechnen Sie die allgemeine Lösung der Differentialgleichung

$$\ddot{x} - 4\dot{x} + 4x = t + t^2\,e^{-2t}\,.$$

2 Berechnen sie ebenfalls die allgemeine Lösung:

$$x^{(4)} - x = 1 + \sin t\,.$$

[3] Berechnen Sie die Lösung des Anfangswertproblems

$$\begin{cases} \ddot{x} + \dot{x} = e^{-t} \\ x(0) = 0, \ \dot{x}(0) = 0 \,. \end{cases}$$

[4] Anfangswertproblem:

$$\begin{cases} \ddot{x} - 4x = e^{-2t} \cdot \sin t \\ x(0) = 1, \ \dot{x}(0) = 0 \,. \end{cases}$$

[5] $\dddot{x} + \ddot{x} + \dot{x} = t^3 + t^2 + t$. Allgemeine Lösung?

[6] Lösung des RWP gesucht:

$$\begin{cases} u'' - c^2 u = -q \,, \ 0 < x < L \\ u'(0) = 0, \ u'(L) + hu(L) = h \,. \end{cases}$$

wobei $q > 0$, $h > 0$.

Was ist der minimale Wert von $u(x)$?

[7] Randwertproblem:

$$\begin{cases} u'' + a^2 x^2 = 0 \,, \ -\frac{L}{2} < x < \frac{L}{2} \\ u\Big(-\frac{L}{2}\Big) = u\Big(\frac{L}{2}\Big) = 0 \,. \end{cases}$$

[8] Eigenwertproblem:

$$\begin{cases} u'' + \lambda u = 0 \,, \ 0 < x < L \\ u(0) = 0, \ u'(L) = 0 \,. \end{cases}$$

Berechnen sie die Eigenwerte und Eigenfunktionen.

[9] Berechnen Sie (approximativ) die ersten 2 Eigenwerte des EWP

$$\begin{cases} u'' + \lambda u = 0 \,, \ 0 < x < \pi \\ u'(0) = 0, \ u'(\pi) + 2u(\pi) = 0 \,. \end{cases}$$

4.3 Die Methode der Laplace-Transformation

A. Rechenregeln

Die Methode der Laplace-Transformation ist in vielen Problemen anwendbar, besonders praktisch ist sie bei Anfangswertproblemen wie in Abschnitt 4.2 und bei linearen Differentialgleichungssystemen.

Wir betrachten Funktionen $f(t)$, wobei wir t wieder als Zeitvariable interpretieren und im Bereich $0 \leq t < \infty$ untersuchen. Einer gegebenen Funktion $f(t)$ ordnet man nun eine neue Funktion $F(p)$ zu:

DEFINITION:

$$F(p) = \int_0^{\infty} e^{-pt} \cdot f(t)dt, \; p \in \mathbb{C}$$

Laplace-Transformierte von f.

Diese Definition ist natürlich nur sinnvoll, falls das Integral existiert. Da der Parameter p auch komplexe Werte annehmen darf und

$$|e^{-pt} f(t)| = e^{-\mu t}|f(t)|, \; \mu = Re\, p ,$$

ist offenbar hinreichend, dass es ein t_0 gibt so dass

$$|f(t)| \leq e^{at} \text{ für } t \geq t_0 \geq 0 ,$$

damit die Laplace-Transformierte $F(p)$ von $f(t)$ existiert für $Re\, p > a$.

Die Laplace-Transformation kann man auffassen als Abbildung von Funktionen $f(t)$, definiert im Zeitbereich t auf Funktionen $F(p)$ im Bildbereich. Folgende Schreibweise werden etwa benützt:

$$F(p) = L[f(t)]$$

oder

$$f(t) \circ\!\!-\!\!-\!\!-\!\!\bullet F(p) .$$

Im Vordergrund stehen nun zuerst die Eigenschaften dieser Transformation. Im folgenden Teil werden die wichtigsten Rechenregeln hergeleitet.

Regel 1 : *(Linearität)*

$$L[c_1 f_1(t) + c_2 f_2(t)] = c_1 L[f_1] + c_2 L[f_2], \; c_1, c_2 = \text{ Konstante} .$$

Diese Regel ist eine unmittelbare Folge der Integrationsregeln.

Regel 2 : *(Abbildung der Differentiation)*

$$L[\dot f(t)] = p\,F(p) - f(0)\,.$$

Beweis: Mit partieller Integration erhält man:

$$\int_0^\infty \dot f(t)\,e^{-pt}dt = f(t)\,e^{-pt}\Big|_0^\infty + p\int_0^\infty f(t)\,e^{-pt}dt\,.$$

Da nach Voraussetzung $|f(t)| \le e^{-at}$ und $Re\,p > a$ ist $\lim_{t\to\infty} f(t)\,e^{-pt} = 0$, und die Regel 2 folgt.

Die Regel 2 kann sofort verallgemeinert werden, indem wir sie "iterieren", d.h., mehrmals auf sich selbst anwenden:

$$\begin{aligned} L[f^{(n)}(t)] &= p\,L[f^{(n-1)}(t)] - f^{(n-1)}(0) \\ &= p^2\,L[f^{(n-2)}(t)] - f^{(n-1)}(0) - pf^{(n-2)}(0) \\ &\vdots \\ &= p^n\,\underbrace{L[f(t)]}_{F(p)} - f^{(n-1)}(0) - pf^{(n-2)}(0) - \cdots - p^{n-1}\,f(0)\,. \end{aligned}$$

Anders geschrieben:

$$f^{(n)}(t) \quad \circ\!\!-\!\!\!-\!\!\!-\!\!\bullet \quad p^n\,F(p) - f^{(n-1)}(0) - pf^{(n-2)}(0) - \cdots - p^{n-1}f(0)\,.$$

Regel 3 : *(Multiplikation mit t)*

$$L[tf(t)] = -\frac{dF}{dp}(p)\,.$$

Beweis: Wir bilden

$$\frac{d}{dp}\Big(\int_0^\infty e^{-pt}f(t)dt\Big) = \lim_{\Delta p\to 0}\frac{1}{\Delta p}\Big(\int_0^\infty e^{-(p+\Delta p)t}\cdot f(t)dt - \int_0^\infty e^{-pt}\cdot f(t)dt\Big)\,.$$

Im p-Bereich, wo die L-Transformation sinnvoll ist, darf die Bildung des Limes und die Integration miteinander vertauscht werden, d.h.

$$\begin{aligned} \frac{d}{dp}\left(\int_0^\infty e^{-pt}f(t)dt\right) &= \int_0^\infty \left(\lim_{\Delta p\to 0}\frac{e^{-(p+\Delta p)t}-e^{-pt}}{\Delta p}\right)f(t)dt \\ &= \int_0^\infty \frac{d}{dp}\left(e^{-pt}\right)f(t)dt \\ &= -\int_0^\infty te^{-pt}f(t)\,dt = -L[t\cdot f(t)]\ . \end{aligned}$$

Die Regeln 2 und 3 zeigen schon eine bemerkenswerte Symmetrie: Differentiation im Zeitbereich wird im wesentlichen abgebildet auf Multiplikation im Bildbereich, und umgekehrt. Wir werden feststellen, dass diese Symmetrie noch weiter geht.

Regel 4 : *(Multiplikation mit $e^{at}, a\in\mathbb{C}$)*

VERSCHIEBUNGSSATZ:

$$L[e^{at}f(t)] = F(p-a)\ .$$

Diese Regel ist unmittelbar klar:

$$\int_0^\infty e^{at}f(t)\,e^{-pt}dt = \int_0^\infty e^{-(p-a)t}\cdot f(t)dt = F(p-a)\ .$$

Das Gegenstück ist eine Verschiebung im Zeitbereich. Da unsere Definition der Laplace-Transformation auf Funktionen $f(t)$ für $t\in(0,\infty)$ beruht, gehen wir so vor: für eine beliebige Funktion $f(t)$ definiert auf $(-\infty,\infty)$ definieren wir eine “abgeschnittene” Funktion $\hat{f}(t)$ durch

$$\hat{f}(t) = \begin{cases} f(t), & \text{falls } t\geq 0 \\ 0, & \text{falls } t<0 \end{cases}$$

Bild:

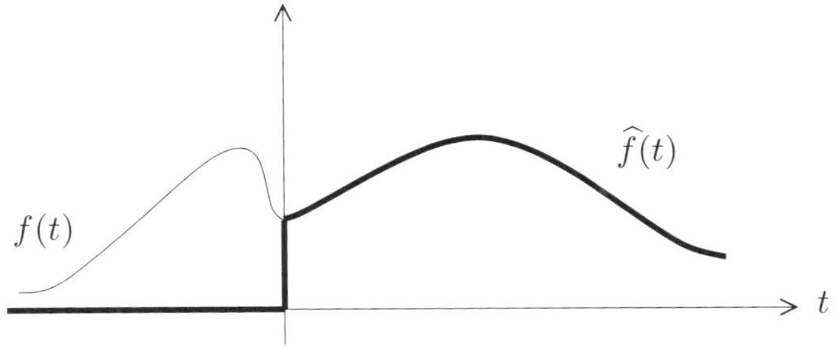

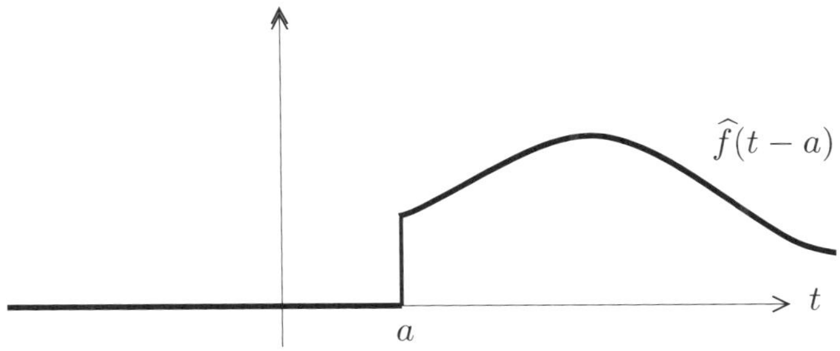

Regel 5 : *(Verschiebung im Zeitbereich)*

$$L[\hat{f}(t-a)] = e^{-ap} \cdot F(p)\,, \; a \in \mathbb{R}$$

BEWEIS: Gemäss Definition ist

$$L[\hat{f}(t-a)] = \int_0^\infty \hat{f}(t-a) \cdot e^{-pt} dt\,.$$

Da $\hat{f}(t-a) = 0$, falls $t - a < 0$, können wir die untere Integrationsgrenze auch als a wählen. Somit ist

$$\begin{aligned} L[\hat{f}(t-a)] = \int_a^\infty \hat{f}(t-a) \cdot e^{-pt} dt &\underset{\substack{\uparrow \\ \tau = t-a}}{=} \int_0^\infty \hat{f}(\tau)\, e^{-p(\tau+a)} d\tau \\ &= e^{-pa} \cdot \int_0^\infty \hat{f}(\tau)\, e^{-p\tau} d\tau \\ &= e^{-pa} \cdot F(p)\,. \end{aligned}$$

Regel 6 : *(Streckung der Zeitvariablen)*

$$f(a\cdot t) \;\circ\!\!-\!\!\!-\!\!\!-\!\!\bullet\; \frac{1}{a}\,F\Big(\frac{p}{a}\Big)\,.$$

BEWEIS:

$$\int_0^\infty f(a\cdot t)\,e^{-pt}dt \underset{\substack{\uparrow\\ a\cdot t=\tau\,.}}{=} \frac{1}{a}\int_0^\infty f(\tau)\,e^{-p\,\frac{\tau}{a}}d\tau = \frac{1}{a}\,F\Big(\frac{p}{a}\Big)$$

Nachdem nun ein paar allgemeine Transformationsregeln hergeleitet sind, ist es höchste Zeit, einige Beispiele von L-Transformierten zu berechnen.

(1) $L[1] = \int_0^\infty e^{-pt}dt = \frac{-1}{p}\,e^{-pt}\Big|_0^\infty = \frac{1}{p}$

Nach Regel 3 können wir damit auf alle natürlichen Potenzen von t ausdehnen:

$$t \;\circ\!\!-\!\!\!-\!\!\!-\!\!\bullet\; -\frac{d}{dp}\Big(\frac{1}{p}\Big) = \Big(\frac{1}{p^2}\Big)$$

$$t^2 \;\circ\!\!-\!\!\!-\!\!\!-\!\!\bullet\; -\frac{d}{dp}\Big(\frac{1}{p^2}\Big) = \Big(\frac{2}{p^3}\Big)$$

$$\vdots$$

$$\boxed{t^n \;\circ\!\!-\!\!\!-\!\!\!-\!\!\bullet\; \frac{1\cdot 2\ldots\cdot n}{p^{n+1}} = \frac{n!}{p^{n+1}}}\,.$$

(2) $L[\cos\omega t] = ?$

Wir benützen, dass $\cos\omega t = Re(e^{i\omega t})$ und wenden Regel 4 an:

$$L[e^{i\omega t}] = L[e^{i\omega t}\cdot 1] = \frac{1}{p-i\omega}\,.$$

Also haben wir zwei Fliegen auf einen Schlag:

$$\boxed{\begin{aligned} L[\cos\omega t] &= Re\,\frac{1}{p-i\omega} = \frac{p}{p^2+\omega^2} \\ L[\sin\omega t] &= Im\,\frac{1}{p-i\omega} = \frac{\omega}{p^2+\omega^2} \end{aligned}} \; .$$

(3) *L-Transformierte einer periodischen Funktion*

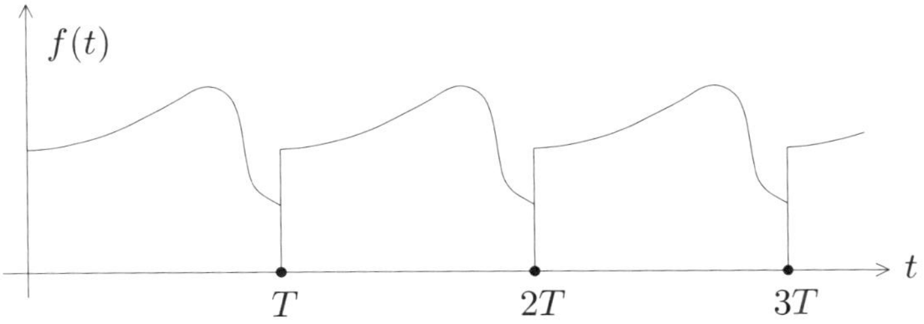

Die periodische Funktion $f(t)$ können wir mit Hilfe eines Basiselements $f_0(t)$ erhalten. Wir wählen

$$f_0(t) = \begin{cases} f(t), & 0 \le t \le T \\ 0, & \text{sonst} \,, \end{cases}$$

womit wir schreiben können:

$$f(t) = f_0(t) + f_0(t-T) + f_0(t-2T) + \dots \,.$$

Nach Regel 5 ist dann

$$F(p) = \underbrace{L[f_0(t)]}_{:= F_0(p)} + e^{-pT} L[f_0(t)] + e^{-2pT} \cdot L[f_0(t)] + \dots \,.$$

Damit ergibt sich aber eine geometrische Reihe für $F(p)$:

$$F(p) = F_0(p)\{1 + e^{-pT} + e^{-2pT} + \dots\}$$

$$F(p) = \frac{F_0(p)}{1 - e^{-pT}} \,.$$

Man muss also nur noch das "Basiselement" $f_0(t)$ transformieren. Als Anwendung betrachten wir eine "Sägezahnkurve", wie sie etwa in der Nachrichtentechnik von Bedeutung ist:

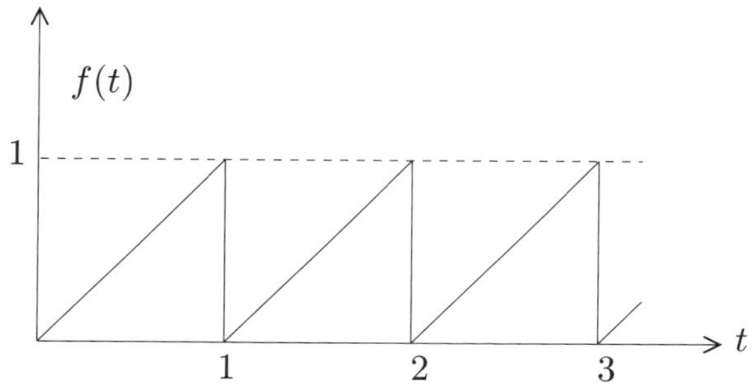

Hier ist

$$F_0(p) = \int_0^1 te^{-pt}dt = -\frac{t}{p}\, e^{-pt}\Big|_0^1 + \frac{1}{p}\int_0^1 e^{-pt}dt$$

$$= -\frac{1}{p}\, e^{-p} + \frac{1}{p^2}\left(1 - e^{-p}\right),$$

also erhält man

$$L[f(t)] \;=\; \frac{\frac{1}{p^2}\left(1 - e^{-p}\right) - \frac{1}{p^2}\, e^{-p}}{1 - e^{-p}} = \frac{1}{p^2} - \frac{1}{p^2} \cdot \frac{e^{-p}}{1 - e^{-p}} \,.$$

(4) *"Treppenfunktion"*

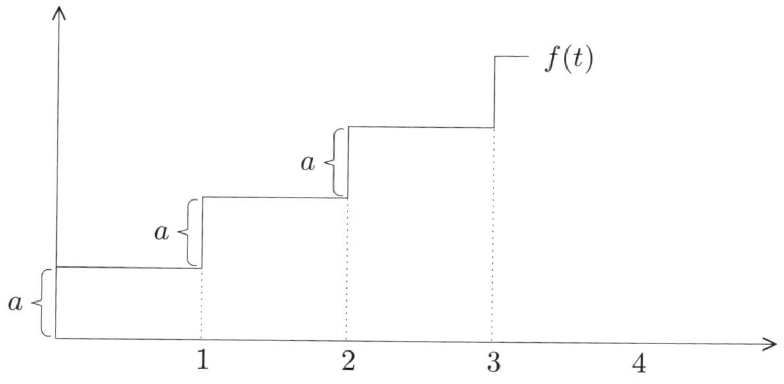

Hier können wir als Basiselement die Funktion

$$f_0(t) = \begin{cases} a\,, & t \geq 0 \\ 0\,, & t < 0 \end{cases}$$

nehmen. Dann ist

$$f(t) = f_0(t) + f_0(t-1) + f_0(t-2) + \dots\,.$$

Weiter ist

$$F_0(p) = a \int_0^\infty 1 \cdot e^{-pt} dt = \frac{a}{p}\,.$$

Also ist

$$F(p) = \frac{a}{p(1-e^{-p})}\,.$$

(5) $f(t) = \cosh t = \frac{1}{2}\,(e^t + e^{-t})$

Nach Regel 4 ergibt sich sofort

$$F(p) = \frac{1}{2}\left(\frac{1}{p-1} + \frac{1}{p+1}\right) = \frac{p}{p^2-1}\,.$$

Um jetzt zum Beispiel allgemeiner die L-Transformierte von $\cosh(ct)$ zu berechnen, können wir nach Regel 6 im Ergebnis oben $F(p)$ durch $\frac{1}{c}\;F(\frac{p}{c})$ ersetzen

$$\frac{1}{c^2}\;\frac{p}{(\frac{p}{c})^2 - 1} = \frac{p}{p^2-c^2}\,.$$

Es ist bemerkenswert, dass wir andererseits die Laplace-Transformierte von $\cosh(ct)$ auch aus derjenigen von $\cos(ct)$ bekommen hätten, wieder durch Anwendung der Regel 6 mit einer imaginären Streckung:

$$\cosh(ct) = \cos(ict)\,,$$

also gilt nach Beispiel (2)

$$L[\cosh(ct)] = \frac{1}{i}\;\frac{ip}{p^2 + (ic)^2} = \frac{p}{p^2-c^2}\,.$$

Die Liste der bisher berechneten L-Transformierten beschränkt sich auf eine kleine Zahl von Funktionen, die nachher als Lösungen von Anfangswertproblemen häufig auftreten. Eine grössere Sammlung findet sich z.B. im bereits früher zitierten Taschenbuch der Mathematik.

Für Anwendungen stellt sich häufiger das inverse Problem: gegeben $F(p)$, gesucht $f(t)$.

B. Faltungssatz, Rücktransformation

DEFINITION: *("Faltungsprodukt")* (englisch: convolution)

$$f * g = \int_0^t f(t-\tau) \cdot g(\tau)\, d\tau$$

EIGENSCHAFTEN:

a) *Linearität*

$$f(t) * (c_1 g_1(t) + c_2 g_2(t)) = c_1 \cdot f(t) * g_1(t) + c_2 \cdot f(t) * g_2(t) .$$

b) *Symmetrie*

$$f * g = g * f .$$

(Beweis: Übungsaufgabe!)

Die Bedeutung des Faltungsprodukts liegt vor allem in der Transformationseigenschaft:

Regel 7 : *(Abbildung der Faltung)*

$$f * g \quad \circ\!\!-\!\!\!-\!\!\!-\!\!\bullet \quad F(p) \cdot G(p) .$$

Der Beweis dieser Regel würde den Rahmen dieses Bandes sprengen und ist deshalb weggelassen. Wir bestätigen lediglich die Richtigkeit an einem Beispiel.

$$\begin{aligned} e^t * t = \int_0^t e^{(t-\tau)} \cdot \tau\, d\tau &= e^t \int_0^t \tau \cdot e^{-\tau} d\tau \\ &= e^t \left\{ -\tau e^{-\tau} \Big|_0^t + \int_0^t e^{-\tau} d\tau \right\} \\ &= e^t \{ -te^{-t} + 1 - e^{-t} \} \\ &= e^t - t - 1 . \end{aligned}$$

Weiter gilt

$$e^t - t - 1 \quad \circ\!\!-\!\!\!-\!\!\!-\!\!\bullet \quad \frac{1}{p-1} - \frac{1}{p^2} - \frac{1}{p} = \frac{p^2 - (p-1) - p(p-1)}{p^2(p-1)} = \frac{1}{p^2(p-1)} \,,$$

und

$$L[e^t] \cdot L[t] = \frac{1}{p-1} \cdot \frac{1}{p^2} \,,$$

womit Regel 7 bestätigt ist.

Bei der Anwendung der Laplace-Transformation treten sehr häufig als Bildfunktion rationale Funktionen

$$R(p) = \frac{Z_n(p)}{N_m(p)}$$

auf, wobei der Grad m des Nennerpolynoms grösser ist als n.

Das Haupthilfsmittel zur Rücktransformation solcher Ausdrücke ist damit evident: Partialbruchzerlegung.

Falls wir nämlich in Partialbrücke zerlegen, reduziert sich das Rücktransformationsproblem auf Terme der Gestalt

$$\frac{1}{(p-a)^k} \,,$$

wobei a komplex sein darf. Aber nach Beispiel (1) und Regel 4 erkennen wir sofort die Rücktransformierte:

$$\frac{1}{(p-a)^k} \quad \bullet\!\!-\!\!\!-\!\!\!-\!\!\circ \quad \frac{1}{(k-1)!}\, t^{k-1} \cdot e^{at} \,.$$

C. Anwendung auf lineare Differentialgleichungen mit konstanten Koeffizienten

Der Nutzen der Laplace-Transformation für unsere Bedürfnisse kann am besten im folgenden Schema charakterisiert werden:

$$
\begin{array}{ccc}
\text{Differentialgleichung} & & \text{Gewöhnliche Gleichung} \\
+\ \text{Anfangsbedingungen} & \xrightarrow{L} & \text{für } X(p) \\
\text{für } x(t) & & \big\downarrow \ \text{lösen} \\
\text{Lösung des Anfangs-} & \xleftarrow{L^{-1}} & X(p) \\
\text{wertproblems} & &
\end{array}
$$

Wir betrachten am besten ein paar Beispiele.

(1) $\begin{cases} \ddot{x} - x = t \\ x(0) = 0,\ \dot{x}(0) = 0\ . \end{cases}$

Wir transformieren beide Seiten unter Beachtung der Anfangsbedingungen. Dies ergibt für $X(p)$ die Gleichung

$$p^2 X - X = \frac{1}{p^2}\ ,$$

also

$$X(p) = \frac{1}{p^2(p^2-1)}\ .$$

Die Partialbruchzerlegung ergibt

$$\frac{1}{p^2(p^2-1)} = \frac{1}{p^2-1} - \frac{1}{p^2} \quad \bullet\!\!-\!\!\!-\!\!\!-\!\!\circ \quad \sinh t - t = x(t)\ .$$

(2) $\ddot{x} + \omega^2 x = k(t)$ *(= Feder mit beliebiger Anregung $k(t)$)*

$$x(0) = x_0,\ \dot{x}(0) = v_0\ .$$

Die transformierte Gleichung ist

$$p^2 X + \omega^2 X = K(p) + p x_0 + v_0\ .$$

Damit können wir schreiben

$$X(p) = \frac{1}{p^2+\omega^2}\, K(p) + x_0\, \frac{p}{p^2+\omega^2} + v_0\, \frac{1}{p^2+\omega^2}\ .$$

Der Faltungssatz und Beispiel ② ergeben nun die Lösung

$$x(t) = \frac{1}{\omega} \int_0^t \sin \omega(t-\tau) \cdot k(\tau) d\tau + x_0 \cdot \cos \omega t + \frac{v_0}{\omega} \sin \omega t \, .$$

Natürlich muss nun für ein spezielles $k(\tau)$ das Integral ausgewertet werden. Für viele Überlegungen ist aber die obige Form der Lösung schon wertvoll. Als Anwendung betrachten wir folgende Anregung:

$$k(t) = \begin{cases} 1 & 0 \le t \le T \\ -1 \, , & T > t \end{cases}$$

Wir wählen $v_0 = 0$. Dann liefert unsere allgemeine Formel für $x(t)$ die folgenden Ausdrücke:

a) $0 \le t \le T$:

$$\begin{aligned} x(t) &= x_0 \cdot \cos \omega t + \frac{1}{\omega} \int_0^t \sin \omega(t-\tau) d\tau \\ &= x_0 \cdot \cos \omega t + \frac{1}{\omega^2} \cos \omega(t-\tau) \Big|_0^t = \left(x_0 - \frac{1}{\omega^2}\right) \cos \omega t + \frac{1}{\omega^2} \end{aligned}$$

b) $T > t$:

$$\begin{aligned} x(t) &= x_0 \cdot \cos \omega t + \frac{1}{\omega} \int_0^T \sin \omega(t-\tau) d\tau - \frac{1}{\omega} \int_T^t \sin \omega(t-\tau) d\tau \\ &= x_0 \cdot \cos \omega t + \frac{1}{\omega^2} \cos \omega(t-\tau) \Big|_0^T - \frac{1}{\omega^2} \cos \omega(t-\tau) \Big|_T^t \\ &= \left(x_0 - \frac{1}{\omega^2}\right) \cos \omega t + \frac{2}{\omega^2} \cos \omega(t-T) - \frac{1}{\omega^2} \, . \end{aligned}$$

Zusammengefasst ist die Lösung also

$$x(t) = \begin{cases} \left(x_0 - \frac{1}{\omega^2}\right) \cos \omega t + \frac{1}{\omega^2} \, , & 0 \le t \le T \\ \left(x_0 - \frac{1}{\omega^2}\right) \cos \omega t + \frac{2}{\omega^2} \cos \omega(t-T) - \frac{1}{\omega^2} \, , & T > t \, . \end{cases}$$

Man prüft leicht nach, dass die Lösung bei $x = T$ stetig ist, ebenso ihre 1. Ableitung.

(3) $\begin{cases} 2\,\ddddot{x} - \ddot{x} - x = te^{-t} \\ x(0) = 1\,,\ \dot{x}(0) = 0\,,\ \ddot{x}(0) = \frac{1}{2}\,,\ \dddot{x}\,(0) = 0 \end{cases}$

Die transformierte Gleichung lautet

$$(2p^4 - p^2 - 1)\,X = \frac{1}{(p+1)^2} + 2p^3\,.$$

Weiter gilt $(2p^4 - p^2 - 1) = (2p^2 + 1)(p^2 - 1) = (2p^2 + 1)(p - 1)(p + 1)$, womit wir die Gleichung auflösen können in der Form

$$\begin{aligned} X(p) &= \frac{1}{(p+1)^3\,(p-1)(2p^2+1)} + \frac{2p^3}{(2p^2+1)(p-1)(p+1)} \\ &= \frac{1 + 2p^3(p+1)^2}{(2p^2+1)(p-1)(p+1)^3}\,. \end{aligned}$$

Die Partialbruchzerlegung lautet

$$\begin{aligned} X(p) &= \frac{3}{8}\,\frac{1}{p-1} - \frac{1}{216}\,\frac{1}{p+1} - \frac{11}{36}\,\frac{1}{(p+1)^2} - \frac{1}{6}\,\frac{1}{(p+1)^3} \\ &\quad - \frac{4}{27}\,\frac{1}{2p^2+1} + \frac{34}{27}\,\frac{1}{2p^2+1}\,. \end{aligned}$$

Die Rücktransformierten ergeben sich nun sofort (man beachte noch die Umformung $\frac{1}{2p^2+1} = \frac{1}{2}\,\frac{1}{p^2 + (\sqrt{\frac{1}{2}})^2}$).

Die Lösung unseres Anfangswertproblems ist damit

$$x(t) = \frac{3}{8}\,e^t - \frac{1}{6}\,e^{-t} \cdot \left(\frac{1}{36} + \frac{11}{6}\,t + \frac{t^2}{2}\right) - \frac{2\sqrt{2}}{27}\sin\left(\sqrt{\frac{1}{2}}\,t\right) + \frac{17}{27}\,\cos\left(\sqrt{\frac{1}{2}}\,t\right)\,.$$

Übungsaufgaben zu Kapitel 4.3

1 Berechnen Sie die Transformierten folgender Funktionen:

a) $f(t) = t \cdot \sinh t$ c) $f(t) = t^2 e^{-2t} \cdot \sin t$

b) $f(t) = e^t \cdot \cos 2t$ d) $f(t) = \sin t \cdot \sinh t$

2 Gesucht sind ebenfalls die Transformierten:

a) $f(t) = |\sin t|$

b) $f(t) = \begin{cases} 1, & 0 \le t \le T \\ -1, & T < t < 2T \end{cases}$ Periode $2T$

c)

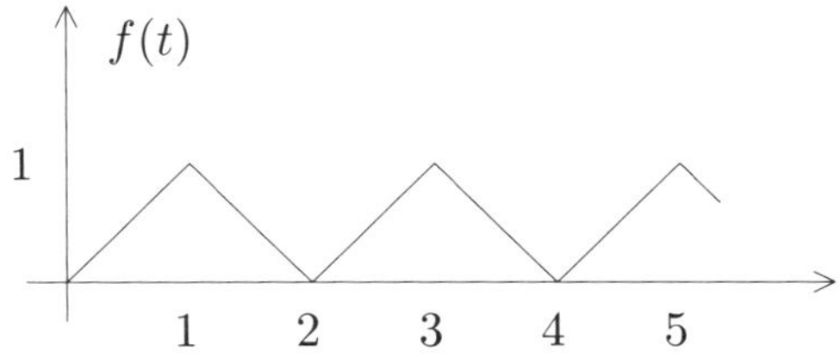

(periodisch fortgesetzt)

3 Berechnen Sie die Rücktransformierten:

a) $F(p) = \dfrac{p(1-p)}{p^4 + 2p^2 + 1}$ c) $F(p) = \dfrac{1}{(p^2+1)e^p}$

b) $F(p) = \dfrac{1}{p^3 - 1}$ d) $F(p) = \dfrac{e^{-2p}}{(p+1)^2}$

4 Lösen Sie die folgenden Anfangswertprobleme mittels Laplace-Transformation:

a) $\begin{cases} \ddot{x} - 2\dot{x} + x = e^t \\ x(0) = 1,\ \dot{x}(0) = 0 \end{cases}$

b) $\begin{cases} \ddddot{x} - \ddot{x} = t \\ x(0) = 0,\ \dot{x}(0) = 0,\ \ddot{x}(0) = 0,\ \dddot{x}(0) = 0 \end{cases}$

4.4 Lineare Systeme mit konstanten Koeffizienten

A. Allgemeines

In vielen Anwendungen wird man auf Differentialgleichungssysteme der folgenden Gestalt geführt:

$$(S) \qquad \begin{cases} \dot{x}_1 &= a_{11}x_1(t) + a_{12}x_2(t) + \cdots + a_{1n}x_n(t) + r_1(t) \\ \dot{x}_2 &= a_{21}x_1(t) + a_{22}x_2(t) + \cdots + a_{2n}x_n(t) + r_2(t) \\ \vdots & \\ \dot{x}_n &= a_{n1}x_1(t) + a_{n2}x_2(t) + \cdots + a_{nn}x_n(t) + r_n(t)\ . \end{cases}$$

Es ist bequem, das System abgekürzt zu schreiben, indem man die unbekannten Funktionen $x_1(t), \ldots, x_n(t)$ zu einem Vektor $\vec{x}\,(t)$ zusammenfasst, und ebenso die $n \times n$ Koeffizienten zu einer Matrix A, die gegebenen "Anregungsfunktionen" zu einem Vektor $\vec{r}$. Das System (S) lautet dann

$$\dot{\vec{x}} = A\,\vec{x} + \vec{r}\ \ .$$

Es ist wieder leicht zu sehen, dass die allgemeine Lösung der inhomogenen Gleichung sich wie früher zusammensetzt aus der allgemeinen Lösung der homogenen Gleichung und einer speziellen Lösung der inhomogenen Gleichung. Also ist die erste Aufgabe, die allgemeine Lösung der homogenen Gleichung zu bestimmen.

In Analogie zum Fall einer einzigen Gleichung macht man den Ansatz

$$\vec{x}_{\text{hom}} = \vec{v} \cdot e^{\lambda t}$$

wobei $\vec{v}$ ein konstanter Vektor ist. Dann muss also gelten

$$\dot{\vec{x}}_{\text{hom}} = A\ \vec{x}_{\text{hom}}$$

das heisst,

$$\lambda\,\vec{v}\,e^{\lambda t} = A(\vec{v}\,e^{\lambda t}) = A\,\vec{v} \cdot e^{\lambda t}$$

was sich vereinfacht zu

$$\boxed{A\,\vec{v} = \lambda\,\vec{v}}\,.$$

λ muss also ein Eigenwert und $\vec{v}$ ein Eigenvektor der Matrix A sein.

Die Eigenwerte sind die Lösungen der Gleichung

$$(E) \qquad \det(A - \lambda I) = 0 \,,$$

wobei I = Einheitsmatrix. Die Eigenwerte sind also die Nullstellen eines Polynoms n-ten Grades (bei einem $n \times n$-System), und es ist nun evident, dass diverse Komplikationen auftreten können. Die vollständige Diskussion des Eigenwertproblems für die Matrix A ist eines der Hauptprobleme der Linearen Algebra und soll hier nicht durchgeführt werden. Lediglich im einfachsten Fall, in dem die Gleichung (E) n verschiedene Lösungen $\lambda_1, ..., \lambda_n$ hat, ist die Struktur klar:

$$\vec{x}_{\text{hom}} = \vec{v}_1\, e^{\lambda_1 t} + \vec{v}_2\, e^{\lambda_2 t} + \cdots + \vec{v}_n\, e^{\lambda_n t}$$

ist die allgemeine Lösung der homogenen Gleichung. Für die Lösung der inhomogenen Gleichung kann man mit analogen Ansätzen durchkommen. Für das System (S) ist die Methode der Laplace-Transformation von entscheidendem Vorteil, weil sie uns ohne den Umweg über geschickte Ansätze die Lösung des Anfangswertproblems

$$(AWP) \qquad \begin{cases} \dot{\vec{x}} = A\,\vec{x} + \vec{r} \\ \vec{x}\,(0) = \vec{x}_0 \end{cases}$$

liefert. Die Transformierte $\vec{X}\,(p)$ muss Lösung sein des linearen gewöhnlichen Gleichungssystems

$$(LT) \qquad p\,\vec{X} = A\,\vec{X} + \vec{R}\,(p) + \vec{x}_0 \ .$$

Wir werden das zum Problem (AWP) gehörende transformierte System (LT) in speziellen, in Anwendungen auftretenden Fällen lösen und keine allgemeine Lösbarkeitsdiskussion durchführen.

Reale Systeme zeichnen sich meistens dadurch aus, dass sie zu vernünftigen, d.h. lösbaren Gleichungen führen.

B. Angewandte Beispiele:

(1) *Chemisches Reaktionssystem*

Es sei A eine chemische Substanz, die in einem Reaktionsprozess zu einer Substanz B umgewandelt wird, und zwar so, dass pro Zeiteinheit B entsteht proportional zur momentanen vorhandenen Menge von A. Schematisch beschreibt man diesen Prozess als

$$A \xrightarrow{k} B\,,$$

wobei k die Proportionalitätskonstante ist (in der Chemie: "Geschwindigkeitskonstante"). Sehr oft ist es so, dass der Prozess auch (mit einer anderen Konstanten) in der umgekehrten Richtung abläuft. Man kann dann allgemeinere Reaktionsschemata haben, wie etwa das folgende:

$$\begin{array}{ccccccc}
A_1 & \underset{k_{21}}{\overset{k_{12}}{\rightleftarrows}} & A_2 & \underset{k_{32}}{\overset{k_{23}}{\rightleftarrows}} & A_3 & \xrightarrow{k_{35}} & A_5 \\
\downarrow k_{14} & & & & & & \\
A_4 & & & & & &
\end{array}$$

Zunächst schreiben wir die dem obigen Schema entsprechenden Differentialgleichungen hin. Dazu bezeichnen wir die Konzentrationen mit $x_i(t)$ und müssen nun einfach das Schema übersetzen als

$$\boxed{\begin{array}{lrcrcr}
\dot{x}_1 = & -(k_{12}+k_{14})\,x_1 & + & k_{21}\,x_2 & & \\
\dot{x}_2 = & k_{12}\,x_1 & - & (k_{21}+k_{23})\,x_2 & + & k_{32}\,x_3 \\
\dot{x}_3 = & & & k_{23}\,x_2 & - & (k_{32}+k_{35})\,x_3 \\
\dot{x}_4 = & k_{14}\,x_1 & & & & \\
\dot{x}_5 = & & & & & k_{35}\,x_3
\end{array}}$$

Es sollte nun klar sein, wie man für ein beliebiges solches Reaktionsschema das zugehörige Differentialgleichungssystem ableitet.

Als Rechenbeispiel beschränken wir uns des Aufwandes wegen auf ein einfacheres Schema:

$$\begin{array}{ccccc}
A_1 & \underset{k_{21}}{\overset{k_{12}}{\rightleftarrows}} & A_2 & \xrightarrow{k_{23}} & A_3 \\
k_{14} \downarrow & & & & \\
A_4 & & & &
\end{array}$$

Wir interessieren uns nur für den Konzentrationsverlauf von A_1 und A_2, wobei wir annehmen, dass anfänglich nur A_1 vorhanden ist. Das System für $x_1(t)$, $x_2(t)$ lautet hier also

$$\begin{cases} \dot{x}_1 = & -(k_{12}+k_{14})\,x_1 + k_{21}\,x_2 \\ \dot{x}_2 = & k_{12}\,x_1 - (k_{21}+k_{23})\,x_2 \end{cases}$$

und die Anfangsbedingungen sind $x_1(0) = x_0$, $x_2(0) = 0$. Durch Laplace-Transformation erhalten wir

$$\begin{cases} p\,X_1 - x_0 &= -(k_{12}+k_{14})\,X_1 + k_{21}\,X_2 \\ p\,X_2 &= k_{12}\,X_1 - (k_{21}+k_{23})\,X_2\,. \end{cases}$$

Wir setzen zur Abkürzung

$$\alpha_1 = k_{12} + k_{14}\,,\ \alpha_2 = k_{21} + k_{23}$$

und schreiben das transformierte System als

$$\begin{cases} (p+\alpha_1)\,X_1 - k_{21}\,X_2 &= x_0 \\ -k_{12}\,X_1 + (p+\alpha_2)\,X_2 &= 0\,. \end{cases}$$

Aufgelöst ergibt sich

$$X_1(p) = \frac{x_0(p+\alpha_2)}{(p+\alpha_1)(p+\alpha_2) - k_{12}\,k_{21}}\,,\quad X_2(p) = \frac{x_0\,k_{12}}{(p+\alpha_1)(p+\alpha_2) - k_{12}\,k_{21}}\,.$$

Die Nullstellen des Nenners sind

$$\begin{aligned} p_{1,2} &= \frac{1}{2}\Big(-\alpha_1 - \alpha_2 \pm \sqrt{(\alpha_1+\alpha_2)^2 - 4(\alpha_1\alpha_2 - k_{12}\,k_{21})}\Big) \\ &= \frac{1}{2}\Big(-(\alpha_1-\alpha_2) \pm \sqrt{(\alpha_1-\alpha_2)^2 + 4k_{12}\,k_{21}}\Big) \end{aligned}$$

Man erkennt jetzt leicht, dass p_1, p_2 beide negativ und verschieden sind, da natürlich alle vorkommenden Geschwindigkeitskonstanten positiv sind.

Die Partialbruchzerlegung von $X_1(p)$, $X_2(p)$ ist dann

$$X_1 = \frac{x_0(p_1+\alpha_2)}{2p_1+\alpha_1+\alpha_2}\cdot\frac{1}{p-p_1} + \frac{x_0(p_2+\alpha_2)}{2p_2+\alpha_1+\alpha_2}\cdot\frac{1}{p-p_2}$$

$$X_2 = \frac{x_0\,k_{12}}{2p_1+\alpha_1+\alpha_2}\cdot\frac{1}{p-p_1} + \frac{x_0\,k_{12}}{2p_2+\alpha_1+\alpha_2}\cdot\frac{1}{p-p_2}\,.$$

Nun ist aber

$$2p_1 + \alpha_1 + \alpha_2 = w := \sqrt{(\alpha_1 - \alpha_2)^2 + 4k_{12}\,k_{21}}$$
$$2p_2 + \alpha_1 + \alpha_2 = -w$$
$$p_1 + \alpha_2 = \frac{\alpha_2 - \alpha_1}{2} + w, \; p_2 + \alpha_2 = \frac{\alpha_2 - \alpha_1}{2} - w \,.$$

Damit können wir schreiben

$$X_1(p) = x_0 \left[1 + \frac{\alpha_2 - \alpha_1}{2w}\right] \frac{1}{p - p_1} + x_0 \left[1 - \frac{\alpha_2 - \alpha_1}{2w}\right] \frac{1}{p - p_2}$$

$$X_2(p) = x_0 \left\{ \frac{k_{12}}{w} \frac{1}{p - p_1} - \frac{k_{12}}{w} \frac{1}{p - p_2} \right\},$$

die Lösungen sind also

$$x_1(t) = x_0 \left\{ \left[\frac{1}{2} + \frac{\alpha_2 - \alpha_1}{2w}\right] e^{p_1 t} + \left[\frac{1}{2} - \frac{\alpha_2 - \alpha_1}{2w}\right] e^{p_2 t} \right\}$$
$$x_2(t) = x_0 \, \frac{k_{12}}{w} \left[e^{p_1 t} - e^{p_2 t}\right] .$$

Da $p_1 < 0$, $p_2 < 0$ gilt selbstverständlich $x_1(t) \to 0$, $x_2(t) \to 0$ für $t \to \infty$. Weiter kann man sehen, dass $x_2(t)$ ein positives Maximum erreicht und dann gegen Null abfällt mit wachsendem t (überlegen Sie selbst!).

Typische Bilder:

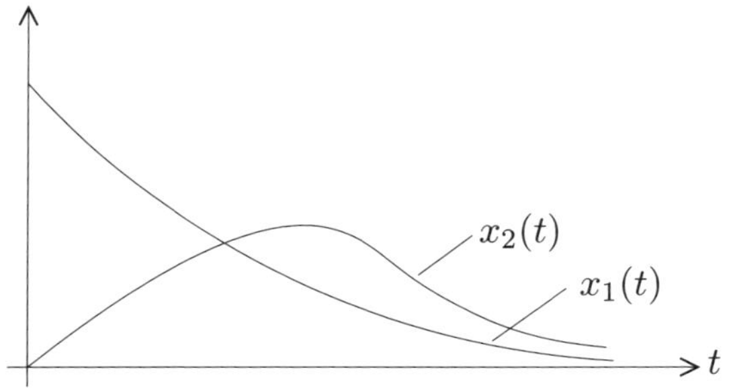

(2) *Pharmakologie*

In der Pharmakologie, aber auch in andern Gebieten, wird man oft auf ähnliche Schemata wie im ersten Beispiel geführt. Man betrachtet dann die Wirkung eines Pharmakons auf dem Weg durch verschiedene Organe, oder allgemeiner Kompartimente. Es sei jetzt $x_i(t)$ die Konzentration eines bestimmten Pharmakons im Kompartiment Nr. i. Eine geläufige Annahme ist wieder, dass in jedem Kompartiment ein Abbau stattfindet, dessen Rate wieder proportional zur momentanen Konzentration ist. Weiter können in einem oder mehreren Kompartimenten Dosen von aussen zugegeben werden, also zum Beispiel durch Schlucken oder Injektion ins Blut. Schematisch stellt man den Ablauf etwa so dar:

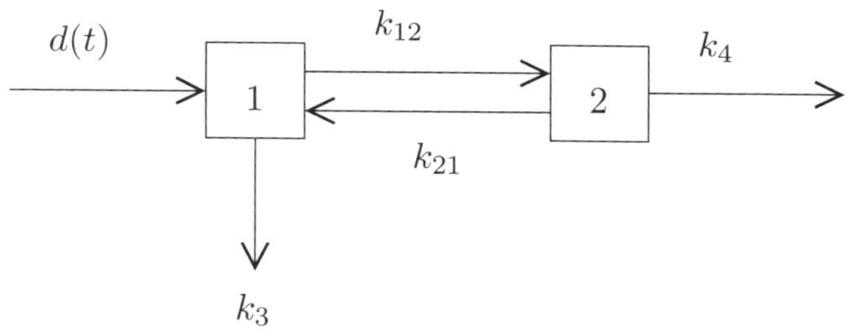

Dieses Schema würde also folgendes besagen:

Die Dosis $d(t)$ gelangt ins Kompartiment 1, gelangt von dort mit einer gewissen Rate zum Kompartiment 2, wovon auch ein Rückstrom zum Kompartiment 1 besteht. Ausserdem geht in beiden Kompartimenten Substanz verloren, beschrieben durch die Geschwindigkeitskonstanten k_3, k_4.

Das Differentialgleichungssystem lautet demgemäss hier

$$\begin{cases} \dot{x}_1 = & -(k_{12} + k_3)\,x_1 + k_{21}\,x_2 + d(t) \\ \dot{x}_2 = & k_{12}\,x_1 - (k_{21} + k_4)\,x_2 \,. \end{cases}$$

Wir lösen nun das System für die Situation, dass anfänglich die Kompartimente leer sind und eine konstante Dosis d_0 während kurzer Zeit, nämlich von $t = 0$, bis $t = \epsilon$, zugeführt wird.

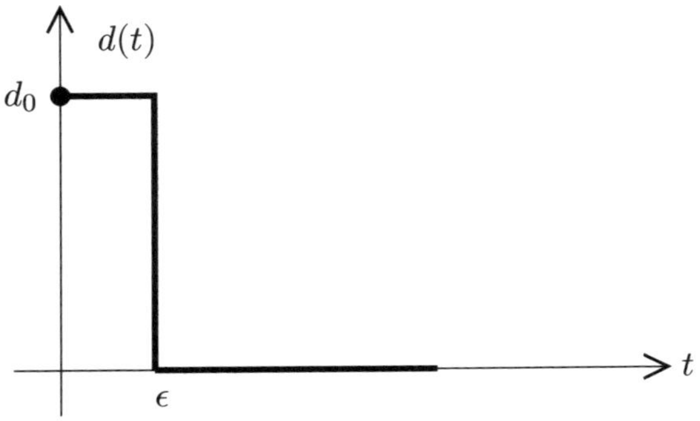

Wir brauchen die Laplace-Transformierte von $d(t)$:

$$D(p) = d_0 \int_0^{\epsilon} e^{-pt} dt = \frac{d_0}{p} \left(1 - e^{-p\epsilon}\right) .$$

Das transformierte System ist dann

$$\begin{cases} (p + k_{12} + k_3)\, X_1 - k_{21}\, X_2 & = D(p) \\ -k_{12}\, X_1 + (p + k_{21} + k_4)\, X_2 & = 0 . \end{cases}$$

Die Determinante ist

$$p^2 + \underbrace{(k_{12} + k_{21} + k_3 + k_4)}_{:= \sigma}\, p + \underbrace{k_3\, k_{21} + k_4\, k_{12} + k_3\, k_4}_{:= \mu}$$

und aufgelöst nach X_1, X_2 erhalten wir

$$X_1(p) = \frac{D(p)(p + k_{21} + k_4)}{p^2 + \sigma p + \mu}, \quad X_2(p) = \frac{D(p)\, k_{12}}{p^2 + \sigma \cdot p + \mu} .$$

Wir nehmen an, dass zum Beispiel die Konzentration im zweiten Kompartiment von Interesse sei und berechnen deshalb nur $x_2(t)$. (Dies ist ein wichtiger Vorteil der Laplace-Transformation, dass man auch nur nach einer einzigen Komponente auflösen kann, ohne die anderen auch berechnen zu müssen!).

Die Nullstellen des Nenners sind

$$p_1 = \frac{1}{2}\left(-\sigma + \sqrt{\sigma^2 - 4\mu}\right), \; p_2 = \frac{1}{2}\left(-\sigma - \sqrt{\sigma^2 - 4\mu}\right)$$

und

$$\begin{aligned}\sigma^2 - 4\mu &= (k_{12} + k_{21} + k_3 + k_4)^2 - 4(k_3\, k_{21} + k_4\, k_{12} + k_3\, k_4) \\ &= (k_{12} + k_3 - k_{21} - k_4)^2 + 4\, k_{12}\, k_{21} > 0\,.\end{aligned}$$

Wir schreiben $X_2(p)$ in der Form

$$X_2(p) = d_0\, k_{12}\, \frac{1}{p(p^2 + \sigma \cdot p + \mu)}\, (1 - e^{-p\epsilon})\,.$$

Die Partialbruchzerlegung lautet

$$\underbrace{\frac{1}{p(p^2 + \sigma \cdot p + \mu)}}_{=:\, U(p)} = \frac{1}{\mu} \cdot \frac{1}{p} + \frac{1}{p_1(2p_1 + \sigma)} \cdot \frac{1}{p - p_1} + \frac{1}{p_2(2p_2 + \sigma)}\, \frac{1}{p - p_2}\,,$$

dabei ist $2p_1 + \sigma = w := \sqrt{\sigma^2 - 4\mu}$, $2p_2 + \sigma = -w$. Die Rücktransformierte von $U(p)$ ist damit

$$u(t) = \frac{1}{\mu} + \frac{1}{w \cdot p_1}\, e^{p_1 t} - \frac{1}{w \cdot p_2}\, e^{p_2 t}\,.$$

Nach dem Verschiebungssatz bedeutet Multiplikation mit $e^{-p\epsilon}$ Verschiebung im Zeitbereich um ϵ und "Abschneiden". Also ist die Lösung

$$x_2(t) = d_0 \cdot k_{12}\, [u(t) - \hat{u}(t - \epsilon)]\,,$$

wobei

$$\hat{u}(s) = \begin{cases} u(s) & \text{falls } s \geq 0 \\ 0 & \text{falls } s < 0\,. \end{cases}$$

Die Lösung kann damit geschrieben werden als

$$x_2(t) = \begin{cases} d_0 \cdot k_{12}\Big(\dfrac{1}{\mu} + \dfrac{1}{w \cdot p_1}\, e^{p_1 t} - \dfrac{1}{w \cdot p_2}\, e^{p_2 t}\Big)\,, & 0 \leq t \leq \epsilon \\[2ex] d_0 \cdot k_{12}\Big[\dfrac{1}{w \cdot p_1}\, (e^{p_1 t} - e^{p_1(t-\epsilon)}) - \dfrac{1}{w \cdot p_2}\, (e^{p_2 t} - e^{p_2(t-\epsilon)})\Big]\,, & t > \epsilon\,. \end{cases}$$

Typische Bilder:

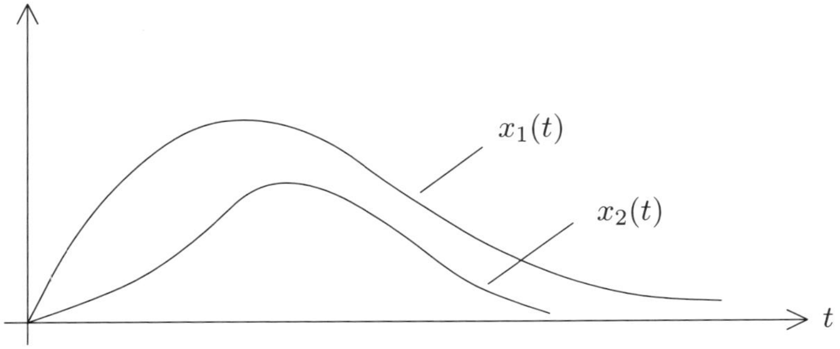

C. Systeme höherer Ordnung

In vielen Anwendungen treten auch lineare Systeme auf, in denen Ableitungen höherer Ordnung vorkommen. Solche Systeme kann man immer auf Systeme erster Ordnung zurückführen. Dies ist insbesondere für die numerische Behandlung wichtig, da dort höhere Ableitungen heikel sind.

Das Vorgehen ist einfach: für jede höhere Ableitung einer Funktion führt man eine neue unbekannte Funktion ein.

BEISPIEL:

$$(S1) \qquad \begin{cases} \ddot{x}_1 + \dot{x}_2 - a\,x_1 = b \\ \ddot{x}_2 + x_1 - c\,x_2 = d \;. \end{cases}$$

Wir setzen $\dot{x}_1 = y_1$, $\dot{x}_2 = y_2$. Dann ist das System $(S1)$ äquivalent zum System

$$(S2) \qquad \begin{cases} \dot{x}_1 = y_1 \\ \dot{x}_2 = y_2 \\ \dot{y}_1 = a\,x_1 - y_2 + b \\ \dot{y}_2 = -x_1 + c\,x_2 + d \;, \end{cases}$$

das wieder die Gestalt (S) hat, wie in Abschnitt A. Diese Transformation lässt sich natürlich auch für nichtlineare Systeme durchführen.

Für lineare Systeme ist die Zurückführung auf ein System 1. Ordnung nicht notwendig, falls wir die Methode der Laplace-Transformation anwenden, denn dort spielt es keine Rolle, welche Ableitungen auftreten.

Beispiel: *Massenpunkt an zwei Gummibändern*

Ein Massenpunkt sei an zwei Punkten elastisch fixiert, d.h. die rücktreibende Kraft wirkt wie eine Feder. Was sind die Bahnkurven?

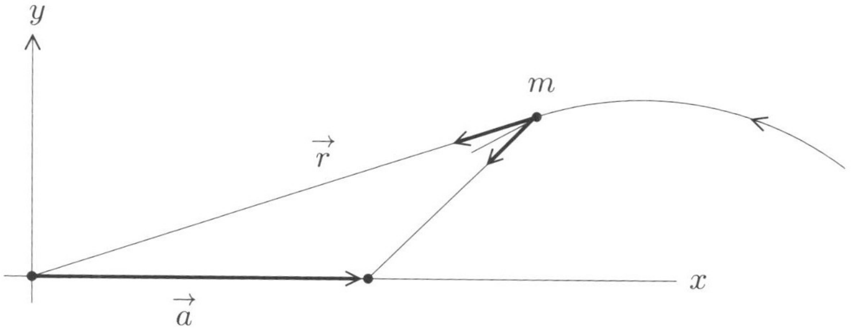

Nach dem Newton'schen Grundgesetz gilt

$$m\,\ddot{\vec{r}} = -f_1\,\vec{r} - f_2(\vec{r} - \vec{a}) \quad (f_1, f_2 : \text{ Federkonstanten})\ .$$

Wir schreiben etwas um: $\omega^2 = \dfrac{f_1 + f_2}{m}\,,\quad \vec{b} = \dfrac{f_2}{m}\,\vec{a}\,,$

$$\begin{array}{cccl} \vec{r}\,(t) & \longrightarrow & z(t) & \text{komplexe Zahl} \\ \vec{b} & \longrightarrow & w & \text{reelle Zahl}\ . \end{array}$$

Dann gilt

$$\ddot{z} + \omega^2 z = w\ .$$

Wir betrachten allgemeine Anfangsbedingungen

$$z(0) = z_0\,,\quad \dot{z}(0) = v_0\,,\quad z_0, v_0 \in \mathbb{C}\ .$$

Nach Laplace-Transformation erhalten wir

$$p^2 Z + \omega^2 Z = \frac{w}{p} + v_0 + p \cdot z_0$$

d.h.

$$Z(p) = \frac{w}{p(p^2+\omega^2)} + \frac{v_0}{p^2+\omega^2} + \frac{p \cdot z_0}{p^2+\omega^2}\ .$$

Wir wandeln noch etwas um:

$$\frac{1}{p(p^2+\omega^2)} = \frac{1}{\omega^2}\left(\frac{1}{p} - \frac{p}{p^2+\omega^2}\right)\ .$$

Also hat man

$$Z(p) = \frac{w}{\omega^2} \cdot \frac{1}{p} + \frac{v_0}{p^2+\omega^2} + \left(z_0 - \frac{1}{\omega^2}\right) \frac{p}{p^2+\omega^2} \, ,$$

und jetzt ist die Rücktransformierte leicht abzulesen:

$$z(t) = \frac{w}{\omega^2} + \frac{v_0}{\omega} \sin\omega t + \left(z_0 - \frac{1}{\omega^2}\right) \cos\omega t \, .$$

Dann ersetzen wir noch $\sin\omega t$ und $\cos\omega t$ und schreiben $z(t)$ in der Form

$$z(t) = \frac{w}{\omega^2} + \underbrace{\frac{1}{2}\left(z_0 - \frac{1}{\omega^2} + \frac{1}{i}\,\frac{v_0}{\omega}\right)}_{z_1} e^{i\omega t} + \underbrace{\frac{1}{2}\left(z_0 - \frac{1}{\omega^2} - \frac{1}{i}\,\frac{v_0}{\omega}\right)}_{z_2} e^{-i\omega t} \, .$$

In 2.10, Beispiel ③, haben wir eine analoge Bahnkurve untersucht (man ersetze ωt dort durch t und $z(t) - \frac{w}{\omega^2}$ durch $z(t)$).

Die Bahnkurven sind also im allgemeinen Ellipsen mit Zentrum $\frac{w}{\omega^2}$ und Halbachsen $a = |z_1| + |z_2|$, $b = \big||z_1| - |z_2|\big|$, gedreht um den Winkel $\frac{1}{2}(\arg z_1 + \arg z_2)$.

Typisches Bild:

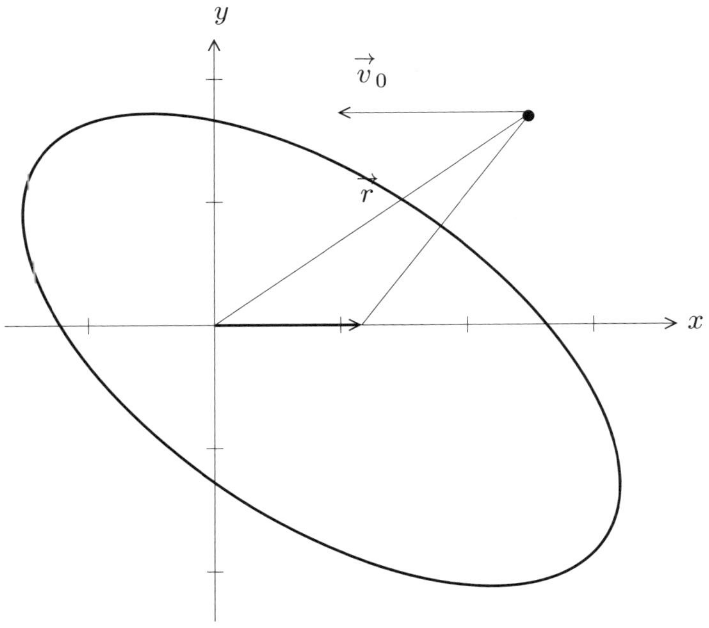

Übungsaufgaben zu Kapitel 4.4

[1] Berechnen sie die Lösung des Systems

$$\begin{cases} \dot{x} = 2x - y + e^t \\ \dot{y} = x - 2y - e^{-t} \end{cases}$$

$x(0) = 1,\ y(0) = 0$

[2] Berechnen Sie $x(t)$, $y(t)$:

$$\begin{cases} \ddot{x} = \dot{y} + \sin t \\ \ddot{y} = x - \cos t \end{cases}$$

$x(0) = 1,\ \dot{x}(0) = 0$

$y(0) = 1,\ \dot{y}(0) = 0$

4.5 Autonome Systeme 1. Ordnung in der Ebene

A. Allgemeines

Unter einem autonomen Differentialgleichungssystem versteht man ein System, indem die unabhängige Variable (die wir immer als Zeit interpretieren hier) nicht explizit vorkommt. Wir betrachten also Systeme vom Typus

$$(A) \qquad \begin{cases} \dot{x} = f(x, y) \\ \dot{y} = g(x, y) \end{cases}$$

wobei f, g vorgegebene Funktionen der Variablen x, y sind. Solche Systeme sind in Anwendungen von grosser Bedeutung (siehe z.B. Abschnitt B).

Unter **Bahnkurven** versteht man Kurven $(x(t), y(t))$, wobei $x(t)$, $y(t)$ Lösungen von (A) in einem vorgegebenen t-Intervall sind. Für uns wird das ausschliesslich das Intervall $(0, \infty)$ sein.

Die Steigung einer Bahnkurve in einem Punkt (x, y) ist

$$y' = \frac{\dot{y}}{\dot{x}} = \frac{g(x, y)}{f(x, y)}\ .$$

Falls f und g nicht beide bei (x, y) verschwinden, ist y' eindeutig definiert, wenn wir sie noch entsprechend $\pm\infty$ festlegen, falls $f(x, y) = 0$, aber $g(x, y) \neq 0$. Zwei Bahnkurven können also nicht transversal sein, wenn $(f, g) \neq (0, 0)$.

Bild:

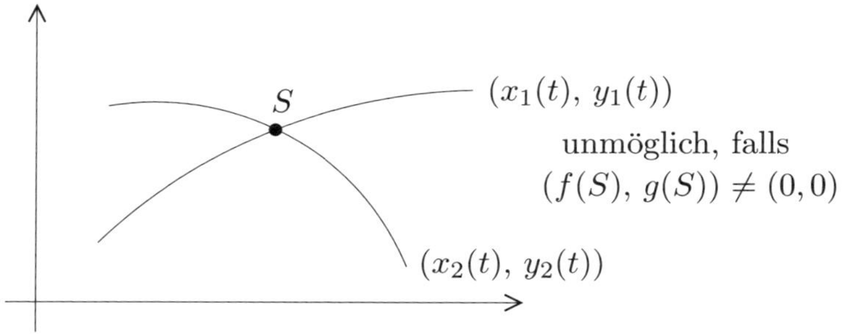

Punkte (x_0, y_0) wo $f(x_0, y_0) = g(x_0, y_0) = 0$ heissen **Gleichgewichtspunkte** und spielen eine wichtige Rolle. Bahnkurven können sich also nur in Gleichgewichtspunkten treffen.

Ein wichtiger Fall ist auch der, dass die Bahnkurve geschlossen ist und keinen Gleichgewichtspunkt enthält: dies entspricht offenbar einer periodischen Lösung.

Falls es gelingt, die Differentialgleichung

$$y' = \frac{g(x, y)}{f(x, y)}$$

nach $y = y(x)$ aufzulösen, kann man direkt die Bahnkurve bestimmen.

BEISPIEL:

$$\begin{cases} \dot{x} = -y \\ \dot{y} = x \end{cases} .$$

Hier ist

$$\frac{dy}{dx} = y' = -\frac{x}{y} \quad ,$$

also

$$y \cdot dy = -x \cdot dx$$

d.h. $x^2+y^2 = \text{const.}$, die Bahnkurven sind also geschlossen, d.h. die Lösungen sind periodisch. Wir können auch die Periode berechnen:

Sei $x(0) = x_0$, $y(0) = y_0$ und $x_0^2 + y_0^2 = R^2$.

Dann ist

$$\frac{dx}{dt} = -y = \pm\sqrt{R^2 - x^2}\,,$$

also erhält man

$$\frac{dx}{\sqrt{R^2 - x^2}} = \mp\, dt$$

$$\text{Periode } I = 4\int_0^R \frac{dx}{\sqrt{R^2 - x^2}} = 4 \cdot \arcsin\left(\frac{x}{R}\right)\Big|_0^R = 2\pi\ .$$

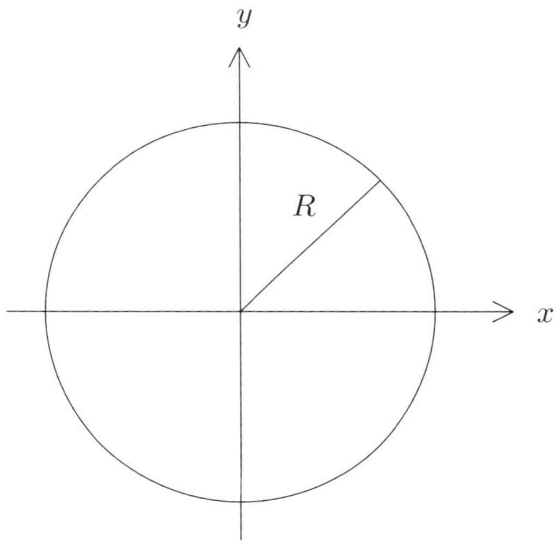

Natürlich hätte man die Lösung $(x(t), y(t))$ durch Laplace-Transformation berechnen können und bekommen

$$\begin{aligned} x(t) &= x_0 \cos t - y_0 \cdot \sin t \\ y(t) &= y_0 \cos t + x_0 \cdot \sin t\ . \end{aligned}$$

Der wichtige Punkt hier ist, dass man zu wichtigen Aussagen über die Lösung gelangen kann, ohne sie explizit bestimmen zu müssen.

B. Beispiele von nichtlinearen Systemen

(1) *Chemische Reaktion*

Es seien $x(t)$, $y(t)$ die Mengen zweier chemischer Substanzen zur Zeit t. Die Substanzen reagieren zusammen im "Rührkessel" ("reaction vessel"), was bedeutet, dass der Durchmischungsprozess nicht berücksichtigt werden muss, da er viel schneller ist als die Reaktion. Man schreibt dann schematisch

$$A + B \longrightarrow \text{Produkt} ,$$

wobei A, B die entsprechenden Substanzen sind.

Eine Standardannahme ist dann, dass dieser Prozess beschrieben wird durch das System

$$\begin{cases} \dot{x} = -kxy \\ \dot{y} = -kxy \end{cases}$$

und mit gegebenen Anfangswerten x_0, y_0. Die Konstante k ist dann die für die betreffende Reaktion typische Grösse und kann in chemischen Handbüchern nachgeschaut werden.

Im vorliegenden Fall sind die Trajektorien in der (x, y)-Ebene einfache Geraden mit Steigung 1. Es gilt also

$$x - y = \text{konst.} = x_0 - y_0 = c ,$$

d.h. insbesondere

$$\dot{x} = -kx(x - c) .$$

Damit folgt

$$\frac{dx}{x(x-c)} = -k\,dt ,$$

und nach Partialbruchzerlegung (Annahme $c \neq 0$)

$$\int_{x_0}^{x(t)} \frac{1}{c}\Big(\frac{1}{x-c} - \frac{1}{x}\Big)\,dx = -kt .$$

Wir nehmen zunächst an, dass $x_0 > y_0$, d.h. $c > 0$ ist. Dann ergeben Integration und einige Umformungen

$$x(t) = x_0\,\frac{x_0 - y_0}{x_0 - y_0\,e^{-kct}} .$$

Für $t \to \infty$ geht also $x(t) \to x_0 - y_0$, was wir auch durch Betrachtung der Trajektorien sofort gesehen hätten:

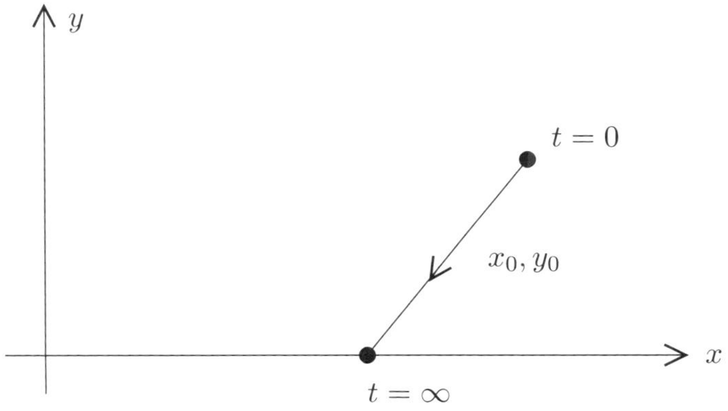

Falls $x_0 < y_0$ gilt die Lösungsformel ebenfalls: wir beachten, dass jetzt $c < 0$ ist und schreiben um zu

$$x(t) = x_0 \, \frac{y_0 - x_0}{y_0 \, e^{kct} - x_0} \, ,$$

womit evident wird, dass jetzt $x(t) \to 0$ für $t \to \infty$.

Im Spezialfall $x_0 = y_0$ hat man anders zu integrieren:

$$\dot{x} = -k \, x^2$$

$$\Longrightarrow \int_{x_0}^{x(t)} \frac{dx}{x^2} = -kt$$

woraus sich ergibt

$$x(t) = \frac{x_0}{1 + x_0 \, kt} \, .$$

(2) *Modell einer Epidemie*

Es seien $I(t)$ die Anzahl ansteckender Personen und $S(t)$ die Anzahl anfälliger Personen. Man macht nun die Annahme, dass bei jedem Kontakt die Krankheit sofort mit einer festen Wahrscheinlichkeit übertragen wird, d.h. eine anfällige Person wird ansteckend. Weiter nehme die Anzahl der ansteckenden Personen aus verschiedenen Gründen (z.B. immun werden, sterben) ab mit einer festen Rate β. Dann wird der Verlauf der Ansteckung beschrieben durch das System

$$\begin{cases} \dot{I} = \alpha I \cdot S - \beta I \\ \dot{S} = -\alpha I \cdot S \end{cases} .$$

Hier interessieren uns vor allem die Trajektorien. Es ist

$$\frac{dI}{dS} = -1 + \frac{\beta}{\alpha} \cdot \frac{1}{S} ,$$

woraus sich sofort ergibt

$$I(S) = -S + \frac{\beta}{\alpha} \ln S + I_0 - S_0 - \frac{\beta}{\alpha} \ln S_0$$

Bild:

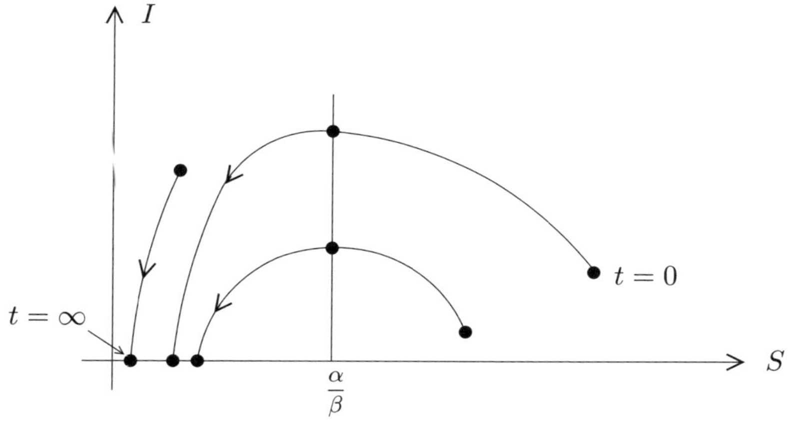

Folgende Schlüsse sind nun wichtig:

- falls $S(0) > \frac{\alpha}{\beta}$, nimmt die Anzahl ansteckender Personen zuerst zu (→ Epidemie). $\frac{\alpha}{\beta}$ heisst dann der "Schwellenwert".

- Die Krankheit verschwindet immer dadurch, dass die ansteckenden Personen eliminiert werden.

Dieses einfachste Modell konnte mit verschiedenen vorliegenden Daten verglichen werden und ist in einigen Fällen gut bestätigt worden. Man muss sich aber über die sehr einfachen Annahmen im Klaren sein. Natürlich gibt es heute viel ausgeklügeltere Modelle, je nach Krankheit (z.B. AIDS), die viel mehr Effekte berücksichtigen. Dazu muss auf die Spezialliteratur verwiesen werden. Empfohlen: J.D. Murray, Mathematical Biology, Springer Verlag 2001.(2 Bände)

(3) *Populationsdynamik*

$N_1(t)$, $N_2(t)$ seien die Anzahl von Spezies zweier Populationen, die sich gegenseitig beeinflussen. Wir machen nun folgende Annahmen:

a) Jede Population für sich verhält sich "logistisch", d.h. im ungestörten Fall strebt die Population N_i gegen eine konstante Anzahl K_i ("Kapazität").

b) Die Gegenwart der anderen Populationen beeinflusst die Population positiv oder negativ, indem dann die Kapazität verändert wird. Gemessen wird der Einfluss durch den Term b_{12}, respektive b_{21}.

Die Dynamik dieses Zusammenlebens wird beschrieben durch das System

$$\begin{cases} \dot{N}_1 = r_1\, N_1 \Big[1 - \dfrac{N_1}{K_1} - b_{12}\, \dfrac{N_2}{K_1} \Big] \\[2ex] \dot{N}_2 = r_2\, N_2 \Big[1 - \dfrac{N_2}{K_2} - b_{21}\, \dfrac{N_1}{K_2} \Big] \, . \end{cases}$$

Hier interessiert wieder nur, wie die Bahnkurven verlaufen können. Dies kann man durch blosse Vorzeichenbetrachtung durchführen. Dazu betrachten wir in der (N_1, N_2)-Ebene die zwei Geraden

$$g_1 : \quad \frac{N_1}{K_1} + b_{12}\, \frac{N_2}{K_1} = 1$$

$$g_2 : \quad \frac{N_2}{K_2} + b_{21}\, \frac{N_1}{K_2} = 1 \, .$$

Dann betrachten wir drei verschiedene Fälle.

a) $K_1 > \dfrac{K_2}{b_{21}}\,,\ K_2 < \dfrac{K_1}{b_{12}}$

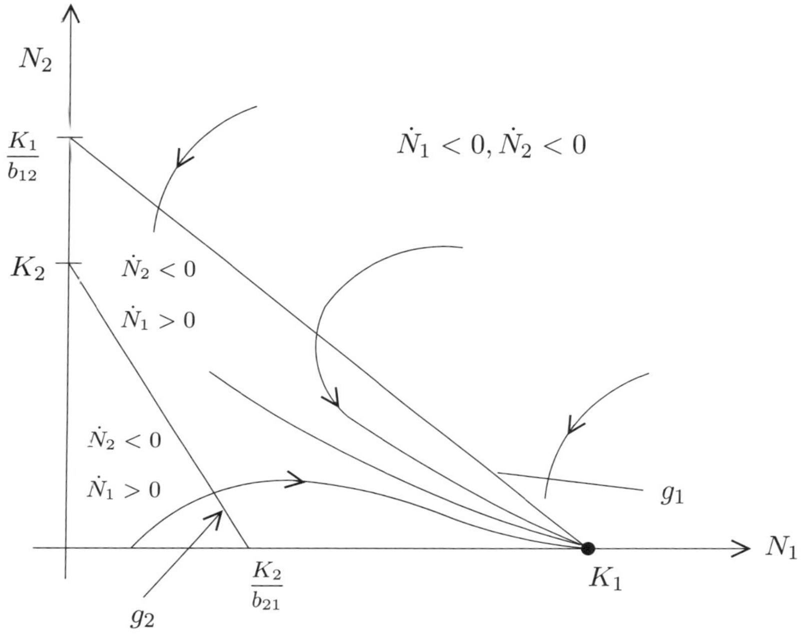

Die Vorzeichen von $\dot N_1, \dot N_2$ können in den drei durch die Geraden begrenzten Gebieten sofort bestimmt werden. Weiter ist zu beachten, dass auf g_1 die Bahnkurven parallel zur N_2-Achse und auf g_2 parallel zur N_1-Achse verlaufen. Damit erhält man leicht das gezeichnete Bild für den typischen Verlauf der Bahnkurven.

Wir kommen also zum Ergebnis, dass alle Bahnkurven im Punkte $(K_1, 0)$ einlaufen, d.h. nur die Population N_1 wird überleben.

b) $K_1 > \dfrac{K_2}{b_{21}}\,,\ K_2 > \dfrac{K_1}{b_{12}}$

Man verifiziert leicht nun folgendes qualitatives Verhalten der Bahnkurven:

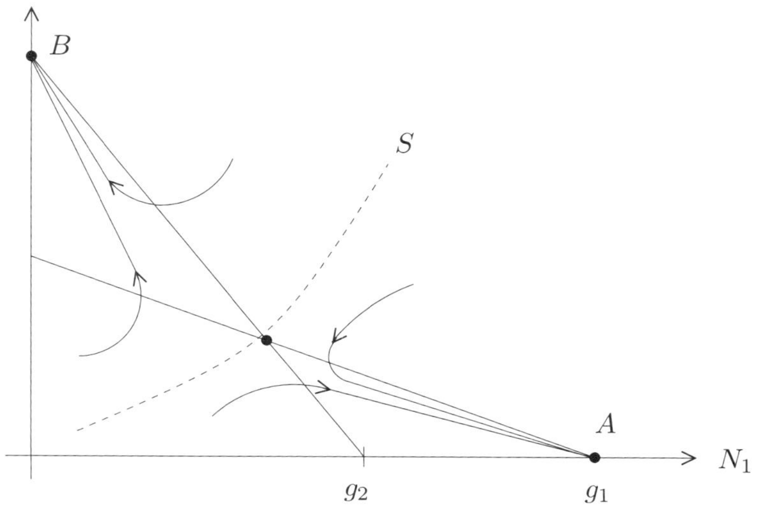

Es hängt vom Startpunkt ab, wohin die Bahnkurven einlaufen. Es gibt dann, wie man zeigen kann, eine Kurve S (Separatrix), die die Einzugsgebiete der Punkte A, B trennt.

Den Schnittpunkt der Geraden g_1, g_2 nennt man einen Sattelpunkt im vorliegenden Fall.

c) $K_1 < \dfrac{K_2}{b_{21}}$, $K_2 < \dfrac{K_1}{b_{12}}$

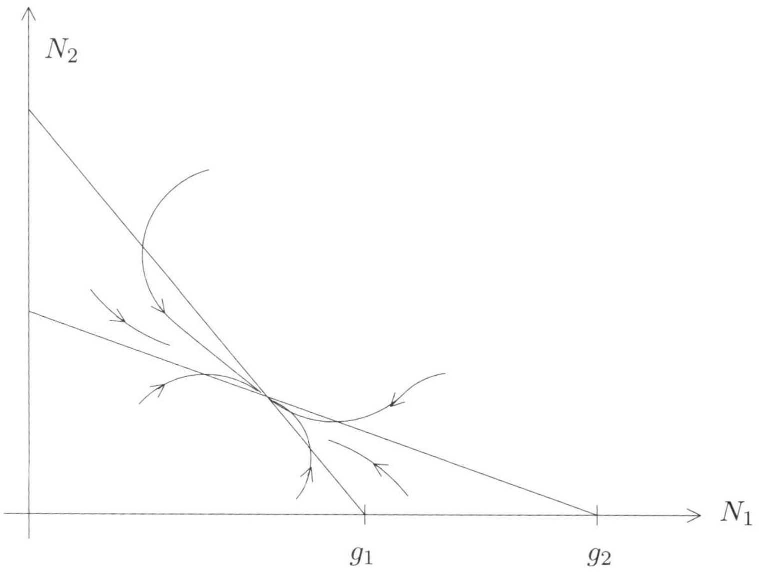

Der Schnittpunkt von g_1 und g_2 heisst jetzt ein stabiler Knoten, d.h. alle Bahnkurven laufen dort ein. Dies ist meistens die biologisch wünschbare Situation: es stellt sich ein Gleichgewicht ein.

(4) *Räuber-Beute-Modell von Lotka-Volterra (1926)*

Dieses Modell entstand nach Beobachtungen über Fischfangerträge in der Adria. Dabei wurden folgende Annahmen getroffen:

Die Räuberpopulation $r(t)$ würde ohne Beute verschwinden ($\rightarrow$ Term $-\gamma r$). Falls Beute vorhanden ist, hat dies den Effekt, dass die Räuber zunehmen ($\rightarrow$ Term δrb), wobei die Zunahmerate von der Wahrscheinlichkeit des Zusammentreffens abhängt, welche ihrerseits proportional dem Produkt $r \cdot b$ ist.

Bei der Beute ist angenommen, dass sie sich ohne Räuber unbeschränkt vermehren würde. Der Einfluss der Räuber auf die Beute ist dann analog mit dem Term $-\beta r \cdot b$ beschrieben.

Man erhält damit das System

$$\begin{cases} \dot{b} = \alpha b - \beta r \cdot b \\ \dot{r} = -\gamma r + \delta r \cdot b \, . \end{cases}$$

Es ist von vornherein klar, dass dieses einfache Modell viele wichtige Effekte nicht berücksichtigt. Trotzdem ist es interessant, einmal durchzurechnen, was für Aussagen aus diesen Annahmen folgen.

Die Bahnkurve in der (b, r)-Ebene erhalten wir ja als Lösung von

$$\frac{dr}{db} = \frac{r(-\gamma + \delta b)}{b(\alpha - \beta r)}$$

d.h.

$$\Big(\frac{\alpha}{r} - \beta\Big)\, dr = \Big(-\frac{\gamma}{b} + \delta\Big)\, db \, ,$$

was wir in der Form

$$\alpha \cdot \ln r - \beta r = -\gamma \ln b + \delta \cdot b + \text{konst.}$$

integrieren können. Wir schreiben dies noch um in die Form

$$\underbrace{r^{\alpha} \cdot e^{-\beta r}}_{f(r)} = \underbrace{c \cdot b^{-\gamma} \cdot e^{\delta b}}_{g(b)} \quad .$$

Für einen gegebenen Wert c sind damit die Punkte (b, r) der Bahnkurve zu c als Lösungen der obigen Gleichung bestimmt. Nun ist aber leicht zu sehen, dass man qualitativ folgende Bilder hat:

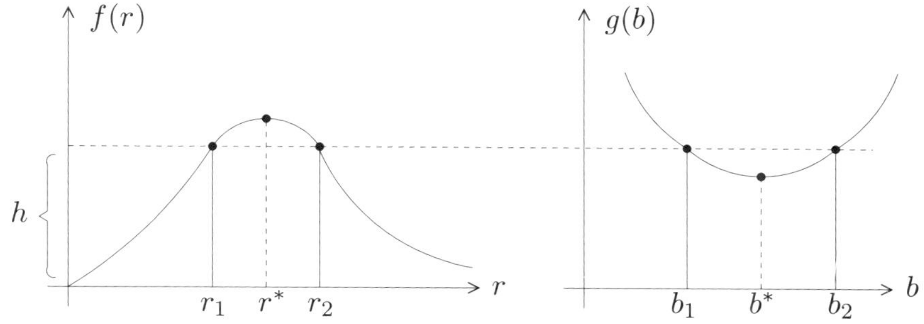

Es gibt also im allgemeinen je zwei Paare (b_1, b_2), (r_1, r_2) zu festem c. Auf die (b, r)-Ebene übertragen erhält man 4 Punkte der selben, zum Wert c gehörigen Bahnkurve. Die weiteren Punkte dieser Bahnkurve erhält man, indem man h variiert.

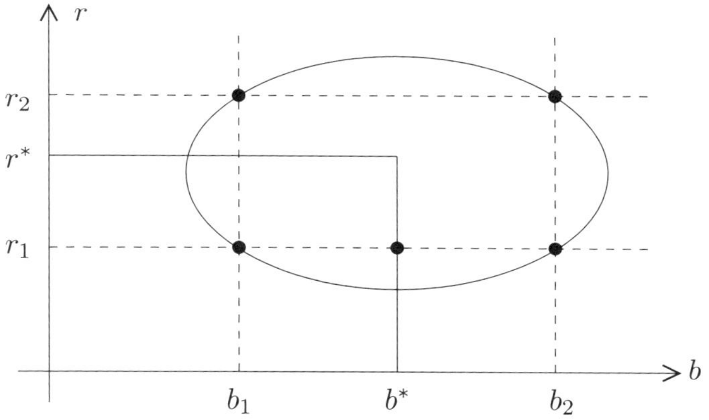

Der Punkt $b^*, r^*)$ ist der Gleichgewichtspunkt, d.h. die Lösung des Systems

$$-\gamma r + \delta r b = \alpha b - \beta r b$$

d.h.

$$b^* = \frac{\gamma}{\delta}\,, \quad r^* = \frac{\alpha}{\beta}$$

Die Bahnkurven sind alle geschlossene Kurven.

Für die biologische Implikation ist dieses Ergebnis natürlich äusserst interessant: $b(t)$, $r(t)$ sind periodische Funktionen, wobei immer einem Maximum der Beute ein Maximum der Räuber folgt, worauf sich dann zwei Minima folgen.

Numerisches Beispiel: $\alpha = 0.6$, $\beta = 0.2$, $\gamma = 0.25$, $\delta = 0.1$

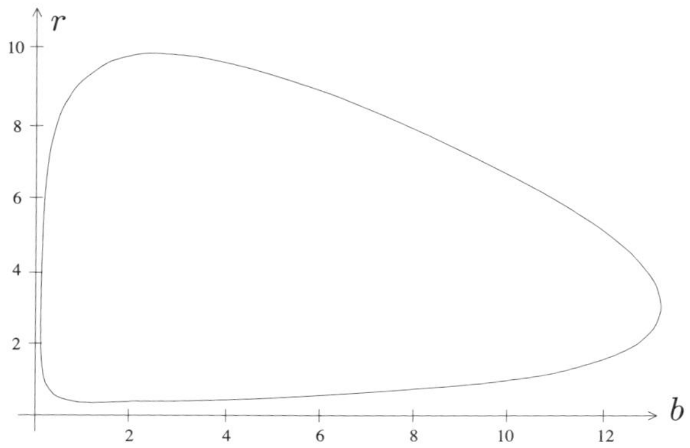

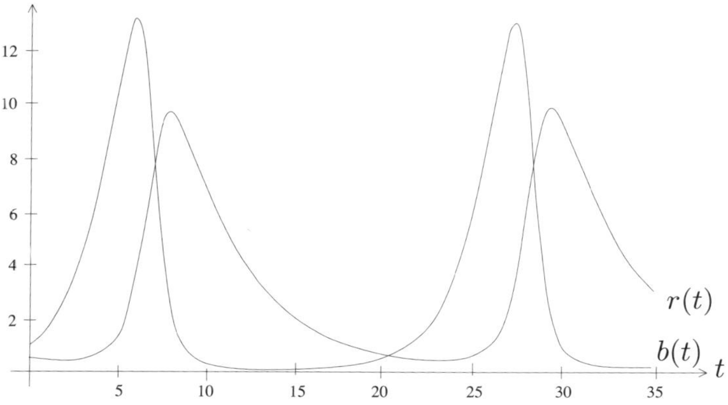

Eine weitere interessante Folgerung ergibt sich, wenn man die Mittelwerte über eine Periode T betrachtet. Es seien

$$\overline{b} = \frac{1}{T} \int_0^T b(t)\,dt, \ \overline{r} = \frac{1}{T} \int_0^T r(t)\,dt$$

die Mittelwerte. Wir dividieren die Differentialgleichung für b durch b und integrieren:

$$\int_0^T \frac{\dot{b}}{b}\,dt = \int_0^T (\alpha - \beta r)\,dt\ ,$$

d.h.

$$\ln b \Big|_0^T = \alpha \cdot T - \beta T \cdot \overline{r}\ .$$

Aber $b(0) = b(T)$, da die Funktion ja periodisch ist. Also gilt

$$\bar{r} = \frac{\alpha}{\beta} = r^* ,$$

und analog erhält man

$$\bar{b} = \frac{\gamma}{\delta} = b^* .$$

Nun können wir den Einfluss des Fischfanges simulieren: (z.B. b = Speisefische, r = Haie). Der Fischfang hat den Effekt, dass $\alpha \to \alpha - \epsilon_1$, $\gamma \to \gamma + \epsilon_2$, da immer auch Haie gefangen werden. Dann ergibt sich aber

$$\bar{r} \longrightarrow \frac{\alpha - \epsilon_1}{\beta} : \quad \text{wird kleiner}$$

$$\bar{b} \longrightarrow \frac{\gamma + \epsilon_2}{\delta} : \quad \text{wird grösser!}$$

Massvoller Fischfang (d.h. $\epsilon_1 < \alpha$) erhöht in diesem Modell (und wahrscheinlich auch in Realität) den Mittelwert an Beute!

5 Lösungen

Kapitel 1

1 a) $\frac{5}{13} - i \cdot \frac{1}{13}$ b) $\frac{-11}{125} - i \cdot \frac{2}{125}$ c) $-1 - 2i$

2 a) $0.839 + 0.060 \cdot i$? b) $0.566 + 0.072 \cdot i$ c) $0.759 - 0.237 \cdot i$

3 $$C = \underbrace{\frac{A+B}{2}}_{\substack{\text{Mittelpunkt}\\ \text{der Seite}}} \pm \underbrace{i\,\frac{\sqrt{3}}{2}\,(A-B)}_{\substack{\text{Drehung um } 90^\circ\\ \text{und Streckung}}} = \begin{cases} 3 + 2\sqrt{3} + i(1+\sqrt{3}) \\ 3 - 2\sqrt{3} + i(1-\sqrt{3}) \end{cases}$$

4

1. Nullpunkt nach $-1 - i$ verschieben:
   $\Longrightarrow A = 2 + 3i,\ B = 6 + 4i,\ C = 4 + 7i,\ \widetilde{A} = 1 + 5i$
2. Ansatz: z so, dass $A \cdot z = \widetilde{A}$, d.h.

$$z = \frac{\widetilde{A}}{A} = \frac{1+5i}{2+3i}\ .$$

Also ist

$$\widetilde{B} = \frac{(1+5i)(6+4i)}{2+3i} \underbrace{-1-i}_{\text{Rückverschiebung}} = 4.692 + 7.461 \cdot i$$

$$\widetilde{C} = \frac{(1+5i)(4+7i)}{2+3i} - 1 - i = 0.462 + 10.308 \cdot i$$

5 a)

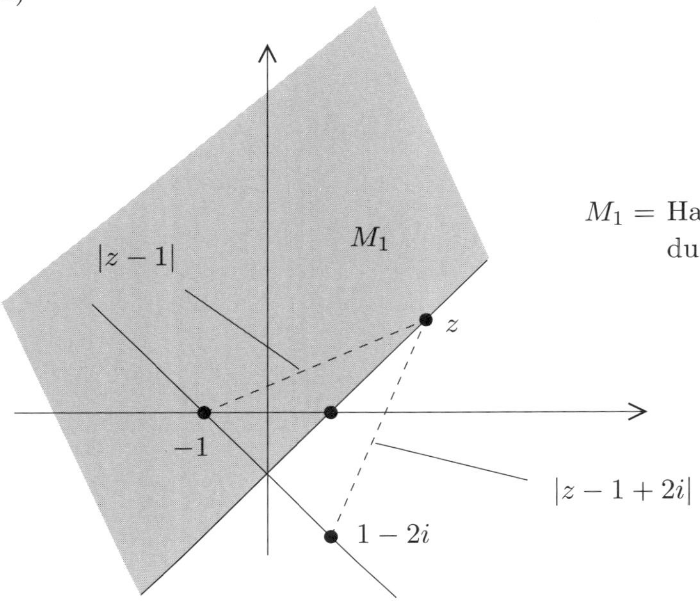

$M_1 =$ Halbebene begrenzt durch Mittelsenkrechte

b)

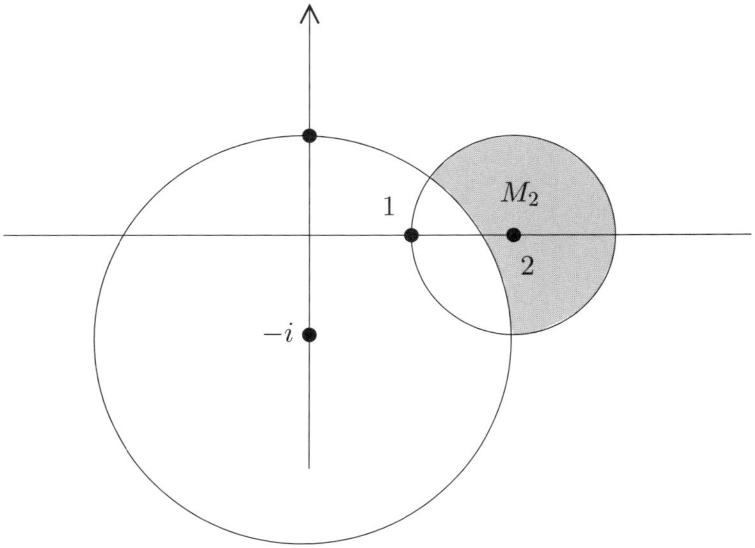

6 a)

$$\begin{aligned}
\cos(7\alpha) &= \tfrac{1}{2}\left(e^{i7\alpha}+e^{-i7\alpha}\right)\\
e^{i7\alpha} &= (\cos\alpha+i\sin\alpha)^7,\ e^{-i7\alpha}=(\cos\alpha-i\sin\alpha)^7\\
\cos(7\alpha) &= \tfrac{1}{2}\,Re\{(\cos\alpha+i\sin\alpha)^7+(\cos\alpha-i\cdot\sin\alpha)^7\}\\
&= \cos^7\alpha-\tbinom{7}{2}\cos^5\alpha\sin^2\alpha+\tbinom{7}{4}\cos^3\alpha\\
&\quad\cdot\ \sin^4\alpha-\tbinom{7}{6}\cos\alpha\cdot\sin^6\alpha\\
&= \cos^7\alpha-21\cos^5\alpha(1-\cos^2\alpha)+35\cos^3\alpha(1-\cos^2\alpha)^2\\
&\quad-\ 7\cos\alpha(1-\cos^2\alpha)^3\\
&= \cos\alpha\{64\cos^6\alpha-112\cos^4\alpha+56\cos^2\alpha-7\}\ .
\end{aligned}$$

b)

$$\begin{aligned}
\sin^5\alpha &= \left[\frac{1}{2i}\left(e^{i\alpha}-e^{-i\alpha}\right)\right]^5\\
&= \frac{1}{2^5\cdot i^5}\left[e^{-5i\alpha}-\tbinom{5}{1}e^{-3i\alpha}+\tbinom{5}{2}e^{i\alpha}-\tbinom{5}{3}e^{-i\alpha}\right.\\
&\quad\left.+\ \tbinom{5}{4}e^{3i\alpha}-e^{5i\alpha}\right]\\
&= \frac{1}{16}\left[\sin 5\alpha-5\sin 3\alpha+10\sin\alpha\right]
\end{aligned}$$

7 a)

$$\left.\begin{aligned}
z_1^a &\underset{\uparrow\ \text{Def.}}{=} e^{a\cdot\ ln\, z_1}\\
z_2^a &= e^{a\cdot\ln\, z_2}
\end{aligned}\right\}\Longrightarrow
\begin{aligned}
z_1^a\cdot z_2^a &= e^{a(\ln\, z_1+\ln\, z_2)}\\
&= e^{a\ln(z_1\cdot z_2)} \underset{\uparrow\ \text{Def.}}{=} (z_1\cdot z_2)^a
\end{aligned}$$

b)

$$\begin{aligned}
(z^a)^b &\underset{\text{Def.}}{=} (e^{a\cdot\ln\, z})^b=e^{a\cdot b\ \ln\, z} \underset{\uparrow\ \text{Def.}}{=} z^{a\cdot b}\\
\uparrow\quad&\\
\ln(z^a) &= a\cdot\ln\, z
\end{aligned}$$

8 a) $\ln(1+i) = \ln\sqrt{2} + i\,\frac{\pi}{4}$. Also ist

$$\begin{aligned}(1+i)^{1+i} &= e^{(\ln\sqrt{2}+i\,\frac{\pi}{4})(1+i)}\\ &= e^{\ln\sqrt{2}-\frac{\pi}{4}\,+\,i\,(\frac{\pi}{4}+\ln\sqrt{2})} \cong 0.274 + 0.584\cdot i\end{aligned}$$

b) $2^i = e^{i\cdot\ln 2} \cong 0.769 + 0.639\cdot i$

c) $$\left.\begin{aligned}\sqrt{i} &= \frac{\sqrt{2}}{2}\,(1+i)\\ i &= e^{i\cdot\frac{\pi}{2}}\end{aligned}\right\} i^{\sqrt{i}} = e^{i\,\frac{\pi}{2}\,(\frac{\sqrt{2}}{2}+i\,\frac{\sqrt{2}}{2})} \cong 0.146 + 0.295\cdot i$$

9 Im **rechtwinkligen** Dreieck gilt:

$$\begin{aligned}\sin &= \frac{\text{Länge der Gegenkathete}}{\text{Länge der Hypotenuse}}\\ \cos &= \frac{\text{Länge der Ankathete}}{\text{Länge der Hypotenuse}}\\ \tan = \frac{\sin}{\cos} &= \frac{\text{Länge der Gegenkathete}}{\text{Länge der Ankathete}}\end{aligned}$$

Damit ergibt sich aus der Skizze unmittelbar:

$$\sin(\alpha+\beta) = \frac{\overline{BE}}{\overline{AE}} = \frac{\overline{BE}}{1} = \overline{BE}$$

Da

$$\overline{BE} = \overline{BF} + \overline{FE},$$

versuchen wir, die Streckenlängen $\overline{BF}$ und $\overline{FE}$ ebenfalls über die Winkel α und β auszudrücken:

$$\begin{aligned}\overline{BF} &= \tan(\alpha)\overline{AB} = \tan(\alpha)(\overline{AC} - \overline{BC})\\ &= \tan(\alpha)\left(\frac{\overline{AC}}{\overline{AD}}\frac{\overline{AD}}{1} - \frac{\overline{DE}}{1}\frac{\overline{BC}}{\overline{DE}}\right)\\ &= \tan(\alpha)\big(\cos(\alpha)\cos(\beta) - \sin(\beta)\sin(\alpha)\big)\\ \overline{FE} &= \frac{\overline{DE}}{1}\frac{\overline{FE}}{\overline{DE}} \overset{(\alpha=\sphericalangle DEF)}{=} \sin(\beta)\frac{1}{\cos(\alpha)}\end{aligned}$$

Insgesamt ergibt sich

$$
\begin{aligned}
\sin(\alpha+\beta) &= \overline{BE} = \overline{BF} + \overline{FE} \\
&= \tan(\alpha)\big(\cos(\alpha)\cos(\beta) - \sin(\beta)\sin(\alpha)\big) + \frac{\sin(\beta)}{\cos(\alpha)} \\
&= \frac{\sin(\alpha)}{\cos(\alpha)}\big(\cos(\alpha)\cos(\beta) - \sin(\beta)\sin(\alpha)\big) + \frac{\sin(\beta)}{\cos(\alpha)} \\
&= \sin(\alpha)\cos(\beta) - \frac{\sin^2(\alpha)\sin(\beta)}{\cos(\alpha)} + \frac{\sin(\beta)}{\cos(\alpha)} \\
&= \sin(\alpha)\cos(\beta) + \frac{\sin(\beta)}{\cos(\alpha)}(1-\sin^2(\alpha)) \\
&= \sin(\alpha)\cos(\beta) + \frac{\sin(\beta)}{\cos(\alpha)}\cos^2(\alpha) \\
&= \sin(\alpha)\cos(\beta) + \cos(\alpha)\sin(\beta),
\end{aligned}
$$

womit die Aussage gezeigt ist. Für die Behauptung mit cos geht man analog vor.

Kapitel 2

2.3

[1] a) $\dfrac{-2x}{(x^2+3)^2}$ b) $\dfrac{1}{2\sqrt{x}(x+1)^2}$ c) $\frac{1}{3}\,(x^4+2x)^{-\frac{2}{3}}\cdot(4x^3+2)$

[2] a) $\dfrac{(x^3-x)(3x^2-1)}{\sqrt{(x^3-x)^2+1}}$ b) $-\frac{1}{4}\,(x+2)^{-\frac{5}{4}}$ c) $\dfrac{-2x}{(1+x^2)\sqrt{1-x^4}}$

[3] Setze $g(x)=(f(x))^{\frac{p}{q}}$. Dann ist

$$(g(x))^q=(f(x))^p\ .$$

Nach Produktregel gilt dann

$$q(g(x))^{q-1}\cdot g'=p(f(x))^{p-1}\cdot f'\,,$$

also ist

$$g' \;=\; \frac{p}{q}\,\frac{(f(x))^{p-1}}{(g(x))^{q-1}}\,f'(x) \;=\; \frac{p}{q}\,\frac{(f(x))^{p-1}}{(f(x))^{p-\frac{p}{q}}}\,f'(x) \;=\; \frac{p}{q}\,(f(x))^{\frac{p}{q}-1}\,f'(x)\,.$$

2.4 – 2.6

[1] $$\frac{-1}{2\sqrt{x}(1+\sin\sqrt{x})}$$

[2] $$\frac{\dfrac{2x}{1+x^2}\,\ln(1-x^2)+\dfrac{2x}{1-x^2}\,\ln(1+x^2)}{[\ln(1-x^2)]^2}$$

[3] $$\frac{2}{(1+x)^2\sin^2(\frac{1-x}{1+x})}$$

[4] $$x^{\sqrt{x}-\frac{1}{2}}\left(\frac{\ln x}{2}+1\right)$$

[5] $$\frac{1}{\sqrt{1+\tan 2x}}\cdot\frac{1}{\cos^2(2x)}$$

6 $\cos(1+\ln(1+e^x))\ \dfrac{e^x}{1+e^x}$

7 $\dfrac{2x}{(1+x^2)\ \ln(1+x^2)}$

8 $\dfrac{1}{8}\ \dfrac{1}{\sqrt{1+\sqrt{1+\sqrt{1+x}}}\ \cdot\ \sqrt{1+\sqrt{1+x}}\cdot\sqrt{1+x}}$

9 $\dfrac{-2\tan x}{\cos^2 x(1+\tan^2 x)^2} = -\sin 2x$

10 $\dfrac{1+3x^2}{(x+x^3+1)^2}$

2.7

1 a) $\tanh(x_1+x_2) = \dfrac{\sinh(x_1+x_2)}{\cosh(x_1+x_2)} = \dfrac{\sinh\ x_1\ \cosh\ x_2 + \cosh\ x_1\ \sinh\ x_2}{\cosh\ x_1\ \cosh\ x_2 + \sinh\ x_1\ \sinh\ x_2}$

$$= \frac{\tanh\ x_1 + \tanh\ x_2}{1+\tanh\ x_1\ \tanh\ x_2}\ .$$

Also

$$\tanh(2x) = \frac{2\ \tanh\ x}{1+\tanh^2\ x}$$

$$\tanh(3x) = \tanh(2x+x) = \frac{3\tanh\ x + \tanh^3 x}{1+3\tanh^2\ x}$$

b) $\sinh\ 2x = 2\ \sinh\ x\ \cosh\ x = 2\ \sinh\ x\sqrt{1+\sinh^2\ x}$. Anders ausgedrückt:

$$\sinh\ x = 2\ \sinh\left(\frac{x}{2}\right)\ \sqrt{1+\sinh^2\left(\frac{x}{2}\right)}\ .$$

Nach $\sinh\left(\frac{x}{2}\right)$ auflösen:

$$\sinh\left(\frac{x}{2}\right) = \pm\sqrt{\frac{1}{2}\left(1+\sqrt{1+\sinh^2 x}\right)} = \pm\sqrt{\frac{1}{2}\left(1+\cosh x\right)}$$

$$+ \text{ falls } x > 0$$
$$- \text{ falls } x < 0\,.$$

[2] Ansatz: $f(x) = A \cdot \cosh\left(\alpha\left(x - \frac{L}{2}\right)\right)$, A, α zu bestimmen.
Bedingungen:

$$x = \frac{L}{2} : A = h$$
$$x = 0 \text{ und } x = \frac{L}{2} : h \cdot \cosh\left(\alpha \cdot \frac{L}{2}\right) = H$$
$$\Longrightarrow \alpha = \frac{2}{L}\,\mathrm{arcosh}\left(\frac{H}{h}\right)\,.$$

Also ist

$$f(x) = h \cdot \cosh\left(\frac{2}{L}\quad \mathrm{arcosh}\left(x - \frac{L}{2}\right)\right)\,.$$

[3]

$$2\sinh x \cosh x = \cosh^2 x \Longrightarrow 2\sinh x = \cosh x$$
$$\tanh x = \frac{1}{2} \Longrightarrow x = \mathrm{artanh}\left(\frac{1}{2}\right) = 0.5493\,.$$

[4] Bild:

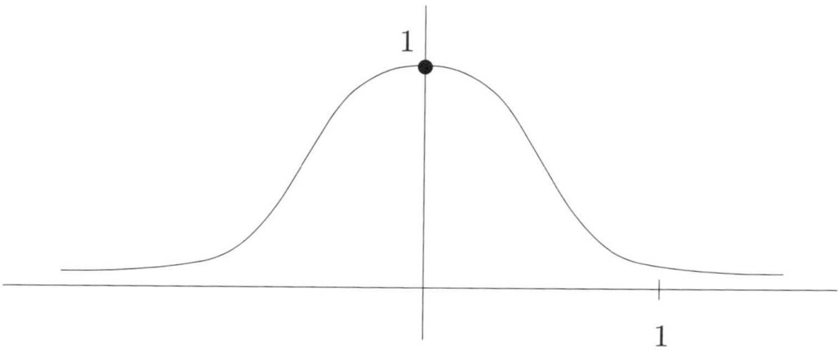

$$y' = -\frac{\sinh x}{\cosh^2 x}$$

$$\text{Extremal: } \left(\frac{\sinh x}{\cosh^2 x}\right)' = 0 = \frac{\cosh^3 x - 2\sinh^2 x \cdot \cosh x}{\cosh^4 x}$$

$$\Longrightarrow \cosh^2 x - 2\sinh^2 x = 0, \quad \text{d.h.} \quad \tanh^2 x = \frac{1}{2}$$

$$x = \pm \operatorname{artanh}\left(\sqrt{\frac{1}{2}}\right) = \pm 0.8814$$

2.8.A

1

$$\left.\begin{aligned} x &= a \cdot \cos t \\ y &= b \cdot \sin t \end{aligned}\right\} \quad \text{Fläche} \quad F = 4ab \sin t \cos t$$

$$= 2ab \sin 2t$$

$$\Longrightarrow F_{\max} = 2ab$$

2 Material = Mantelfläche $M = \pi r \cdot S$

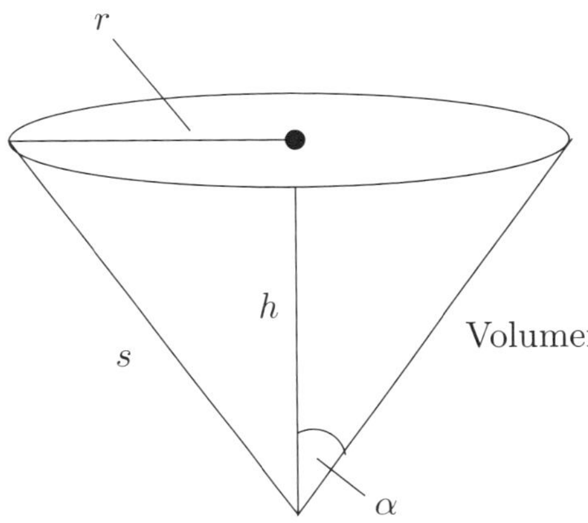

$$\text{Volumen} \quad V = \frac{1}{3}\pi r^2 \cdot h$$

$$h = s \cdot \cos\alpha$$

$$r = s \cdot \sin\alpha$$

Also

$$M = \pi s^2 \cdot \sin\alpha \rightarrow s = \left(\frac{M}{\pi \cdot \sin\alpha}\right)^{\frac{1}{2}}$$

$$V = \frac{\pi}{3} s^3 \cdot \sin^2\alpha \cos\alpha$$

$$V = \frac{\pi}{3}\left(\frac{M}{\pi}\right)^{\frac{3}{2}} \cdot \sin^{\frac{1}{2}}\alpha \cdot \cos\alpha$$

Wir wählen:

$f(\alpha) = \sin\alpha \cdot \cos^2\alpha = \sin\alpha - \sin^3\alpha$

$\dfrac{df}{d\alpha} = 0: \ \cos\alpha - 3\sin^2\alpha \cdot \cos\alpha = 0$

$\Longrightarrow 3\sin^2\alpha - 1 = 0$

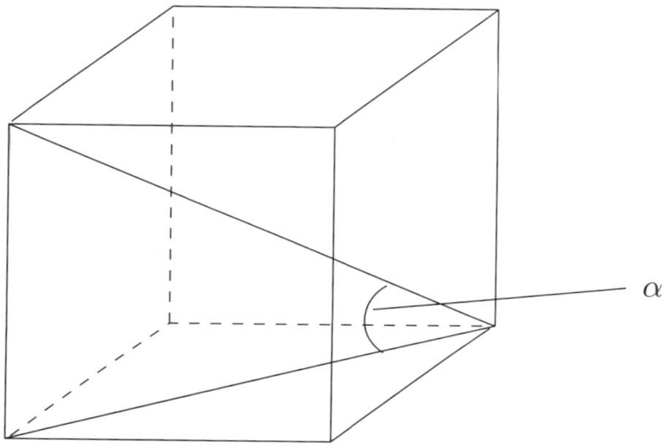

$$\begin{aligned} \alpha &= \arcsin\left(\frac{1}{\sqrt{3}}\right) = 35.26^\circ \\ &= \text{Winkel zwischen Körperdiagonale} \\ & \text{und Seitendiagonale eines Würfels} \end{aligned}$$

3 $x = R\cos t$

$y = R\sin t$

$$\left.\begin{aligned} d_1^2 &= (b - R\sin t)^2 + R^2\cos^2 t \\ d_2^2 &= (a - R\cos t)^2 + R^2\sin^2 t \end{aligned}\right\} \begin{aligned} &d_1^2 + d_2^2 = a^2 + b^2 + 2R^2 \\ &-2R(b\sin t + a\cos t) \end{aligned}$$

$f(t) = a\cos t + b \cdot \sin t$ extremal

$f'(t) = 0: -a\sin t + b\cos t = 0 : \tan t_m = \dfrac{b}{a}$

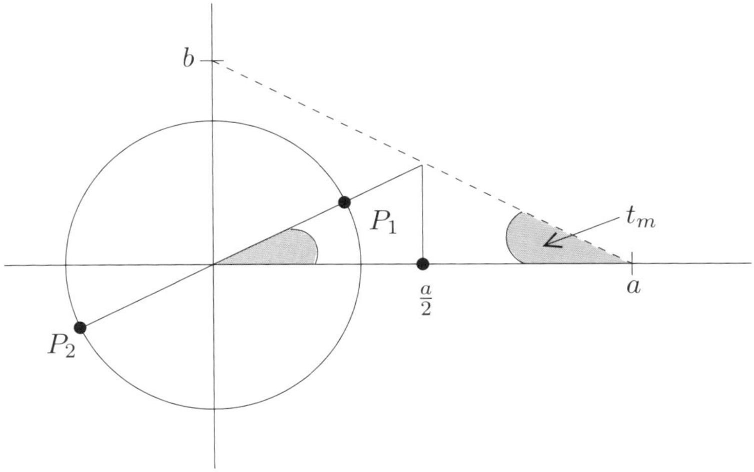

2.8.B

1

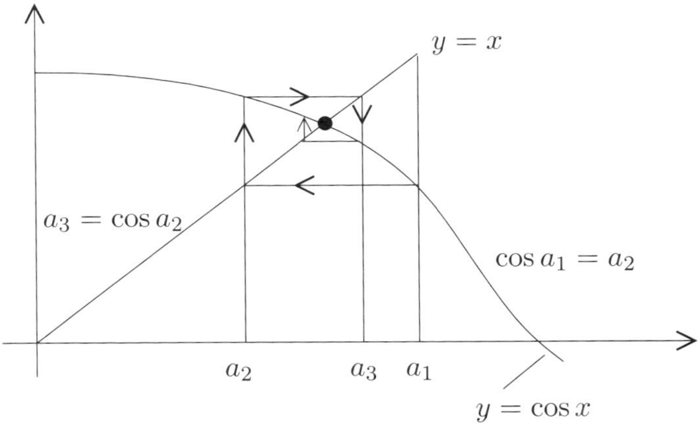

Veranschaulichung der Rekursion $a_n = \cos(a_{n-1}),\ \ 0 < a_1 < \frac{\pi}{2}$, $a_\infty = 0.739085$.

2 Newton-Methode für $\ln a$:

$$f(x) = e^x - a$$

$$x_{n+1} = x_n - \frac{e^{x_n} - a}{e^{x_n}} = x_n - 1 + ae^{-x_n}$$

$\boxed{3}$ $f(x) = x^3 - a$

$$x_{n+1} = x_n - \frac{x_n^3 - a}{3x_n^2}$$
$$x_{n+1} + = \frac{2}{3}\, x_n + \frac{a}{3x_n^2}$$

2.9

$\boxed{1}$ $y'' = (4a^2x^2 - 2a)\, e^{-ax^2} = 0$

$x = \dfrac{1}{\sqrt{2a}}$ (positive Steigung)

$\boxed{2}$

$$\begin{aligned} y &= x^a \cdot e^{-x} \\ y' &= ax^{a-1} \cdot e^{-x} - x^a e^{-x} = 0 \\ &\quad x_m = a \\ y'' &= (a(a-1)\, x^{a-2} - 2ax^{a-1} + x^a)\, e^{-x} \\ &= x^{a-2} e^{-x} (a(a-1) - 2ax + x^2) = 0 \\ &\Longrightarrow x_w = a + \sqrt{a} \end{aligned}$$

$\boxed{3}$

$$\begin{aligned} f(x) &= Re[e^{(\alpha+i\beta)x}] \\ f^{(k)}(x) &= Re[(\alpha+i\beta)^{2k}\, e^{(\alpha+i\beta)x}] \\ f^{(2k)}(0) &= Re(\alpha+i\beta)^{2k} \\ f^{(2k)}(0) &= \alpha^{2k} - \tbinom{2k}{2}\, \alpha^{2k-2}\, \beta^2 + \tbinom{2k}{4}\, \alpha^{2k-4} \beta^4 - \cdots + (-1)^k \cdot \beta^{2k} \end{aligned}$$

2.10

$\boxed{1}$

a) $t \mapsto (1-t)\begin{pmatrix} -1 \\ 4 \end{pmatrix} + t\begin{pmatrix} 3 \\ 1 \end{pmatrix} = \begin{pmatrix} -1+4t \\ 4-3t \end{pmatrix}$

b) $t \mapsto \begin{pmatrix} 1 \\ 1 \end{pmatrix} + 2\begin{pmatrix} \cos(2\pi t) \\ \sin(2\pi t) \end{pmatrix} = \begin{pmatrix} 1+2\cos(2\pi t) \\ 1+2\sin(2\pi t) \end{pmatrix}$

c) $t \mapsto \begin{pmatrix} 1 \\ 1 \end{pmatrix} + 2\begin{pmatrix} \cos(2\pi t - \frac{\pi}{2}) \\ \sin(2\pi t - \frac{\pi}{2}) \end{pmatrix} = \begin{pmatrix} 1+2\sin(2\pi t) \\ 1-2\cos(2\pi t) \end{pmatrix}$

d) $t \mapsto \begin{pmatrix} 1 \\ 1 \end{pmatrix} + 2 \begin{pmatrix} \cos(-4\pi t + \frac{\pi}{2}) \\ \sin(-4\pi t + \frac{\pi}{2}) \end{pmatrix} = \begin{pmatrix} 1 + 2\sin(4\pi t) \\ 1 + 2\cos(4\pi t) \end{pmatrix}$

In **c)** und **d)** haben wir benutzt, dass gilt:

$$\begin{aligned} \cos\left(\phi - \frac{\pi}{2}\right) &= \sin(\phi) \\ \sin\left(\phi - \frac{\pi}{2}\right) &= -\cos(\phi) \\ \cos\left(\phi + \frac{\pi}{2}\right) &= -\sin(\phi) \\ \sin\left(\phi + \frac{\pi}{2}\right) &= \cos(\phi) \end{aligned}$$

2 $S : (t, t^2) + s(1, 2t) = (\cdot, 0) \Longrightarrow s = -\frac{t}{2}$

$M : (t, t^2) - \frac{t}{4}\,(1, 2t) = \left(\frac{3}{4}\,t,\ \frac{t}{2}^2\right)$: Parabel

explizite Form: $y = \frac{8}{9}\,x^2$

3 $$\left.\begin{aligned} \xi &= t - \frac{2at(1 + 4a^2t^2)}{2a} &&= -2at^3 \\ \eta &= at^2 + \frac{1 + 4a^2t^2}{2a} &&= at^2 + \frac{1}{2a} \end{aligned}\right\} \quad \eta = a\left(\frac{\xi}{2a}\right)^{\frac{2}{3}} + \frac{1}{2a}$$

"semikubische Parabel"

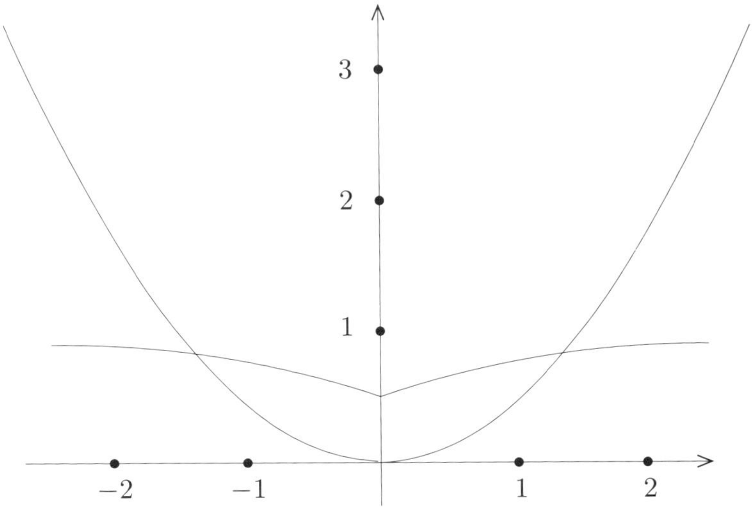

4 $\vec{r}\,(t) = R(t - \sin t, 1 - \cos t)$: Zykloide auf x-Achse
Drehung um 45°: $(x, y) \to \frac{\sqrt{2}}{2}\,(x - y, x + y)$
Zykloide auf 45°-Geraden

$$\vec{r}\,(t) = \frac{R\sqrt{2}}{2}\,(t - \sin t + \cos t - 1,\; t - \sin t - \cos t + 1)\;.$$

5 Ellipse $(a \cos t, b \sin t)$
Einheitsnormale nach aussen $\dfrac{(b\cos t, -a\sin t)}{\sqrt{a^2\sin^2 t + b^2\cos^2 t}}$

Parallelkurve: $\vec{r}\,(t) = (a\cos t, b\sin t) + d\,\dfrac{(b\cos t, -a\sin t)}{\sqrt{a^2\sin^2 t + b^2\cos^2 t}}$

2.11

1 Die Hyperbel $x \cdot y = \text{const.} = c$ kann komplex geschrieben werden als

$$z(t) = \sqrt{c}\Big(t + \frac{i}{t}\Big)$$

Drehung um Winkel α:

$$z_\alpha(t) = \sqrt{c}\Big(t + \frac{i}{t}\Big)\,e^{i\alpha} = \sqrt{c}e^{i\alpha} \cdot t + \sqrt{c} \cdot ie^{i\alpha} \cdot \frac{1}{t}$$

Vergleich: $\sqrt{c} \cdot e^{i\alpha} = z_0 :\ \sqrt{c} = |z_0|,\ \alpha = \arg z_0$

Achsenrichtung: $z_0 + i \cdot z_0$, Asymptotenrichtungen: $z_0,\ i \cdot z_0$

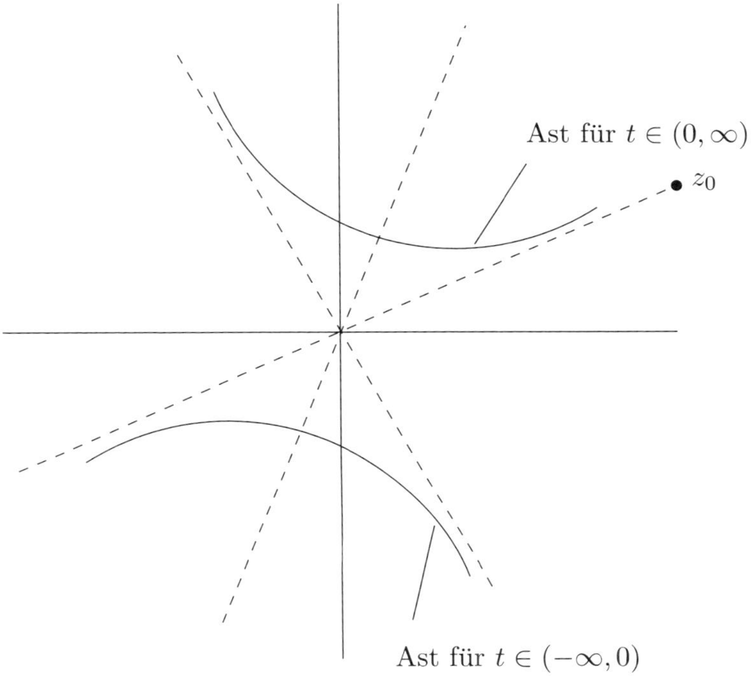

Scheitel: $|z(t)|$ minimal oder $z(t) \cdot \overline{z}(t)$ minimal

$$d(t) = \left(z_0 \cdot t + i\, z_0 \, \frac{1}{t}\right) \left(\overline{z}_0 t - i \cdot \overline{z}_0 \cdot \frac{1}{t}\right)$$

$$= |z_0|^2 \left(t^2 + \frac{1}{t^2}\right) \text{ minimal} \Longrightarrow t = 1$$

Scheitel: $z_s = z_0(1 + i)$

2 a) $\dot{z} = (it + 1)\, e^{it} = \cos t - t \sin t + i(t \cos t + \sin t)$
$\cos t - t \cdot \sin t = 0 \Longrightarrow t \cong 0.8603$

b) $(1 + 2i) \cdot s = t\, e^{it}$
$1 + 2 \cdot i = \sqrt{5} \cdot e^{i\beta}, \quad \beta = \arctan 2.$

Also muss gelten: $s \cdot \sqrt{5}\, e^{i\beta} = t\, e^{it}$, d.h. $t = \beta$, $s = \dfrac{\beta}{\sqrt{5}}$

Schnittpunkt: $S = \dfrac{1 + 2 \cdot i}{\sqrt{5}} \cdot \arctan 2$

3 $z(t) = (R_1 + R_2)\, e^{it} + \frac{R_2}{2}\, e^{i\frac{R_1}{R_2}t}$.

Für $R_1 = R_2$: Kreis mit Radius $R_1 + \frac{3}{2}\, R_2$.

4 Im Scheitel muss $\dot z \perp z_2$ sein, d.h. $\dfrac{z_1 + 2t \cdot z_2}{z_2}$ rein imaginär:

$$\Longrightarrow \quad t = -\frac{1}{2}\, Re\, \frac{z_1}{z_2} = -\frac{1}{2}\, Re\, \frac{z_1 \cdot \overline{z}_2}{|z_2|^2} = t_s$$

$$z_s = z_0 + z_1 \cdot t_s + z_2 \cdot t_s^2\,.$$

2.12

1 a) Reihe konvergiert
Quotientenkriterium

$$\lim_{k\to\infty} \frac{((\sqrt{2})^k - 1)(k+2)}{((\sqrt{2})^{k+1} - 1)(k+1)} = \lim_{k\to\infty} \frac{(\sqrt{2})^k}{(\sqrt{2})^{k+1}} = \frac{1}{\sqrt{2}} < 1$$

b) Reihe divergent

$$\frac{2\sqrt{k-1}}{5k+4} > \frac{2}{5k+4} \quad \text{für } k \geq 2$$

$$\frac{2}{5k+4} = \frac{2}{5}\,\frac{1}{k+\frac{4}{5}} > \frac{2}{5}\,\frac{1}{k+1}, \text{ aber } \sum_{k=2}^{\infty} \frac{1}{k+1} = \infty.$$

c) Konvergente Leibnizreihe

2 Der Konvergenzradius der Potenzreihe $\sum_{n=0}^{\infty} a_n x^n$ ist $R = \lim\limits_{n\to\infty} \left|\frac{a_n}{a_{n+1}}\right|$, falls der Grenzwert existiert oder ∞ ist. Der Konvergenzradius ist die eindeutige Zahl R, so dass für alle x mit $|x| < R$ die Reihe konvergiert und für alle $|x| > R$ die Reihe divergiert. **Beachte**, dass man die Konvergenz für x mit $|x| = R$, also $x = -R$ und $x = +R$, gesondert untersuchen müsste! (nicht Teil dieser Aufgabe)

a) $a_n = n \Rightarrow \left|\frac{a_n}{a_{n+1}}\right| = \left|\frac{n}{n+1}\right| \stackrel{n\to\infty}{\longrightarrow} 1 \quad \Rightarrow$ Konvergenzradius $R = 1$.

b) Das Quotientenkriterium ist nicht direkt anwendbar, weil unendlich viele Koeffizienten der Potenzreihe Null sind. Betrachte deshalb zuerst statt $\sum_{n=0}^{\infty}\binom{2n}{n}x^{2n}$ die Potenzreihe $\sum_{n=0}^{\infty}\binom{2n}{n}y^{n}$. Die ursprüngliche Potenzreihe erhält man daraus, indem man $y := x^2$ einsetzt. Wir rechnen:

$$\begin{aligned} a_n &= \binom{2n}{n} = \frac{(2n)!}{n!\,n!} \\ \Rightarrow \left|\frac{a_n}{a_{n+1}}\right| &= \frac{(2n)!}{n!\,n!}\cdot\frac{(n+1)!\,(n+1)!}{(2n+2)!} \\ &= \frac{(n+1)(n+1)}{(2n+2)(2n+1)} = \frac{(1+\frac{1}{n})(1+\frac{1}{n})}{(2+\frac{2}{n})(2+\frac{1}{n})} \stackrel{n\to\infty}{\longrightarrow} \frac{1}{4} \end{aligned}$$

$\Rightarrow$ Die Potenzreihe $\sum_{n=0}^{\infty}\binom{2n}{n}y^{n}$ hat den Konvergenzradius $R = \frac{1}{4}$. Der Konvergenzradius ist aber die eindeutige Zahl R, so dass die Reihe für alle y mit $|y| < R$ konvergiert und für alle $|y| > R$ divergiert. $\Rightarrow \sum\limits_{n=0}^{\infty}\binom{2n}{n}x^{2n}$ konvergiert für $|x|^2 = |x^2| < \frac{1}{4}$ und divergiert für $|x|^2 = |x^2| > \frac{1}{4}$. $\Rightarrow \sum_{n=0}^{\infty}\binom{2n}{n}x^{2n}$ konvergiert für $|x| < \frac{1}{2}$ und divergiert für $|x| > \frac{1}{2}$. $\Rightarrow \sum_{n=0}^{\infty}\binom{2n}{n}x^{2n}$ hat den Konvergenzradius $\frac{1}{2}$.

c) $a_n = 2^{-n}n! \Rightarrow \left|\frac{a_n}{a_{n+1}}\right| = \frac{2^{-n}n!}{2^{-(n+1)}(n+1)!} = \frac{2}{n+1} \stackrel{n\to\infty}{\longrightarrow} 0 \Rightarrow$ Konvergenzradius $R = 0$

3 a) $2\sinh^2 x = \cosh(2x) - 1$

$$\cosh(2x) = \sum_{k=0}^{\infty}\frac{(2x)^{2k}}{(2k)!}$$

Also: $2\sinh^2 x = \sum\limits_{k=1}^{\infty}\frac{(2x)^{2k}}{(2k)!}$

b) $\sqrt[3]{1+x} = \sum_{\ell=0}^{\infty} \binom{\frac{1}{3}}{\ell} x^{\ell}, \quad |x| < 1$

$$x^2 \cdot \sqrt[3]{1+x} = \sum_{\ell=0}^{\infty} \binom{\frac{1}{3}}{\ell} x^{\ell+2}$$

c)
$$\begin{aligned} \ln(1+x) &= \sum_{k=1}^{\infty} (-1)^{k+1} \frac{x^k}{k} \\ (\ln(1+x))^2 &= \sum_{k=1}^{\infty} (-1)^{k+1} \frac{x^k}{k} \cdot \sum_{\ell=1}^{\infty} (-1)^{\ell+1} \cdot \frac{x^\ell}{\ell} \\ &= \sum_{k,\ell=1}^{\infty} (-1)^{k+\ell} \cdot \frac{x^{k+\ell}}{k \cdot \ell} \end{aligned}$$

Neue Summationsindices: $p = k + \ell$, $q = \ell$

$$(\ln(1+x))^2 = \sum_{p=2}^{\infty} (-1)^p \cdot x^p \cdot \underbrace{\sum_{q=1}^{p-1} \frac{1}{q(p-q)}}_{c_p}$$

4 a)
$$\begin{aligned} \lim_{x\to\infty} \left(\sqrt[3]{x^3+5x^2-x} - x\right) &= \lim_{x\to\infty} \frac{\sqrt[3]{1+\frac{5}{x}-\frac{1}{x^2}} - 1}{\frac{1}{x}} \\ &= \lim_{t\to 0} \frac{\sqrt[3]{1+5t-t^2} - 1}{t} = \frac{5}{3} \end{aligned}$$

b)
$$\left.\begin{aligned} \cosh x - 1 &= \frac{x^2}{2} + \frac{x^4}{4!} + \ldots \\ \cos x - 1 &= -\frac{x^2}{2} + \frac{x^4}{4!} - \ldots \end{aligned}\right\} \lim_{x\to 0} \frac{\cosh x - 1}{\cos x - 1} = -1$$

c) $\sinh t \cosh t = \frac{1}{2} \sinh 2t = \frac{1}{4}\,(e^{2t} - e^{-2t})$. Also:

$$\lim_{t\to\infty} \frac{e^{2t}}{\sinh t \cdot \cosh t} = 4$$

d) $$\lim_{x\to 1} \frac{(x^2-1)^2}{\sin^2 \pi x} = \lim_{x\to 1} \frac{2x(x^2-1)}{2\pi \sin \pi\, x \cdot \cos \pi x} = -\frac{2}{\pi} \lim_{x\to 1} \frac{x^2-1}{\sin \pi\, x} = -\frac{2}{\pi}\left(-\frac{2}{\pi}\right) = \frac{4}{\pi^2}$$

5 a) $\frac{1}{\cos \epsilon} \cong \frac{1}{1 - \frac{\epsilon^2}{2}} \cong 1 + \frac{\epsilon^2}{2}$

b) $\sqrt[3]{1-\epsilon} \cong 1 - \frac{\epsilon}{3}$

c) $\ln \frac{1-\epsilon}{1+\epsilon} \cong 1 - 2\epsilon$

Kapitel 3

3.2

1 a) $\dfrac{\sqrt{7}-\sqrt{5}}{3}$ b) $\dfrac{(\ln\, 10)^3}{3}$ c) $\dfrac{2(\arctan(\frac{5}{\sqrt{11}})-\arctan(\frac{3}{\sqrt{11}}))}{\sqrt{11}}$

d) $\left.\begin{array}{ll}\sin 2x &= 2\sin x\cos x\\ \cos x &= \text{neue Variable}\end{array}\right\}$ Ergebnis: 4

e) $\dfrac{1}{2}\,\ln\, 2$

2 a) $-(3+2x)\,e^{-x}$ b) $\dfrac{x^4}{16}\,(4\ln\, x-1)$ c) $\dfrac{2}{17}$

d) $(2-x^2)\cos x+2x\cdot\sin x$

e) $x\cdot\arctan x-\dfrac{1}{2}\,\ln(1+x^2)$

f) $\dfrac{\pi}{16}$

3 a) $\dfrac{1}{4\sqrt{2}}\left(2\arctan(1+\sqrt{2})-2\arctan(1-\sqrt{2})+\ln\left(\dfrac{2+\sqrt{2}}{2-\sqrt{2}}\right)\right)$

b) $\dfrac{1}{10}\left(\ln\left(\dfrac{x-1}{x+1}\right)-4\arctan\dfrac{2}{x}\right)$

c) $\dfrac{1-2x}{2(x-1)^3}$ d) $\dfrac{1}{2}+\dfrac{\pi}{8}$

4 $\displaystyle\int_0^x\sin(t^2)\,dt=\sum_{k=1}^{\infty}(-1)^{k+1}\,\frac{x^{4k+3}}{(4k+3)(2k+1)!}$

3.3

1

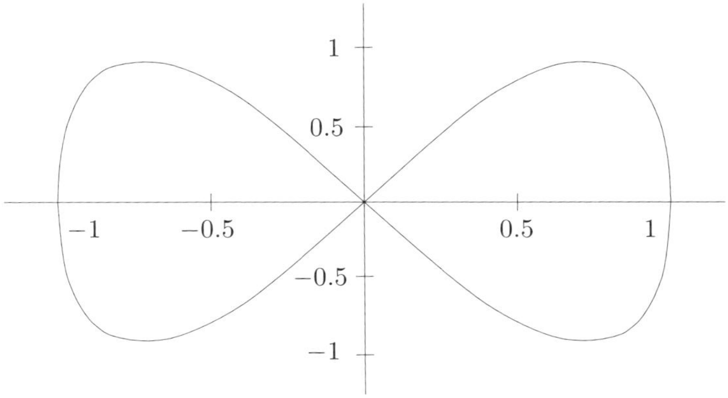

2 $L = a\sqrt{a^2 + \frac{1}{4}} + \frac{1}{4}\,\text{arsinh}(2a)$

3 $$V = \underbrace{\pi \cdot (\frac{a}{2})^2 \cdot h}_{\text{Zylinder}} + \underbrace{2\pi \int_{\frac{a}{2}}^{a} x\Big(h - \frac{4h}{a^2}\,(x - \frac{a}{2})^2\Big)\,dx}_{\text{Parabelanteil}}$$

$$V = \pi a^2 h\left(\frac{1}{4} + \frac{26}{48}\right) = \frac{19}{24}\,\pi a^2 h$$

4 $1 \leq \alpha < 2$

5 $$0 = 2\pi \int_0^a x\sqrt{1 + 4x^2}\,dx = \frac{\pi}{4}\int_1^{1+4a^2} t\sqrt{t}\,dt = \frac{\pi}{6}\left((1 + 4a^2)^{\frac{3}{2}} - 1\right)$$

6 $$x_s = \frac{\displaystyle\int_0^{\frac{\pi}{2}} x(1 - \cos x)dx}{\frac{\pi}{2} - 1} = \frac{\frac{\pi^2}{8} + 1 - \frac{\pi}{2}}{\frac{\pi}{2} - 1} \cong 1.161$$

$$y_s = 1 - \frac{\displaystyle\frac{1}{2}\int_0^{\frac{\pi}{2}} (1 - \cos x)^2 dx}{\frac{\pi}{2} - 1} \cong 0.688$$

7 Halbkreisfläche: $F_1 = \frac{\pi}{8}\,s^2$, Schwerpunktabstand $d_1 = \left(\frac{\sqrt{3}}{2} + \frac{2}{3\pi}\right) s$

Dreiecksfläche: $F_2 = \dfrac{\sqrt{3}}{4}\, s^2,\ \ d_2 = \dfrac{\sqrt{3}}{3}\, s$

Zusammengesetzte Figur: Volumen $V = 2\pi(d_1 F_1 + d_2 F_2)$

Halbkreisbogen: $L_1 = \dfrac{\pi}{2}\, s,\ d_1 = \left(\dfrac{\sqrt{3}}{2} + \dfrac{1}{\pi}\right) s$

2 Dreiecksschenkel: $L_2 = 2s,\ d_2 = \dfrac{s\sqrt{3}}{4}$

Oberfläche: $0 = 2\pi(d_1 L_1 + d_2 L_2)$

8

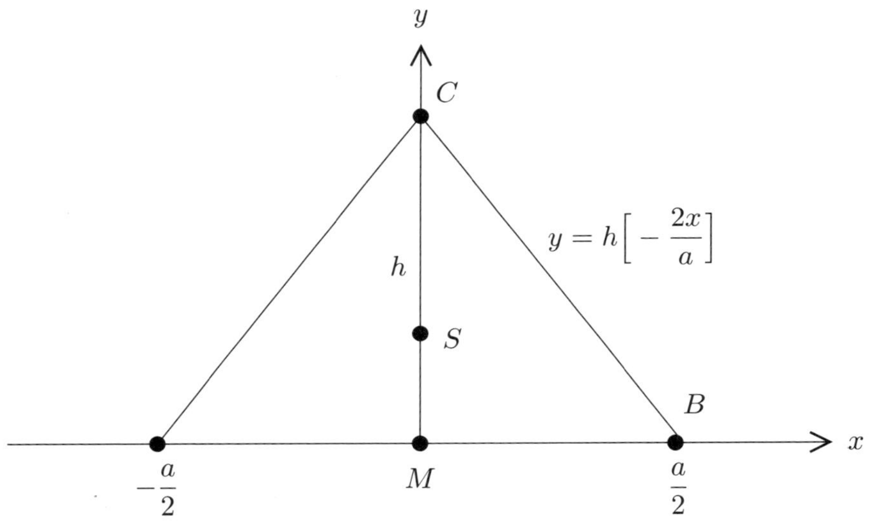

$$I_x = 2h \int_0^{a/2} \left(x^2 - \frac{2x^3}{a}\right) dx = \frac{a^3\, h}{48}$$

$$I_y = \frac{2}{3}\, h^3 \int_0^{a/2} \left(1 - \frac{2x}{a}\right)^3 dx = \frac{2}{3}\, h^3 \cdot \frac{a}{2} \int_0^1 s^3\, ds = \frac{ah^3}{12}$$

$$\uparrow$$

$$1 - \frac{2x}{a} = s$$

Trägheitsmoment bezüglich Achse senkrecht (x, y)-Ebene durch M:

$$
\begin{aligned}
& I_0^M &&= I_x + I_y = \frac{ah}{2}\left[\frac{a^2}{24} + \frac{h^2}{6}\right] \\
\Longrightarrow\quad & I_0^S &&= I_0^M - \left(\frac{h}{3}\right)^2 \cdot \frac{ah}{2} = \frac{ah}{2}\left[\frac{a^2}{24} + \frac{h^2}{18}\right] \\
\Longrightarrow\quad & I_0^C &&= I_0^S + \left(\frac{2}{3}\,h\right)^2 \cdot \frac{ah}{2} = \frac{ah}{2}\left[\frac{a^2}{24} + \frac{h^2}{2}\right] \\
\Longrightarrow\quad & I_0^B &&= I_0^S + \left(\frac{h^2}{9} + \frac{a^2}{4}\right)^2 \frac{ah}{2} = \frac{ah}{2}\left[\frac{7a^2}{24} + \frac{h^2}{6}\right]
\end{aligned}
$$

9 Kugel: $I_0 = \frac{2}{5}\,M \cdot R^2$ (Beispiel: (1), S. 164)

Energiesatz:

$$
\begin{aligned}
Mgh &= \frac{1}{2}\,I_0 \cdot \omega^2 + \frac{1}{2}\,Mv^2\,, \quad v = R\omega \\
&= \frac{1}{5}\,M\,\underbrace{R^2\omega^2}_{v^2} + \frac{1}{2}\,MR^2v^2
\end{aligned}
$$

$$
\Longrightarrow \qquad v = \sqrt{\frac{10}{7}\,gh} \quad \text{(schneller als Walze mit selbem Radius)}
$$

Kapitel 4

4.1

1 Zu dieser Aufgabe gibt es natürlich beliebig viele richtige Lösungen. Hier also einfach einige Beispiele.

a) $y(x) = x^\alpha, \ \alpha \neq 0 \quad \Rightarrow \quad y'(x) = \alpha\, x^{\alpha-1} = \frac{\alpha}{x}\, x^\alpha.$
Eine Differentialgleichung mit Lösung y wäre also: $y'(x) = \frac{\alpha}{x}\, y(x)$

b) $y(x) = e^{\lambda x} \Rightarrow y'(x) = \lambda\, e^{\lambda x}$ und $y''(x) = \lambda^2 e^{\lambda x}$
Mögliche Antworten sind:
$y'(x) = \lambda\, y(x)$ oder $y''(x) = \lambda^2 y(x)$ oder $y''(x)\, y(x) = y'(x)^2$

c) $y(x) = \tan(x) \Rightarrow y'(x) = 1 + \tan^2(x)$
Eine mögliche Antwort ist also: $y'(x) = 1 + y^2(x)$

2 a) Die Richtungsfelder in den Abbildungen 1 und 2 zeigen die Steigung der gesuchten Funktionen $y(x)$ durch kleine Pfeilchen in den jeweiligen Positionen (x, y). Die Steigung y' kann dabei unmittelbar aus der Differentialgleichung abgelesen werden und ist durch $\frac{y-2}{x-1}$ (Abbildung 1) bzw. $y\,\cos(x)$ (Abbildung 2) gegeben.

b) Beide Differentialgleichungen können durch *Separation der Variablen* gelöst werden.

Problem (i): Wir finden $y(x) \equiv 2$ als Gleichgewichtslösung ($y'(x)$ ist in diesem Fall gleich 0, und die Differentialgleichung ist offensichtlich erfüllt). Falls $y(x) \neq 2$, können wir die Variablen trennen:

$$y'(x) = \frac{y(x)-2}{x-1} \quad \overset{y(x)\neq 2}{\Leftrightarrow} \quad \frac{y'(x)}{y(x)-2} = \frac{1}{x-1}$$

Für die rechte Gleichung berechnen wir auf beiden Seiten das unbestimmte Integral:

$$\begin{aligned} \int \frac{y'(x)}{y(x)-2}\, dx &= \int \frac{dx}{x-1} \\ \Rightarrow \quad \ln|y(x)-2| &= \ln|x-1| + c \\ \Rightarrow \quad |y(x)-2| &= e^c\,|x-1| \end{aligned}$$

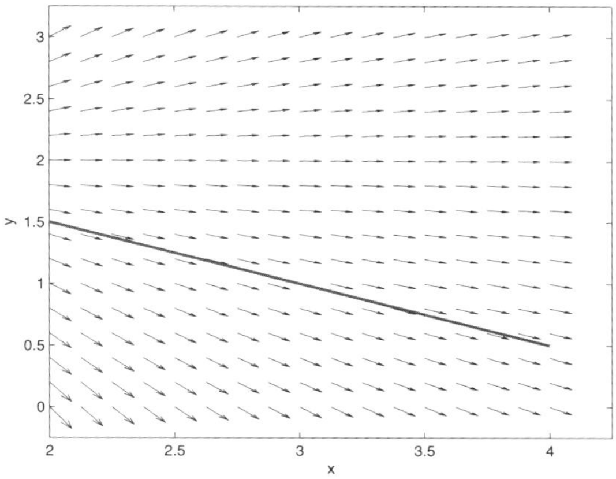

Abbildung 1: Richtungsfeld der DGL $disy'(x) = \frac{y(x)-2}{x-1}$ (geplottet mit Hilfe von MatLab's Befehl `quiver`); die dicke Linie zeigt die eindeutige Lösung zur Anfangsbedingung $y(2) = \frac{3}{2}$

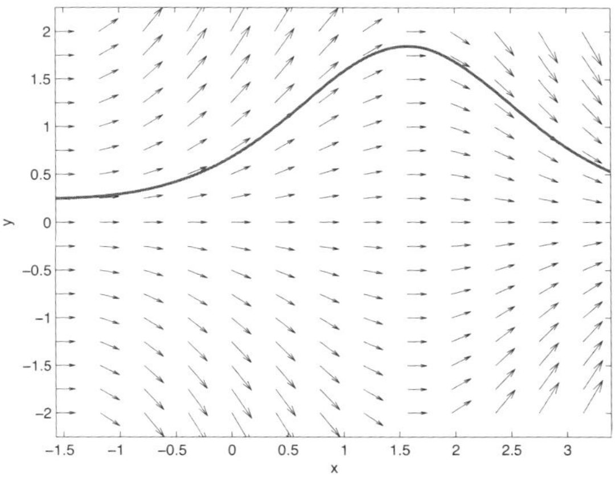

Abbildung 2: Richtungsfeld der DGL $y'(x) = y(x)\cos(x)$ (geplottet mit Hilfe von MatLab's Befehl `quiver`); die dicke Linie zeigt die eindeutige Lösung zur Anfangsbedingung $y(-\frac{\pi}{2}) = \frac{1}{4}$

Da in unserem Fall $x \geq 2$ und $y(x) < 2$ (siehe Anfangsbedingung) ist, wird daraus:

$$\begin{array}{rrcl} & 2 - y(x) & = & e^c\,(x-1) \\ \Rightarrow & y(x) & = & 2 - e^c\,(x-1) \\ y(2) \stackrel{!}{=} \frac{3}{2} \quad \Rightarrow & e^c & = & \frac{1}{2} \\ \Rightarrow & y(x) & = & \frac{5}{2} - \frac{x}{2} \end{array}$$

Kontrolle:

$$y'(x) = -\frac{1}{2} \quad \text{und} \quad \frac{y(x) - 2}{x - 1} = \frac{\frac{1}{2} - \frac{x}{2}}{x - 1} = -\frac{1}{2} \quad \checkmark$$

Problem (ii): Hier ist $y(x) \equiv 0$ die Gleichgewichtslösung. Falls $y(x) \neq 0$, können wir wieder die Variablen trennen:

$$y'(x) = y(x)\cos(x) \quad \stackrel{y(x)\neq 0}{\Leftrightarrow} \quad \frac{y'(x)}{y(x)} = \cos(x)$$

Für die rechte Gleichung berechnen wir auf beiden Seiten das unbestimmte Integral:

$$\begin{array}{rrcl} & \displaystyle\int \frac{y'(x)}{y(x)}\,dx & = & \displaystyle\int \cos(x)dx \\ \Rightarrow & \ln|y(x)| & = & \sin(x) + c \\ \Rightarrow & |y(x)| & = & e^{\sin(x)+c} = \tilde{c}\,e^{\sin(x)} \end{array}$$

Da in unserem Fall $y(x) > 0$ (siehe Anfangsbedingung) ist, wird daraus:

$$\begin{array}{rrcl} & y(x) & = & \tilde{c}\,e^{\sin(x)} \\ y(-\frac{\pi}{2}) \stackrel{!}{=} \frac{1}{4} \quad \Rightarrow & \tilde{c} & = & \frac{e}{4} \\ \Rightarrow & y(x) & = & \frac{1}{4}\,e^{1+\sin(x)} \end{array}$$

Kontrolle:

$$y'(x) = \frac{1}{4}\,e^{1+\sin(x)}\cos(x) = y(x)\cos(x) \quad \checkmark$$

c) siehe die dicken (roten) Linien in Abbildungen 1 und 2; man beachte die Übereinstimmung der Steigung der Lösung mit den Pfeilen des Richtungsfeldes.

3 a) $m(t) = \frac{1}{\alpha} \ln y \left[\frac{1}{\alpha k t + e^{-\alpha m_0}} \right]$

b) $t = \frac{1}{\alpha k} \left(e^{-\frac{\alpha m_0}{2}} - e^{-\alpha m_0} \right)$

4 $y = x + 2e^{-x}$

5 $x = 3e^{y} - y - 2$

4.2

1 $x(t) = e^{2t}(C_1 + C_2 \cdot t) + \frac{1+t}{4} + \frac{1}{128}\, e^{-2t}(3 + 8t + 8t^2)$

2 $x(t) = C_1 \cdot \sin t + C_2 \cdot \cos t + C_3\, e^{t} + C_4\, e^{-t} + \frac{1}{4}\, t \cdot \cos t - 1$

3 $x(t) = 1 - e^{-t}(1 + t)$

4 $x(t) = e^{-2t} \cdot \left(\frac{1}{4} + \frac{4}{17} \cos t - \frac{1}{17} \sin t \right) + \frac{35}{68}\, e^{2t}$

5 $x(t) = e^{-t/2}\left(C_1 \sin\left(\frac{\sqrt{3}}{2}\, t \right) + C_2 \cos\left(\frac{\sqrt{3}}{2}\, t \right) \right) + C_3 + 5t - \frac{t^2}{2} - \frac{2}{3}\, t^3 + \frac{t^4}{4}$

6 $u(x) = a \cdot \cosh(cx) + \frac{q}{c^2}\,, \quad a = \frac{h(1 - \frac{q}{c^2})}{c \sinh(cL) + h \cosh(cL)}$

$u_{\min} = a + \frac{q}{c^2}$

7 $u(x) = \frac{a^2}{12} \left(\left(\frac{L}{2} \right)^4 - x^4 \right)$

8 $u_k(x) = \sin\left(\frac{2k-1}{2} \cdot \frac{\pi}{L} \right), \quad \lambda_k = \left(\frac{2k-1}{2} \cdot \frac{\pi}{L} \right)^2, \quad k = 1, 2, 3, \ldots .$

9 $u(x) = \cos(\sqrt{\lambda}\, x)$,

wobei $\sqrt{\lambda}\, \pi = s$ und s Lösung von

$\tan s = \frac{2\pi}{s}\,, \quad s_1 \cong 1.35705\,, \quad s_2 \cong 4.1308$

4.3

1 a) $\dfrac{2p}{(p^2-1)^2}$ b) $\dfrac{p-1}{(p-1)^2+4}$ c) $\dfrac{8(p+2)^2}{(1+(p+2)^2)^3}-\dfrac{2}{(1+(p+2)^2)^2}$

d) $\dfrac{1}{2}\left(\dfrac{1}{(p-1)^2+1}-\dfrac{1}{(p+1)^2+1}\right)$

2 a) $F(p)=\dfrac{1+e^{-p\pi}}{1-e^{-p\pi}}\cdot\dfrac{1}{p^2+1}=\dfrac{Cth(\frac{p\pi}{2})}{p^2+1}$

b) $F(p)=\dfrac{1}{p}\;\dfrac{1-e^{-pT}}{1+e^{-pT}}=\dfrac{1}{p}\;\tanh\left(\dfrac{pT}{2}\right)$

c) $F(p)=\dfrac{\tanh(\frac{p}{2})}{p^2}$

3 a) $f(t)=\frac{1}{2}\,(\sin t+t(\cos t-\sin t))$

b) $f(t)=\frac{1}{3}\left[e^t-e^{-t/2}\left(\cos\left(\frac{\sqrt{3}}{2}\,t\right)+\sqrt{3}\cdot\sin\left(\frac{\sqrt{3}}{2}\,t\right)\right)\right]$

c) $f(t)=\begin{cases}0\,, & t\le 1\\ \sin(t-1)\,, & t>1\end{cases}$

d) $f(t)=\begin{cases}0\,, & t\le 2\\ e^{2-t}(t-2)\,, & t>2\end{cases}$

4 a) $x(t)=e^t\left(1-t+\dfrac{t^2}{2}\right)$

b) $x(t)=\sinh t-t-\dfrac{t^3}{6}$

4.4

[1] Laplace-Transformierte

$$X(p) = \frac{1 + p + 3p^2 + p^3}{p^4 - 4p^2 + 3} \, , \quad Y(p) = \frac{2(1 - p + p^2)}{p^4 - 4p^2 + 3}$$

$$x(t) = \frac{1}{2}\, e^{-t} - \frac{3}{2}\, e^{t} + 2\, \cosh(\sqrt{3}\, t) + \frac{5}{\sqrt{3}}\, \sinh(\sqrt{3}\, t)$$

$$y(t) = \frac{3}{2}\, e^{-t} - \frac{1}{2}\, e^{t} - \cosh(\sqrt{3}\, t) + \frac{4}{\sqrt{3}}\, \sinh(\sqrt{3}\, t)$$

[2] Laplace-Transformierte

$$X(p) = \frac{p^2}{p^3 - 1} \, , \quad Y(p) = \frac{p + 1}{p^6 + p^4 - p^3 - p}$$

$$x(t) = \frac{1}{3}\left[e^{t} + 2e^{-t/2} \cdot \cos\left(\frac{\sqrt{3}}{2}\, t\right)\right]$$

$$y(t) = \cos t - 1 + \frac{1}{3}\, \left[e^{t} - e^{-t/2} \cdot \left(\cos\left(\frac{\sqrt{3}}{2}\, t\right) + \sqrt{3} \cdot \sin\left(\frac{\sqrt{3}}{2}\, t\right)\right)\right]$$

Weitere Publikationen

René Sperb

Analysis II

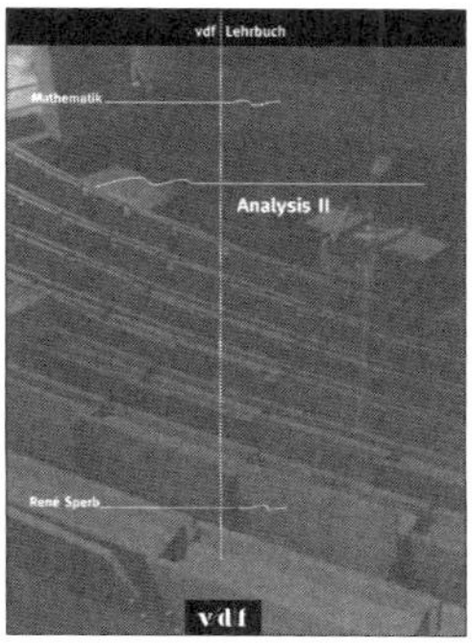

vdf-Lehrbücher und Skripten
2011, 304 Seiten,
17 x 24 cm, broschiert,
zahlreiche Grafiken, z. T. farbig
ISBN 978-3-7281-3261-1

Das Buch richtet sich an Studierende der Ingenieurwissenschaften, die über mathematische Kenntnisse in «Analysis I» verfügen. Im Vordergrund stehen Anwendungen auf technische, physikalische und naturwissenschaftliche Probleme.

Im Unterschied zur «Analysis I» werden in diesem Buch Differentialrechnung, Integralrechnung und Differentialgleichungen betrachtet. Behandelt werden u. a. Extrema mit Nebenbedingungen, Integrale über Gebiete, Wegintegrale, Oberflächenintegrale, Grundbegriffe der Vektoranalysis, Sätze von Green, Gauss und Stokes sowie eine Einführung in partielle Differentialgleichungen mit den wichtigsten Problemen. Als Lösungsmethode wird auch die Fouriertransformation eingeführt.

Der Band «Analysis II» ist die Fortsetzung von «Analysis I».

Lino Guzzella

Analysis and Synthesis of Single-Input Single-Output Control Systems

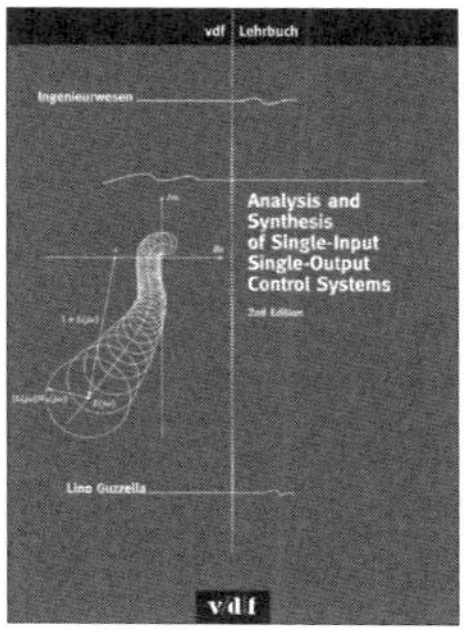

vdf-Lehrbuch
3., überarb. Aufl. 2011,
382 S., zahlr. graf. Darst.,
engl., 17 x 24 cm, brosch.
ISBN 978-3-7281-3386-1

This text supports a first course on feedback control systems in an engineering undergraduate program. Its primary objectives are to introduce the main ideas and to show the basic approaches for the design of simple yet practically relevant control systems. Readers planning to work through this text should have a clear understanding of elementary complex analysis, of matrix algebra and of calculus, including ordinary differential equations. Basic concepts of engineering physics are assumed to be known as well. This course introduces all relevant steps of a control system design procedure. The price one must pay for such a width is the limitation of the discussion to relatively simple systems.

Kaspar Nipp, Daniel Stoffer

Lineare Algebra

Eine Einführung für Ingenieure unter besonderer Berücksichtigung numerischer Aspekte

5., durchgesehene Aufl. 2002
260 S., zahlr. graf. Darst. und Formeln, 16 x 23 cm, brosch.
ISBN 978-3-7281-2818-8

Diese Autographie ist geschrieben für Ingenieurstudenten als Begleittext zur Grundvorlesung «Lineare Algebra». Im Vordergrund stehen algorithmische Aspekte; die geometrisch-abstrakten Gesichtspunkte werden jedoch nicht vernachlässigt. Der Ausgangspunkt dieser Einführung ist die Bestimmung der Lösungsmenge linearer Gleichungssysteme mit dem Eliminationsverfahren von Gauss. Immer wieder wird der Bezug hergestellt zum Lösen von linearen Gleichungssystemen und zum Gaussverfahren. Dieses ist sozusagen das zentrale Instrument der Autographie. Da in der Praxis oft Probleme mit vielen Unbekannten vorkommen, werden auch die sich daraus ergebenden numerischen Aspekte behandelt.

Christian Blatter

Lineare Algebra

für Ingenieure, Chemiker und Naturwissenschafter

vdf-Vorlesungsskript
2., verbesserte Aufl. 1999
154 S., zahlr. graf. Darst. und Formeln, 17 x 24 cm, brosch.
ISBN 978-3-7281-2660-3

Die Lineare Algebra gehört zu den mathematischen Grundlagenfächern. Dieses Buch richtet sich an erstsemestrige Studenten der Ingenieur- und Naturwissenschaften.

Die Kapitel beschäftigen sich mit Matrizen, linearen Gleichungssystemen, dem Begriff des Vektorraumes, Dimension und Rang, Determinanten, linearen Abbildungen sowie dem charakteristischen Polynom. Anwendungen sind Systeme von linearen Differentialgleichungen mit konstanten Koeffizienten, quadratische Formen, Hauptachsentransformation, unitäre Räume und Spektralsätze.

Bruno Studer

Netzwerkmanagement und Netzwerksicherheit

Ein Kompaktkurs für Lehre und Praxis

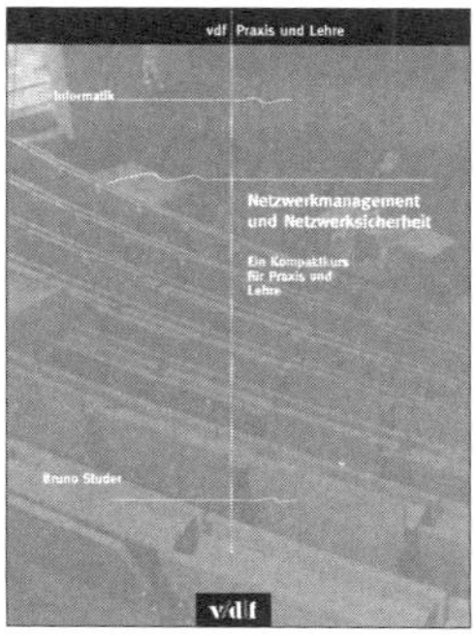

vdf - Praxis und Lehre
2010, 164 Seiten,
17 x 24 cm, broschiert,
zahlreiche Abbildungen
ISBN 978-3-7281-3319-9

«Netzwerkmanagement und Netzwerksicherheit» bietet nicht nur einen praxisnahen Überblick zu den Vorzügen der speziellen Managementmodelle (SNMP, TMN, Java-Management) sowie zu wichtigen Aspekten des Service-Managements (ITIL); es werden vor allem die möglichen Bedrohungen für die IT-Sicherheit aufgezeigt – und wie man ihnen entgegenwirkt.

Dieser Kompaktkurs richtet sich an Studierende und Praktiker gleichermassen. Übersichtlich und leicht verständlich zeigt der Autor auf, worauf man bei der IT-Sicherheit in Firmen, aber auch im privaten Bereich achten muss – und wie man sie oft schon mit kleinen Mitteln optimieren kann.

Herbert Sager

Fourier-Transformation

Beispiele, Aufgaben, Anwendungen

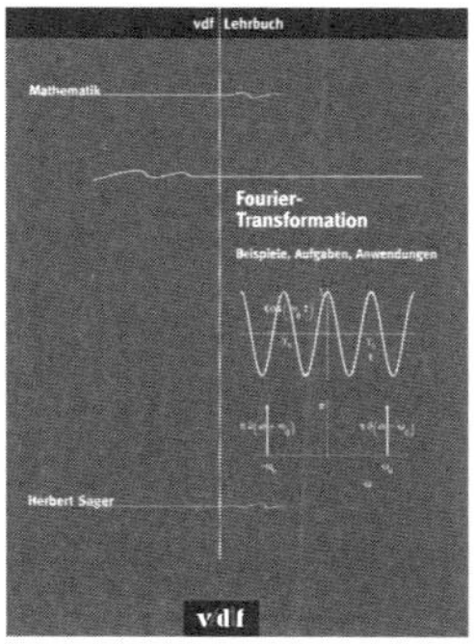

vdf - Lehrbuch
2012, 148 Seiten,
17 x 24 cm, broschiert,
zahlreiche Abbildungen
ISBN 978-3-7281-3393-9

Im vorliegenden Buch wird die Fourier-Transformation dargestellt, mit vielen Beispielen, Aufgaben inkl. Lösungen und Anwendungen. Es bildet ein Fundament für weitergehende und spezielle Probleme im Zusammenhang mit der Signal- und Systemanalyse, mit der Zeit-Frequenz-Analyse und der FFT.

Das Buch ist systematisch aufgebaut und gliedert sich in viele, durchgehend nummerierte kleine Schritte, die alle knapp und übersichtlich dargestellt und hergeleitet sind. Es richtet sich in erster Linie an angehende Ingenieure an Fachhochschulen und Hochschulen. Die Delta-Distribution als zentrales Werkzeug der Fourier-Transformation wird mit besonderer Sorgfalt eingeführt, mit dem Ziel, die mathematischen Grundlagen dazu für Ingenieurstudenten leicht erreich- und verdaubar zu machen.

Rolf Klaus

Der Mikrokontroller C167

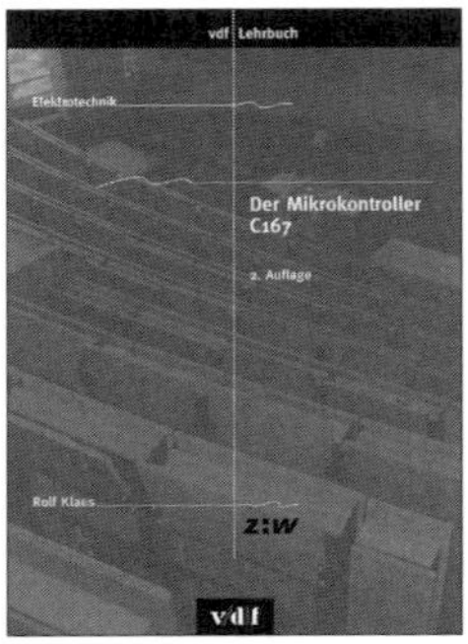

vdf-Lehrbuch
2., überarb. Aufl. 2005
296 S., 17 x 24 cm, brosch.
ISBN 978-3-7281-3030-3

Das Buch behandelt den Mikrokontroller C167, der die Basis für eine grosse Zahl von Nachfolgeprodukten ist.

Die Publikation richtet sich an Studierende und Ingenieure, welche ihr Wissen auf diesem Gebiet vertiefen wollen. Der Aufbau, die Funktionsweise und die Programmierung des Mikrokontrollers C167 werden erklärt und anhand von Beispielen veranschaulicht. Viele Übungen mit ausführlichen Lösungen in Assembler und C dienen der Lernkontrolle.

Das vorliegende Buch bildet zusammen mit den Publikationen «Einführung in die Digitaltechnik – Vom Gatter zu VHDL», «Grundlagen der Computertechnik», «Die Mikrokontroller 8051, 8052 und 80C517» und «Einführung in C++ – Konzepte moderner Programmiersprachen» eine Einheit.

Rolf Klaus

Die Mikrokontroller 8051, 8052 und 80C517

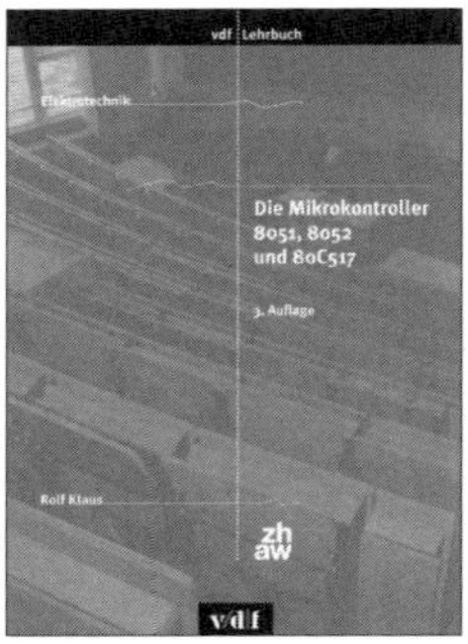

vdf-Lehrbuch
3., ergänzte Aufl. 2009
256 S., 17 x 24 cm, brosch.
ISBN 978-3-7281-3259-8

Der Einsatz der Computertechnik nimmt seit Jahren in allen Bereichen stark zu. Sichtbarer Beweis sind die rasanten Veränderungen im Bereich der Personal Computer. Weniger gut sichtbar, aber genauso wichtig sind die Mikrocontroller, die in Geräte integriert sind und deren Funktionen steuern. Geräte des täglichen Lebens wie Waschmaschinen, Billetautomaten, Tanksäulen, Bankomaten usw. sind heute ohne integrierte Mikrokontroller undenkbar.

Das Buch behandelt den Aufbau und die Programmierung der Mikrokontroller 8051, 8052 und 80C517, die weltweit in riesigen Stückzahlen eingesetzt werden und deren Architektur die Basis für eine grosse Zahl von Nachfolge-Produkten ist.